《新一代天气雷达技术及维修》丛书

# 新一代天气雷达（CINRAD/SA）技术及维修

邵　楠　主编

China Meteorological Press

## 内容简介

本书首先介绍了新一代天气雷达(CINRAD/SA)的基本原理、系统结构组成与监测报警信息情况,然后详细讲解了新一代天气雷达(CINRAD/SA)出现系统级故障、发射机故障、接收机故障、天伺系统故障、RDASC软件和信号处理器故障、监控系统(DAU)故障时,应采取的诊断与维修的流程和方法,并列举了相应的典型故障实例配合说明。

本书是一本新一代天气雷达(CINRAD/SA)维修维护的实用指南,能为广大雷达技术保障人员在维修工作中理清思路、规范故障维修流程提供有益参考,有助于提高雷达技术保障人员的维修水平。

**图书在版编目(CIP)数据**

新一代天气雷达(CINRAD/SA)技术及维修/邵楠主编. —北京:气象出版社,2018.5
ISBN 978-7-5029-6769-7

Ⅰ. ①新… Ⅱ. ①邵… Ⅲ. ①天气雷达–雷达技术②天气雷达–维修 Ⅳ. ①TN959.4

中国版本图书馆 CIP 数据核字(2018)第 088173 号

Xinyidai Tianqi Leida (CINRAD/SA) Jishu ji Weixiu
新一代天气雷达(CINRAD/SA)技术及维修

| | | | | |
|---|---|---|---|---|
| 出版发行 | :气象出版社 | | | |
| 地　　址 | :北京市海淀区中关村南大街 46 号 | | 邮政编码 | :100081 |
| 电　　话 | :010-68407112(总编室)　010-68408042(发行部) | | | |
| 网　　址 | :http://www.qxcbs.com | | E-mail | :qxcbs@cma.gov.cn |
| 责任编辑 | :郭健华 | | 终　　审 | :张　斌 |
| 责任校对 | :王丽梅 | | 责任技编 | :赵相宁 |
| 封面设计 | :博雅思企划 | | | |
| 印　　刷 | :中国电影出版社印刷厂 | | | |
| 开　　本 | :787 mm×1092 mm　1/16 | | 印　　张 | :15.5 |
| 字　　数 | :376 千字 | | | |
| 版　　次 | :2018 年 5 月第 1 版 | | 印　　次 | :2018 年 5 月第 1 次印刷 |
| 定　　价 | :120.00 元 | | | |

# 编 委 会

# 序　言

　　新一代天气雷达在暴雨、台风、冰雹、龙卷等灾害性天气监测和预警中发挥了重要作用,取得了显著的社会、经济和生态效益。随着我国气象现代化建设推进,中国气象局对新一代天气雷达建设和运行保障工作提出了更高的要求。2016年初启动了"新一代天气雷达质量专项治理"工作,要求通过开展清理、整顿、规范、提高四个阶段专项治理,实现雷达设备性能明显提高,探测环境有所改善,数据流程趋于合理,质控能力显著提升,资料基本满足同化要求,管理机制相对完善,队伍建设得到加强,观测数据和应用产品质量更好地满足预报服务需求。这对新一代天气雷达可靠、稳定和持续运行提出更高要求。规范新一代天气雷达维修技术方法、提高新一代天气雷达技术保障能力就显得尤为重要。

　　为了提高新一代天气雷达技术人员的维修维护技能,规范新一代天气雷达维修流程,进一步发挥新一代天气雷达在灾害性天气监测、预警中的作用,中国气象局气象探测中心组织雷达保障一线的技术骨干,编写了《新一代天气雷达技术及维修》系列丛书。本丛书从系统、分机、组件及信号流程出发,结合分机和组件及关键信号参数和波形,总结出相关的故障维修技术与方法,并建立相关故障诊断流程。

　　这套丛书的出版,为气象雷达技术人员和高等院校师生提供了一套很好的工具书,尤其能为广大新一代天气雷达技术保障人员在维修工作中理清思路、规范故障维修流程提供有益参考,成为雷达技术保障人员维修维护的实用工具,进而可提高雷达技术保障人员的维修水平。

　　期望这套丛书能为新一代天气雷达稳定、可靠运行,更好地服务于国民经济建设和防灾减灾做出积极贡献。让我们大家携手共进,以提高新一代天气雷达质量为中心,加快气象观测体系现代化建设,实现《气象雷达发展专项规划(2017—2020 年)》各项目标,为我国气象现代化建设作出我们的新贡献!

中国气象局气象探测中心主任　李志宇

2017 年 12 月

前　　言

　　多普勒天气雷达通过获得降水目标的反射率、速度、谱宽等基数据来观测天气,主要探测和测量对象包括降水、热带气旋、雷暴、中尺度气旋、湍流、龙卷和冰雹等,并具备一定的晴空回波探测能力,是对灾害性天气监测、预测的重要手段,尤其是在短临预报中发挥着举足轻重的作用。我国自 1998 年开始由国务院正式批准在全国建立新一代多普勒天气雷达监测网,主要包含 S 和 C 两个波段,S 波段主要有 CINRAD/SA 型、CIN-RAD/SB 型和 CINRAD/SC 型,C 波段主要有 CINRAD/CA 型、CINRAD/CB 型、CIN-RAD/CC(J)型和 CINRAD/CD 型。CINRAD/SA 主要布设在我国沿海一带,对探测强对流、台风、暴雨等天气过程有其独特的优势。

　　CINRAD 系列天气雷达是在美国新一代多普勒天气雷达 NEXRAD(WSR－88D)的基础上,根据近年来微电子技术和计算机技术的最新成果,结合国内需求重新设计而成。经过近 20 年的维修保障工作实践,我国雷达技术保障人员在维护维修方面积累了大量的实践经验。为进一步提高新一代天气雷达的维护保障能力和业务运行质量,最大限度发挥天气雷达在灾害性天气监测和预警中的重要作用,中国气象局气象探测中心组织相关技术骨干和一线雷达技术保障人员,以国内使用最多的 CINRAD/SA 新一代天气雷达为主要研究对象,结合其工作原理和技术特点,全面整理了有关雷达维护维修方面的技术资料,详细分析典型故障案例,以及日常周、月、年维护和故障诊断中的检修思路,编写成本书。

　　本书共分 9 章。第 1 章,新一代天气雷达基本原理。对天气雷达系统概述、系统功能组成、信号流程以及主要技术参数进行了详细介绍。

　　第 2 章,雷达系统组成与监测报警。从雷达系统高层代码、系统备件清单、在线监测点以及系统报警分类几个方面做了详细介绍。

　　第 3 章,雷达系统级故障诊断与维修。首先介绍了雷达总体信号流程、系统关键点节号参数和波形,接着对雷达故障诊断按照台站级、省级、国家级的分级原则介绍了雷达分机的诊断技术与方法。

第4章,雷达发射机维修技术与方法。对发射机工作原理、发射机组成、关键时序、发射机监控与报警、高压组件(主要包括开关组件、触发器、调制器、后充电校平组件等)、典型故障维修方法做了详细介绍。

第5章,雷达接收机维修技术与方法。从接收机工作原理与功能结构、接收机关键组件(包括频率源、低噪声放大器、混频/前置放大器等重要组件)、信号流程(主通道信号流程和标定信号通道流程)、故障维修方法和维修流程以及接收机常见故障汇总进行了详细介绍,最后以频率源故障的分析与排查作为接收机典型故障案例进行了个例分析。

第6章,雷达天伺系统维修技术与方法。详细介绍了雷达天伺系统工作原理、信号流程、调整方法(空间精度定位调整、天线控制精度调整)、故障代码及故障现象、故障诊断技术与方法等内容。

第7章,雷达RDASC软件和信号处理器维修技术与方法。主要从RDASC软件功能和信号处理器工作原理、RDASC程序接口关系和信号处理器信号流程、信号处理器主要技术指标、信号处理器故障代码及故障现象以及信号处理器维修技术与方法等方面对软件和信号处理器进行了详细介绍。

第8章,雷达监控系统(DAU)维修技术与方法。分别介绍了DAU监控系统信号流程、主要命令、主要技术指标、故障代码及故障现象、故障诊断技术与方法等内容。

第9章,新一代天气雷达(CINRAD/SA)故障个例。整理、汇总了一些具有参考性的雷达故障个例。

在本书的编写过程中,参考了一些他人已经成型的研究成果,除了参考文献中列出的正式发表的论文、论著,还有部分内容源自各省雷达培训讲义及厂家技术资料。对未正式发表的内容,未能一一列出作者和出处,恳请有关作者谅解,在此也深表谢意。

由于作者水平有限和编写时间较为仓促,书中存在的不足和差错在所难免,我们真诚地希望广大读者给予批评指正。

邵 楠

2017 年 12 月

序言
前言

# 第1章 新一代天气雷达基本原理　1

**1.1** 雷达系统概述 ………………………………………………………… 3
**1.2** 雷达系统功能组成 …………………………………………………… 4
**1.3** 雷达系统信号流程 …………………………………………………… 6
**1.4** 雷达系统主要技术参数 ……………………………………………… 8

# 第2章 雷达系统组成与监测报警　15

**2.1** 雷达系统高层代码 …………………………………………………… 17
**2.2** 雷达系统备件清单 …………………………………………………… 23
**2.3** 雷达在线监测点 ……………………………………………………… 30
**2.4** 雷达系统报警分类 …………………………………………………… 34

# 第3章 雷达系统级故障诊断与维修　39

**3.1** 雷达总体信号流程 …………………………………………………… 41
**3.2** 雷达系统级关键点信号参数或波形 ………………………………… 41
**3.3** 雷达故障诊断分级原则 ……………………………………………… 46
**3.4** 雷达故障诊断技术与方法 …………………………………………… 49

# 第4章 雷达发射机维修技术与方法　55

**4.1** 发射机工作原理 ……………………………………………………… 57
**4.2** 发射机组成 …………………………………………………………… 58
**4.3** 发射机关键时序 ……………………………………………………… 60

4.4 发射机监控与故障报警 ················································ 61

4.5 发射机高压组件 ················································ 63

4.6 发射机典型故障维修 ················································ 92

# 第5章 雷达接收机维修技术与方法 97

5.1 接收机工作原理与功能结构 ················································ 99

5.2 接收机关键组件介绍 ················································ 100

5.3 接收机信号流程 ················································ 104

5.4 接收机故障维修方法和流程 ················································ 106

5.5 接收机故障汇总 ················································ 110

5.6 接收机典型故障案例分析——频率源故障的分析与排查 ············ 115

# 第6章 雷达天伺系统维修技术与方法 119

6.1 天伺系统工作原理 ················································ 121

6.2 天伺系统组成 ················································ 122

6.3 天伺系统信号流程 ················································ 125

6.4 关键组件原理与维修 ················································ 126

6.5 伺服系统调整方法 ················································ 147

6.6 伺服系统故障代码及故障现象 ················································ 147

6.7 天伺系统故障维修举例 ················································ 155

# 第7章 雷达 RDASC 软件和信号处理器维修技术与方法 157

7.1 RDASC 软件功能和信号处理器工作原理 ··························· 159

7.2 RDASC 程序接口关系和信号处理器信号流程 ····················· 161

7.3 信号处理器故障代码及故障现象 ································· 164

7.4 信号处理器维修技术与方法 ································· 164

# 第8章 雷达监控系统(DAU)维修技术与方法 169

8.1 监控系统工作原理 ················································ 171

8.2 监控系统信号流程 ················································ 171

8.3 监控系统主要命令 ················································ 180

8.4 监控系统主要技术指标 ················································ 181

8.5 监控系统故障代码及故障现象 ················································ 181

8.6 监控系统故障诊断技术与方法 ················································ 183

**第 9 章　新一代天气雷达(CINRAD/SA)故障个例** 185

**9.1** 发射机故障个例 …………………………………………… 187
**9.2** 接收机故障个例 …………………………………………… 191
**9.3** 天伺系统故障个例 ………………………………………… 195
**9.4** 监控及软件系统故障个例 ………………………………… 198

**参考文献** 200

**附录 A　新一代天气雷达(CINRAD/SA)报警信息解释及报警点** 201

**附录 B　新一代天气雷达(CINRAD/SA)RDASC 适配参数说明** 213

**B1** 系统 ………………………………………………………… 215
**B2** 发射机 ……………………………………………………… 215
**B3** 接收机 ……………………………………………………… 217
**B4** 信号处理 …………………………………………………… 221
**B5** 塔设备 ……………………………………………………… 223
**B6** 天线/天线座 ……………………………………………… 223
**B7** 消隐设置 …………………………………………………… 224
**B8** 密码管理 …………………………………………………… 224

**附录 C　新一代天气雷达(CINRAD/SA)上传基础参数表** 225

**附录 D　新一代天气雷达(CINRAD/SA)文件说明** 229

**D1** FC.LOG 文件说明 ………………………………………… 231
**D2** RAD.LOG 文件说明 ……………………………………… 233
**D3** ANT.LOG 文件说明 ……………………………………… 234
**D4** DAU.LOG 文件说明 ……………………………………… 235

# 第1章

# 新一代天气雷达基本原理

## 1.1　雷达系统概述

新一代天气雷达系统采用高相位稳定的全相干脉冲多普勒体制。

新一代天气雷达系统具有高增益低副瓣天线系统,大功率全固态调制器速调管发射机,低噪声大动态线性范围接收机,高精度数字中频多普勒信号处理器和智能型多普勒数据处理和显示终端。能为用户提供高精度径向风场分布数据、丰富的多普勒应用软件产品和图形图像产品。

雷达对主要性能参数进行在线监测和强度速度自动标校,具有较高的相干性和地物杂波抑制能力,能对降水回波功率和风场信息进行准确的测量。

雷达在监测远距离目标强度信息时,采用低脉冲重复频率的探测模式,以减少二次回波出现的概率。在测量风场分布时,采用较高脉冲重复频率的探测模式,以减少速度模糊现象,并采用双重复频率的探测模式,进行速度退模糊处理,扩大对径向风速测量的不模糊区间。

接收分系统中的频综输出射频激励信号,送入发射分系统,经固态功率放大器作前置放大后(CINRAD/SA、CINRAD/SB为激励器功率放大和脉冲形成器整形),送至速调管功率放大器。固态调制器向速调管提供阴极调制脉冲,从而控制雷达发射脉冲波形。速调管功率放大器输出峰值功率$\geqslant 250\mathrm{kW}$的发射脉冲能量,经过雷达馈线到达天线,向空间定向辐射。天线定向辐射的电磁波能量遇到云、雨等降水目标时,便会发生后向散射,形成气象目标的射频回波信号被天线接收。

天线接收到的射频回波信号,经过雷达的馈线部分,送往接收分系统的射频接收分机,经过射频放大和变频,送至中频接收分机。中频接收分机为高性能大动态线性中频接收机(或数字中频接收机,由高速A/D采集器、数字下变频器、时钟盒组成),它输出16位的I/Q正交信号送往信号处理分系统。

信号处理分系统对来自接收分系统的16位I/Q正交信号,通过平均处理、地物对消滤波处理,得到反射率的估测值,即回波强度$Z$;并通过脉冲对处理(PPP)或快速傅立叶变换(FFT)处理,从而得到散射粒子群的平均径向速度$V$和速度的平均起伏即速度谱宽$W$。上述回波强度、平均径向速度和速度谱宽信息,送至数据处理和产品生成分系统,通过宽带通信系统将产品分发到各级用户。

监控分系统负责对雷达全机的监测和控制。它自动将检测、搜集雷达各分系统的故障信息和状态信息,通过通信总线(如:串口通信、光纤通信、网线)送往终端分系统。由终端分系统发出对其他各分系统的操作控制指令和工作参数设置指令,通过通讯总线传送到监控分系统,经监控分系统分析和处理后,转发至各相应的分系统,完成相应的控制操作和工作参数设置。雷达操作人员在终端显示器上能实时监视雷达工作状态、工作参数和故障情况。

伺服分系统直接接收来自监控分系统的控制指令,由其计算处理后,输出电机驱动信号,完成天线的方位和俯仰扫描控制;同时它将天线的实时方位角、仰角数据送往信号处理分系统,将故障信息送往监控分系统。

数据处理和产品生成分系统对于信号处理分系统送来的雷达探测气象目标回波的原始数据进行采集、处理,形成原始数据文件,并在终端显示器上显示各种气象雷达产品。通过服务器和通信网络,可以将原始数据和气象产品传送给其他用户。

新一代天气雷达(模拟中频接收系统)原理框图见图 1.1。

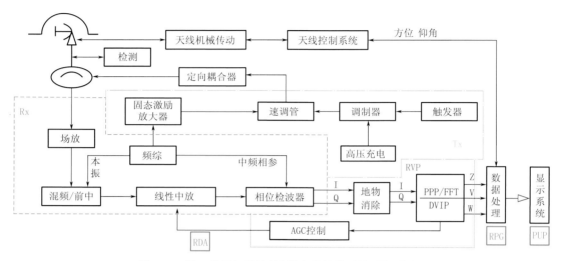

图 1.1　新一代天气雷达(模拟中频接收系统)原理框图

## 1.2　雷达系统功能组成

新一代天气雷达系统是一个智能型的雷达系统,它综合了先进的雷达技术、计算机技术、通信技术,集成探测、资料采集、处理、分发、存贮等多种功能于一体。总体上雷达由三大部分组成:雷达数据采集(RDA)、产品生成(RPG)、用户终端(PUP)。

雷达数据采集:雷达主要硬件都集中在这一部分,RDA 包括天线、天线罩、馈线、天线座、伺服系统、发射机、接收机、信号处理器等,与一般雷达基本相同。新一代天气雷达还在这部分设有 RDASC,它由计算机和一些接口装置构成,控制雷达运行、数据采集、参数监控、误差检测、自动标定等。RDA 按无人值守设计,满足可靠性、可维护性、可利用性要求。新一代天气雷达系统硬件组成见图 1.2。

产品生成:由计算机及通信接口等组成,对采集的雷达观测数据进行处理后形成多种分析、识别、预警预报产品,重点在软件系统的设计(软件编程、产品算法等)、运行。

用户终端:由计算机及通信接口等组成,对形成的产品进行图形、图像显示。

新一代天气雷达经质量整改后,SA 雷达在各分系统均预留完整的双线偏振升级软、硬件接口。RDASC 状态上传文件兼容双偏振格式,后期通过增加部分硬件(如馈线功分网络、接收通道、双偏振标校组件等),升级软件(数字接收机软件、信号处理软件、终端软件等)即可完成双线偏振升级,最大限度减少资源浪费,提高大修性价比。

整改后雷达采用同时发射同时接收体制,并在各个分系统预留完整的双线偏振升级软、硬件接口,上传的雷达状态数据文件格式完全兼容双偏振模式。RDASC 状态上传文件已兼

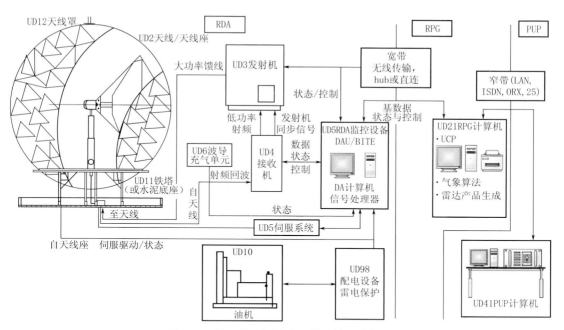

图 1.2　新一代天气雷达系统硬件组成框图

容双偏振格式,网络版数字接收机和软件信号处理器具有双偏振接口,支持 H/V 通道及 Burst 信号的多通道输入。伺服系统,汇流环结构及俯仰箱结构已为双偏振预留接口。更换网络版数字接收机时,接收机内部结构已为双偏振预留接口,在双偏振改造时只需增加另一模拟通道(保护器、场放、混频/前中等)即可。升级后的系统兼容单偏振模式。

　　质量整改后新一代天气雷达硬件结构如图 1.3 所示。

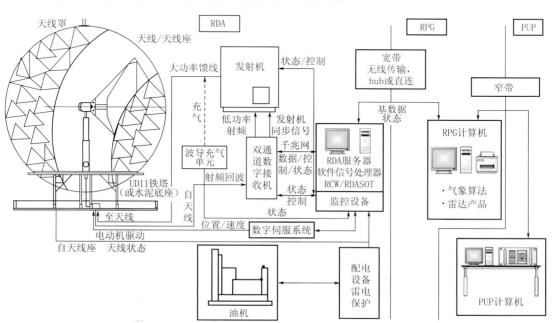

图 1.3　质量整改后新一代天气雷达硬件结构示意图

质量整改后新一代天气雷达功能结构如图 1.4 所示。

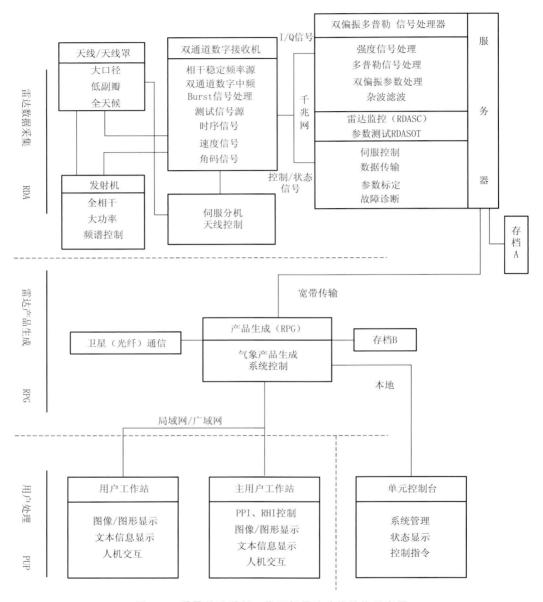

图 1.4  质量整改后新一代天气雷达功能结构示意图

## 1.3  雷达系统信号流程

新一代天气雷达信号流程见图 1.5。

质量整改后新一代天气雷达双偏振接口预留原理框图如图 1.6 所示。

质量整改后接收机双偏振接口预留原理框图如图 1.7 所示。

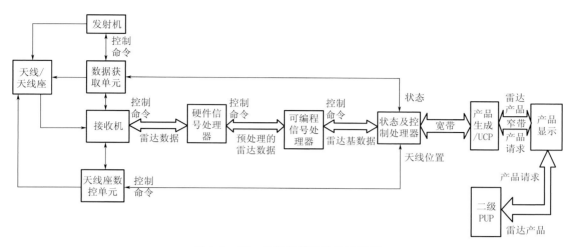

图 1.5　新一代天气雷达信号流程图

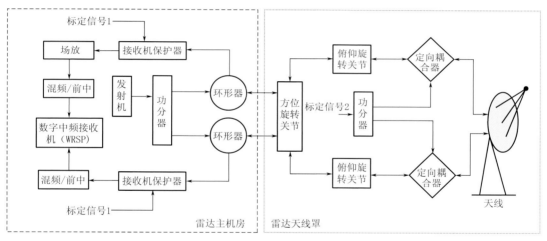

图 1.6　质量整改后新一代天气雷达双偏振接口预留原理框图

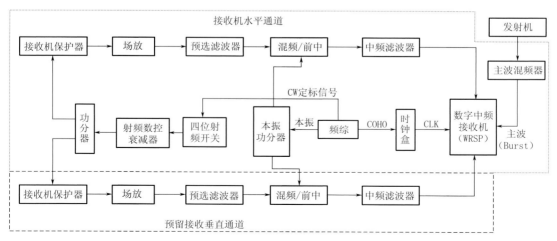

图 1.7　质量整改后接收机双偏振接口预留原理框图

# 1.4 雷达系统主要技术参数

## 1.4.1 新一代天气雷达(CINRAD/SA)系统总体性能要求

### 1.4.1.1 雷达环境要求

新一代天气雷达(CINRAD/SA)环境要求见表1.1。

表 1.1　新一代天气雷达(CINRAD/SA)环境要求

| 项目 | 性能指标 |
|---|---|
| (1)非工作环境 | |
| ① 室内设备 | |
| 温度 | $-35\sim+60$ ℃ |
| 湿度 | $15\%\sim100\%$ |
| ② 室外设备(天线罩、塔楼等) | |
| 温度 | $-50\sim+60$ ℃ |
| 湿度 | $15\%\sim100\%$ |
| 降雨 | 在最大风速为 33 m/s 情况下,1 小时平均雨量为 130 mm/h(瞬时雨量 400 mm/h);在最大风速为 26 m/s 情况下,12 小时平均雨量为 30 mm/h;在最大风速为 21 m/s 情况下,24 小时平均雨量为 18 mm/h |
| (2)工作环境 | |
| 海拔高度 | 雷达现场:3300 m<br>用户现场:2100 m |
| 霉菌 | 符合 MIL-STD-454 标准第 4 条之要求。 |
| 盐雾 | 充满盐雾的大气 |
| 风 | RDA 方位和俯仰指向精度:25 m/s 稳态风时为 $\pm(1/3)°$;0 m/s 稳态风时为 $\pm1°$ |
| ① 室内设备 | |
| 温度 | $+10\sim+35$ ℃ |
| 湿度 | $20\%\sim80\%$ |
| ②室外设备 | |
| 温度 | $-40\sim+49$ ℃ |
| 湿度 | $15\%\sim100\%$ |
| 降雨 | 最大风速为 18 m/s 情况下降雨量为 300 mm/h |
| 尘埃 | 在微粒直径为 150 $\mu$m、风速为 18 m/s 情况下,微粒浓度为 0.177 g/m³ |
| 风 | 最大 60 m/s |
| 冰雪和载荷 | 天线罩和塔楼承受雪和冰的能力为 235kg/m² 而不会出现物理损坏 |

### 1.4.1.2　雷达主要部件尺寸和质量

新一代天气雷达(CINRAD/SA)主要部件尺寸和质量见表1.2。

表 1.2　新一代天气雷达(CINRAD/SA)主要部件尺寸和质量

| 序号 | 名称 | 高(直径,m) | 宽(m) | 深(m) | 质量(kg) |
|---|---|---|---|---|---|
| 1 | 天线罩 | 10.607 | 11.786 | 11.786 | 2588 |
| 2 | 天线(反射体) | 8.534 | 8.534 | 3.800 | 1258 |
| 3 | 天线座 | 5.080 | 1.219 | 1.219 | 9400 |
| 4 | 发射机 | 2.032 | 1.870 | 0.760 | 1400 |
| 5 | 接收机 | 2.032(含小轮) | 0.587 | 0.820 | 300 |
| 6 | RDA监控设备 | 2.032(含小轮) | 0.587 | 0.820 | 300 |
| 7 | 配电设备 | 2.032(含小轮) | 0.587 | 0.820 | 500 |
| 8 | 2.2m铁塔 | 2.200 | 中心柱间距6.502 | 基环直径6.970 | 8000 |

### 1.4.1.3　雷达用电量

新一代天气雷达(CINRAD/SA)用电量见表1.3。

表 1.3　新一代天气雷达(CINRAD/SA)用电量

| 设备 | 电压(V) | 相数 | 消耗功率(kW) | 注 |
|---|---|---|---|---|
| 天线座(UD2天线驱动) | 380 | 3 | 10.0 | 5A7 |
| 天线座上光端机箱 | 220 | 1 | 0.4 | |
| 发射机(UD3) | 380 | 3 | 15.0 | |
| 接收机(UD4) | 220 | 1 | 1.0 | |
| 监控机(UD5) | 220 | 1 | 1.2 | |
| RPG | 220 | 1 | 0.5 | |
| PUP | 220 | 1 | 0.8 | |
| 波导充气单元(UD6) | 220 | 1 | 0.3 | |
| 配电设备(UD98) | 380 | 3 | 0.5 | |
| 加热器 | 选件 | | 30.0 | |
| 铁塔(照明、风机) | | | 1.5 | |

### 1.4.1.4　RDA性能

新一代天气雷达(CINRAD/SA)RDA主要性能指标见表1.4。

表 1.4　新一代天气雷达(CINRAD/SA)RDA 主要性能指标

| 项目 | 性能指标 |
|---|---|
| 雷达作用距离 | 反射率:1～460 km;平均径向速度和频谱宽度:1～230 km |
| (1)发射机 | |
| 　发射频率范围 | 2.7～3.0 GHz |
| 　峰值输出功率 | ≥0.65 MW |
| 　平均输出功率 | 300～1800 W |
| 　脉冲宽度 | 1.57 $\mu$s、4.71 $\mu$s |
| 　距离库长 | 250 m |
| 　脉冲重复频率(PRF) | 宽脉冲:300～450 Hz;窄脉冲:300～1300 Hz |
| 　波形 | 监测、多普勒、批式 |
| (2)天线/天线座 | |
| 　天线形式 | S 波段中心馈电抛物面天线 |
| 　天线尺寸 | 8.53 m(外径) |
| 　波束宽度 | 0.99°针状波束 |
| 　极化形式 | 线性水平极化 |
| 　天线座形式 | 方位/俯仰型 |
| 　方位转动范围 | 360°连续 |
| 　方位转动速度(最大) | ±36°/s(6rpm) |
| 　俯仰转动范围 | 工作:-1°～+45°;测试:-1°～+60°;正常工作:-1°～+20°,每转按预选的一个步长递增(定的俯仰角位置取决于体扫模式) |
| 　馈线损耗 | 发射支路:≤2.5 dB;接收支路:≤2.5 dB |
| 　电压驻波比 | 不大于 1.5∶1 |
| (3)接收机/处理器 | |
| 　接收机工作频段 | 2.7～3.0 GHz |
| 　接收机中频 | 57.55 MHz |
| 　同步时钟 | 9.6 MHz(由相干基准晶振产生) |
| 　射频测试信号源 | 脉冲/连续波在接收机动态范围内以 1 dB 的增量变化,脉间可编程相位调制 |
| 　接收机通道形式 | 线性输出 |
| 　动态范围 | ≥95 dB |
| 　接收机噪声系数 | ≤3 dB |
| 　信号处理器形式 | 硬连接/可编程 |
| 　杂波图/滤波器 | 硬件连接 |
| 　杂波对消/抑制 | ≥55 dB |
| (4)状态与控制处理器 | |
| 　处理器 | 工作站 |
| 　处理器内存 | ≥2 GB |

| 项目 | 性能指标 |
|---|---|
| 大容量存储器 | ≥200 GB |
| (5)接口 | |
| 宽带 | 千兆网卡 |
| RS-232 | 波特率 19.2 kb/s |
| 操作系统 | Linux 红帽 5.6 |

## 1.4.2 新一代天气雷达(CINRAD/SA)各分机性能指标

### 1.4.2.1 天线罩

新一代天气雷达(CINRAD/SA)天线罩主要性能指标见表 1.5。

表 1.5 新一代天气雷达(CINRAD/SA)天线罩主要性能指标

| 项目 | 性能指标 |
|---|---|
| 射频损失(双程) | ≤0.3 dB(2800 MHz) |
| 引入波束偏差 | ≤0.03° |
| 引入波束展宽 | ≤0.03° |
| 直径 | 10～12 m |
| 抗风能力(阵风) | 60 m/s 能工作<br>80 m/s 天线不受损坏 |

### 1.4.2.2 天馈线

新一代天气雷达(CINRAD/SA)天馈线主要性能指标见表 1.6。

表 1.6 新一代天气雷达(CINRAD/SA)天馈线主要性能指标

| 项目 | 性能指标 |
|---|---|
| 反射体直径 | 8～9 m |
| 增益 | ≥44 dB(2800 MHz) |
| 波束宽度 | ≤1.0° |
| 第一旁瓣电平 | ≤−29 dB |
| 远端副瓣(10°以内) | ≤−42 dB |
| 极化方式 | 线性水平 |
| 馈线损耗 | ≤1.5 dB |

### 1.4.2.3 天线伺服装置

新一代天气雷达(CINRAD/SA)天线伺服主要性能指标见表 1.7。

表 1.7　新一代天气雷达(CINRAD/SA)天线伺服主要性能指标

| 项目 | 性能指标 |
|---|---|
| 天线扫描方式 | PPI、RHI、体扫、任意指向 |
| 天线扫描范围、速度 | ① PPI：0°～360°连续扫描，速度为 0°～36°/s 可调 |
| | ② RHI：－2°～30°往返扫描，速度为 0°～12°/s 可调 |
| | ③ 体积扫描由一组 PPI 扫描构成，最多可到 30 个 PPI，仰角可预置 |
| 天线控制方式 | ① 预置全自动 |
| | ② 人工干预自动 |
| | ③ 本地手动控制 |
| 天线定位精度 | 方位、仰角均应≤0.2° |
| 天线控制精度 | 方位、仰角均应≤0.1° |
| 天线控制字长 | ≥14 位 |
| 角码数据字长 | ≥14 位 |

#### 1.4.2.4　发射机

新一代天气雷达(CINRAD/SA)发射机主要性能指标见表 1.8。

表 1.8　新一代天气雷达(CINRAD/SA)发射机主要性能指标

| 项目 | 性能指标 |
|---|---|
| 脉冲峰值功率 | ≥650 kW |
| 发射窄脉冲宽度 | 1.57 $\mu$s |
| 发射宽脉冲宽度 | 4.7 $\mu$s |
| 脉冲重复频率 | 300～1300 Hz(窄脉冲) |
| | 300～450 Hz(宽脉冲) |
| 参差重复频率比 | 2/3、3/4 |
| 发射最大占空比 | ≥0.002 |
| 速调管寿命 | ≥25000 h |
| 发射机输出端极限改善因子 | 优于 60 dB |
| 发射机频谱特性 | 符合相关规定中对所占频谱的要求 |

#### 1.4.2.5　接收机(含数字中频)

新一代天气雷达(CINRAD/SA)接收机主要性能指标见表 1.9。

表 1.9　新一代天气雷达(CINRAD/SA)接收机主要性能指标

| 项目 | 性能指标 |
|---|---|
| 频综短期(1 ms)频率稳定度 | ≤$10^{-11}$ |
| ADC 速率 | ≥48 MHz |
| 动态范围 | ≥95 dB |

| 项目 | 性能指标 |
| --- | --- |
| 噪声系数 | $\leqslant 3$ dB |
| 最小可测灵敏度 | $\leqslant -110$ dBm(1.57 $\mu$s) |
| | $\leqslant -114$ dBm(4.7 $\mu$s) |
| 相位编码 | 频综具有相位编码受控功能 |
| 接收机输出 | I、Q |

### 1.4.2.6　系统相位噪声

新一代天气雷达(CINRAD/SA)系统相位噪声指标见表1.10。

表 1.10　新一代天气雷达(CINRAD/SA)系统相位噪声指标

| 项目 | 性能指标 |
| --- | --- |
| 系统相位噪声 | $\leqslant 0.1°$ |

### 1.4.2.7　接收系统动态范围

新一代天气雷达(CINRAD/SA)接收系统动态指标见表1.11。

表 1.11　新一代天气雷达(CINRAD/SA)接收系统动态指标

| 项目 | 性能指标 |
| --- | --- |
| 接收系统动态范围 | $\geqslant 95$ dB |

# 第 2 章

## 雷达系统组成与监测报警

## 2.1 雷达系统高层代码

CINRAD/SA 新一代天气雷达设备高层代码见表 2.1。

表 2.1　CINRAD/SA 新一代天气雷达设备高层代码

| 高层代号 | 单元名称 | 高层代号 | 单元名称 | 高层代号 | 单元名称 |
|---|---|---|---|---|---|
| UD1 | 雷达机房电器设备 | | 电缆走线架 | | |
| | | | 机柜间互连电缆 | | |
| UD2 | 天线/天线座 | 2A1 | 天线 | 2A1A1 | 俯仰组合 |
| | | | | 2A1A1A1 | 手动装置 |
| | | | | 2A1A1A1S1 | 互锁开关 |
| | | | | 2A1A1A3 | 减速箱 |
| | | | | 2A1A1A6 | 轴承组 |
| | | | | 2A1A1RT1 | 液位传感器 |
| | | | | 2A1A1S1/S2 | 互锁开关 |
| | | | | 2A1B1 | 伺服电机 |
| | | | | 2A1A2 | 滑环组合 |
| | | | | 2A1A3 | 方位传动组合 |
| | | | | 2A1A3A1 | 手动装置 |
| | | | | 2A1A3A1S1 | 互锁开关 |
| | | | | 2A1A3A3 | 减速箱 |
| | | | | 2A1A3A4 | 耦合器 |
| | | | | 2A1A3A6 | 轴承 |
| | | | | 2A1A3A7 | 同步箱 |
| | | | | 2A1A3B1 | 电机 |
| | | | | 2A1A3RT1 | 液位传感器 |
| | | | | 2A1A3RT2 | 油阀 |
| | | | | 2A1A3S2 | 互锁开关 |
| | | | | 2A1A3S5 | 开关 |
| | | | | 2A1A4 | AZ 旋转关节 |
| | | | | 2A1A5 | EL 旋转关节 |

续表

| 高层<br>代号 | 单元<br>名称 | 高层<br>代号 | 单元名称 | 高层代号 | 单元名称 |
|---|---|---|---|---|---|
| UD2 | 天线/<br>天线座 | 2A2 | 天线/馈源组合 | 2A2A1 | 馈源 |
| | | | | 2A2A1A7 | 同步箱 |
| | | | | 2A2A1B1 | 电机 |
| | | | | 2A2MP1-MP18 | 扇形反射面 |
| | | | | 2A2WG2 | 波导 |
| | | | | 2A3 | 接收机保护器 |
| | | | | 2A4 | 低噪声放大器 |
| | | | | 2A5 | 功率监视器 |
| | | | | 2A20 | 上光端机 |
| | | | | 2A20A1 | 上光端机电路板 |
| | | | | 2AT1 | 6 dB 同轴衰减器 |
| | | | | 2DC1 | 十字定向耦合器 |
| | | | | 2A6 | 内部通讯电话 |
| UD3 | 发射<br>设备 | 3A1 | 控制面板 | 3A1A1 | 故障显示板 |
| | | | | 3A1A2 | 测量接口板 |
| | | | | 3A1A3 | 状态显示板 |
| | | 3A2 | 整流组件 | 3A3A1 | 控制保护板 |
| | | 3A3 | 控制板组件 | 3A3A2 | 显示控制板 |
| | | 3A4 | 高频激励器 | 3A4A1 | 高频激励器电源板 |
| | | 3A5 | 高频脉冲组成组件 | 3A5A1 | 脉冲形成驱动器 |
| | | 3A6 | 电弧/反射保护组件 | 3A6A1 | 电弧/反射检测板 |
| | | 3A7 | 油箱 | 3A7A1 | 油箱接口组件 |
| | | | | 3A7A1A1 | 油箱接口板 |
| | | | | 3A7HP1 | 油泵 |
| | | | | 3A7T1 | 高压脉冲变压器 |
| | | | | 3A7T3 | 灯丝变压器 |
| | | 3A8 | 后充电校平器 | 3A8A1 | 后充电校平印制板 |
| | | 3A9 | 滤波电容组件 | | |
| | | 3A10 | 充电开关组件 | 3A10A1 | 充电控制板 |
| | | 3A11 | 触发器组件 | 3A11A1 | 触发电路板 |
| | | | | 3A11A2 | +200 V/+20 V 电源 |
| | | 3A12 | 调制组件 | 3A12A1 | SCR 开关 |
| | | | | 3A12A2 | 放电二极管组件 |
| | | | | 3A12A3 | 反峰管组件 |

续表

| 高层<br>代号 | 单元<br>名称 | 高层<br>代号 | 单元名称 | 高层代号 | 单元名称 |
|---|---|---|---|---|---|
| UD3 | 发射<br>设备 | 3A12 | 调制组件 | 3A12A4 | 阻尼电路组件 |
| | | | | 3A12A5 | 充电二极管 |
| | | | | 3A12A6 | 双脉冲形成网络 |
| | | | | 3A12A7 | 放电二极管均压板 |
| | | | | 3A12A8 | SCR 均压板 |
| | | | | 3A12A9 | 监测电路板 |
| | | | | 3A12A10 | 人工选择开关 |
| | | | | 3A12A11 | 取样测量板 |
| | | | | 3A12A12 | 反峰管均压板 |
| | | | | 3A12A13 | SCR 触发板 |
| | | 3A13 | 速调管放大器 | | |
| | | 3A14 | 电磁滤波器 | | |
| | | 3A15 | 机柜风机 | | |
| | | 3A16 | 高放冷却风机 | | |
| | | 3A17 | 磁场线圈 | | |
| | | 3A18 | 控制保护系统 | | |
| | | 3AT1 | 可变衰减器 | | |
| | | 3N1 | 配电板 | | |
| | | 3N3 | 保险丝组件 | 3N3A1 | 电阻板 |
| | | 3PS1 | 灯丝电源 | 3PS1A1 | 灯丝电源控制板 |
| | | 3PS2 | 磁场电源 | 3PS2A1 | 磁场电源控制板 |
| | | | | 3PS2A2 | 磁场电源驱动板 |
| | | 3PS3 | +28 V 电源 | 3PS3A1 | +28 V 激励控保板 |
| | | 3PS4 | +15 V 电源 | 3PS4A1 | +15 V 电源控保板 |
| | | 3PS5 | −15 V 电源 | 3PS5A1 | −15 V 电源印制板 |
| | | 3PS6 | +5 V 电源 | 3PS6A1 | +5 V 电源印制板 |
| | | 3PS7 | +40 V 电源 | 3PS7A1 | +40 V 电源印制板 |
| | | 3PS8 | 钛泵电源 | 3PS8A1 | 钛泵电源印制板 |
| UD4 | 接收<br>设备 | 2A3 | 接收机保护器 | | |
| | | 2A4 | 低噪声放大器 | | |
| | | 4A1 | 频率源 | | |
| | | 4A4 | 预选带通滤波器 | | |
| | | 4A5 | 混频/前置中放 | | |
| | | 4A6 | 匹配滤波器 | | |
| | | 4A20 | 四路功率分配器 | | |

| 高层代号 | 单元名称 | 高层代号 | 单元名称 | 高层代号 | 单元名称 |
|---|---|---|---|---|---|
| UD4 | 接收设备 | 4A21 | 微波延迟线 | | |
| | | 4A22 | 四位二极管开关 | | |
| | | 4A23 | 7 位 RF 数控衰减器 | | |
| | | 4A24 | 2 位二极管开关 | | |
| | | 4A25 | RF 噪声源 | | |
| | | 4A26 | 功率监视器 | | |
| | | 4A27 | 十位 RF 测试开关 | | |
| | | 4A29 | RF 对数放大检波 | | |
| | | 4A32 | 接收机接口板 | | |
| | | 4A33 | 6 dB 固定衰减器 | | |
| | | 4A34 | 10 dB 固定衰减器 | | |
| | | 4A51 | 时钟模块 | | |
| | | 4A52 | 高速采集模块 | | |
| | | 4DC1 | 40 dB 定向耦合器 | | |
| | | 4DC2 | 20 dB 定向耦合器 | | |
| | | 4PS1 | 接收机电源-1 | | |
| | | 4PS2 | 接收机电源-2 | | |
| | | 4PS3 | 接收机电源-3 | | |
| | | 4PS3 | 接收机电源-4 | | |
| | | 4B1 | 风机 | | |
| | | 4B2 | 风机 | | |
| UD5 | RDA 监控设备 | 5A2 | 维护面板 | | |
| | | 5A3 | DAU 组合 | 5A3A1 | DAU 数字单元 |
| | | | | 5A3A2 | DAU 模拟单元 |
| | | | | 5A3A3 | DAU 连接板组合 |
| | | | | 5A3A4 | 下光端机电路板 |
| | | 5A6 | 数字控制单元(DCU) | 5A6AP2 | DCU 数字板 |
| | | | | 5A6AP1 | DCU 模拟板 |
| | | | | 5A6AP3 | DCU 电源板 |
| | | | | 5A6AP4 | DCU 状态显示板 |
| | | | | 5A6AP5 | DCU 轴角显示板 |
| | | 5A7 | 功率放大单元 | 5A7A1 | 方位功放单元 |
| | | | | 5A7A2 | 俯仰功放单元 |
| | | | | 5A7AP1 | 5A7 高低压监控板 |

续表

| 高层代号 | 单元名称 | 高层代号 | 单元名称 | 高层代号 | 单元名称 |
|---|---|---|---|---|---|
| UD5 | RDA监控设备 | 5A10 | HSP | 5A10A1 | HSP A |
| | | | | 5A10A2 | HSP B |
| | | 5A12 | RDASC 计算机 | | |
| | | 5A16 | 信号处理 I/O 盒 | 5A16A1 | A16 转接板 |
| | | 5A18 | 数字下变频模块 | | |
| | | 5A25 | 扼流圈装置 | | |
| | | 5A26 | UPS | | |
| | | 5A27 | 伺服电源变压器保护箱 | | |
| | | 5A28 | RDA 监控机柜 | | |
| | | 5B1/B2 | 风扇 1/2 | | |
| | | 5C1/C2 | 风扇罩 1/2 | | |
| | | 5PS1 | 直流监控电源 | | |
| | | 5XT1 | 短路排(铜制) | | |
| | | 5XT3 | 接线排 | | |
| | | 5V1 | 通风波导窗 | | |
| UD6 | 波导充气 | | 空气压缩机 | | |
| UD7 | 雷达机房辅助设备 | 7A1 | RDA 转接箱 | 7A1A1 | 温度传感器 |
| | | 7A2 | 发射机风道组合 | 7A2A1 | 导向风道 |
| | | | | 7A2A2 | 转接风道 |
| | | | | 7A2A3 | 软风道 |
| | | | | 7A2A4 | 进口软风道 |
| | | | | 7A2A5 | 滤尘风道 |
| | | | | 7A2A6 | 直风道 |
| | | | | 7A2A7 | 换向风道 |
| | | | | 7A2A8 | 温度传感器 |
| | | 7A3 | 波导固定架 | | |
| UD98 | 配电设备 | 98A1 | 铁塔/伺服配电(插箱 1) | | |
| | | 98A2 | 雷达设备配电(插箱 2) | | |
| | | 98A3 | 滤波器 | | |
| | | 98A4 | 滤波器 | | |
| | | 98A5 | 滤波器 | | |
| | | 98A6 | 滤波器 | | |
| | | 98A8 | 插箱 8 | 98A8A1 | 浪涌抑制器 |
| | | 98A9 | 主配电(插箱 9) | 98A9A1 | 电磁接触器 |
| | | | | 98A9A2 | 电源监视器 |

| 高层代号 | 单元名称 | 高层代号 | 单元名称 | 高层代号 | 单元名称 |
|---|---|---|---|---|---|
| UD98 | 配电设备 | 98A9QF2 | 开关 | | |
| | | 98A9QF3 | 开关 | | |
| | | 98A9XT1/XT4 | 接线排 | | |
| | | 98A10 | 变压器 | | |
| | | 98A11 | 配电机柜 | | |
| | | 98QF1/QF3 | 开关 | | |
| | | 98QF4—QF14 | 开关 | | |
| | | 98XT5/XT6 | 接线排 | | |
| | | 98MF1/2 | 风扇 | | |
| | | 98C1/2 | 风扇罩 | | |
| | | 98V1 | 通风波导窗 | | |
| UD11 | 塔 | 11A1 | 2.2m 铁塔 | | |
| | | 11A2 | 风量调节阀 | 11A2A1 | 电动机单元 |
| | | | | 11A2A1A1 | 电机 |
| | | | | 11A2A1A2 | 开关 |
| | | 11A3 | 送风装置 | 11A3A1 | 鼓风机 |
| | | 11A4 | 天线罩入口舱门互锁开关盒 | | |
| | | 11A5 | 电缆转接盒组合 | 11A5A1 | 温控器 |
| | | | | 11A5A2 | 温度传感器 |
| | | | | 11A5A3 | 隔离变压器 |
| | | 11A6 | 防爆灯组合 | 11A6A1 | 防爆灯 1 |
| | | | | 11A6A2 | 防爆灯 2 |
| | | | | 11A6A3 | 防爆灯转接头 |
| | | 11A7 | 塔梯照明 | | |
| | | 11A8 | 室外电缆保护体 | | |
| | | 11A9 | 门行程开关 | 11A9A1 | 门行程开关转接头 |
| | | 11A10 | 避雷针引下线 | | |
| UD12 | 天线罩 | 12A1 | 天线罩 | | |
| | | 12A2 | 航警灯组合 | 12A2A1 | 航警灯 1 |
| | | | | 12A2A2 | 航警灯 2 |
| | | | | 12A2A3 | 航警灯供电转接开关 |
| | | 12A3 | 照明维护电源组合 | 12A3A1 | 天线座照明灯 |
| | | | | 12A3A2 | 照明开关 |
| | | | | 12A3A3 | 电源插座 |

续表

| 高层代号 | 单元名称 | 高层代号 | 单元名称 | 高层代号 | 单元名称 |
|---|---|---|---|---|---|
| UD12 | 天线罩 | 12A4 | 雷电保护 | 12A4A1 | 避雷针 |
|  |  |  |  | 12A4A2 | 避雷针引下线 |
| UD21 | RPG |  |  |  |  |
| UD41 | PUP |  |  |  |  |

## 2.2 雷达系统备件清单

CINRAD/SA 新一代天气雷达备件清单见表 2.2。

表 2.2  CINRAD/SA 新一代天气雷达备件清单

| 序号 | 名称 | 部件号 | 高层代号 |
|---|---|---|---|
| 1 | 8.5m 天线 | US2.943.0088MX | 2A2 |
| 2 | 控制保护板 | HL2.315.100 | 3A3A1 |
| 3 | 固态放大器 | HL3.688.003MX | 3A4 |
| 4 | 射频脉冲形成器 | HL2.841.001MX | 3A5 |
| 5 | 油箱组件 | AL4.720.215MX | 3A7 |
| 6 | 3A12 调制器 | HL2.871.001MX | 3A12 |
| 7 | 速调管 | VKS-8287 | 3A13 |
| 8 | 磁场电源 | HL2.936.100MX | 3PS2 |
| 9 | 频率源 | AC2.827.001 | 4A1 |
| 10 | 功率放大单元 | US2.808.0202 | 5A7 |
| 11 | 谐波滤波器 | AL2.834.020 | 1WG6 |
| 12 | 环行器 | AL2.970.063 | 1WG8 |
| 13 | 可编程信号处理器 PSP | FRU 600-00458 | 5A9 |
| 14 | 轴承 | 1222A31 | 2A1A1A5 |
| 15 | 齿轮轴承 | 1222A30 | 2A1A1A6 |
| 16 | 天线座 | US4.225.0687MX | 2A1 |
| 17 | 定向耦合器 | AL2.969.280 | 1DC1 |
| 18 | 定向耦合器 | AL2.969.275 | 1DC2 |
| 19 | 中功率负载 |  | 1AT2 |
| 20 | 小功率负载 |  | 1AT3 |
| 21 | 低功率负载 |  | 1AT5 |
| 22 | 馈源罩 | US7.850.0049 |  |
| 23 | E 弯波导 | AL2.960.1781 | 1WG7 |

| 序号 | 名称 | 部件号 | 高层代号 |
|---|---|---|---|
| 24 | E 弯波导 | AL2.960.1782 | 1WG3 |
| 25 | E 弯波导 | AL2.960.1783 | 1WG4 |
| 26 | E 弯波导 | AL2.960.1784 | 1WG15 |
| 27 | E 弯波导 | AL2.960.1785 | 1WG14 |
| 28 | H 弯波导 | AL2.960.1786 | 1WG5 |
| 29 | H 弯波导 | AL2.960.1787 | 1WG9 |
| 30 | 90°弯波导 | HL5.970.002 | 3WG1 |
| 31 | 45°扭波导 | HL5.970.003 | 3WG2 |
| 32 | 软波导 | HL5.970.004 | 3WG3 |
| 33 | 水平弯波导 | HL5.970.005 | 3WG4 |
| 34 | 偏心波导 | HL5.970.006 | 3WG5 |
| 35 | 波导开关 | 1213657-201 | 1WG13 |
| 36 | 软波导 | AL2.960.1840 | 2WG01 |
| 37 | E 面弯波导 | AL2.960.1839 | 2WG02 |
| 38 | H 面弯波导 | AL2.960.1336 | 2WG03 |
| 39 | H 面弯波导 | AL2.960.1787 | 2WG05 |
| 40 | 弯波导 5 | US5.970.174 | 2WG07 |
| 41 | 弯波导 4 | US5.970.175 | 2WG08 |
| 42 | 直波导 | US5.970.176 | 2WG09 |
| 43 | 弯波导 3 | US5.970.177 | 2WG10 |
| 44 | 弯波导 2 | US5.970.178 | 2WG11 |
| 45 | 弯波导 1 | US5.970.179 | 2WG12 |
| 46 | BJ-32 弯波导 1 | US5.970.243 | 2WG14 |
| 47 | 软波导 | USA-MICROTECH MTPS284.602.N.39.4A | 2WG15 |
| 48 | BJ-32 弯波导 2 | US5.970.244 | 2WG16 |
| 49 | BJ-32 弯波导 5 | US5.970.245 | 2WG17 |
| 50 | BJ-32 弯波导 3 | US5.970.247 | 2WG19 |
| 51 | BJ-32 弯波导 7 | US5.970.248 | 2WG20 |
| 52 | BJ-32 弯波导 4 | US5.970.249 | 2WG21 |
| 53 | 过渡波导 | US7.083.325 | 2WG22 |
| 54 | 直波导 | AL2.960.1788 | 1WG10 |
| 55 | RDA 转接箱 | HL3.691.001 | 7A1 |
| 56 | 发射机风道组合 | HL4.409.000-X | 7A2 |
| 57 | 电缆走线架 | HL4.118.000-X | |

| 序号 | 名称 | 部件号 | 高层代号 |
|---|---|---|---|
| 58 | 轴角盒 | US2.688.0003MX | 2A1A1A6/2A1A3A6 |
| 59 | 环行器 | AL2.970.063 | 2WG04 |
| 60 | 接收机保护器 | AG4065C.3.02 | 2A3 |
| 61 | 方位旋转关节 | FW-JOINT | 2A1A4 |
| 62 | 俯仰旋转关节 | FY-JOINT | 2A1A5 |
| 63 | 俯仰箱 | US4.225.0686MX | 2A1A1 |
| 64 | 显示控制板 | HL2.319.100 | 3A3A2 |
| 65 | 3A8 后充电校平 | HL2.908.002MX | 3A8 |
| 66 | 3A10 开关组件 | HL3.601.001MX | 3A10 |
| 67 | 聚焦线圈 | V1093 | 3A17 |
| 68 | 3PS1 灯丝电源 | HL2.936.001MX | 3PS1 |
| 69 | RF 数控衰减器 | DA-B48S | 4A23 |
| 70 | A/D 时钟模块 | HL2.877.000JT | 4A51 |
| 71 | A/D 高速采集模块 | HL2.868.003JT | 4A52 |
| 72 | 数字控制单元 | US2.425.0022 | 5A6 |
| 73 | 变频器 | SG6030B | 5A7A1 |
| 74 | 数字变频转换组合 | HL3.688.001 | 5A18 |
| 75 | 硬件信号处理器 HSP(A) | HL2.084.000-2/-3 | 5A10A1 |
| 76 | 硬件信号处理器 HSP(B) | HL2.089.000WJT-2 | 5A10A2 |
| 77 | 空气压缩机 | HL3.963.001 | UD6 |
| 78 | 高功率负载 | AL2.978.081 | 1AT4 |
| 79 | 光电码盘 | CHM510 | 2A1A1B1 |
| 80 | 上光端机 | HL2.000.009-90 | 2A20 |
| 81 | 上光纤线路板 | HL2.000.007W | 2A20A1 |
| 82 | 俯仰同步箱 | US4.030.0016MX | 2A1A1A1 |
| 83 | 俯仰电机 | 1FT5072-0AC0 | 2A1A1M1 |
| 84 | 方位电机 | 1FT5072-0AC0 | 2A1A1M2 |
| 85 | 整流组件 | HL2.930.100MX | 3A2 |
| 86 | 3A9 电容组件 | HL2.930.101MX | 3A9 |
| 87 | 3A11 触发器 | HL2.863.001MX | 3A11 |
| 88 | 3PS8 钛泵电源 | HL2.933.102MX | 3PS8 |
| 89 | 接收机电源 | HL2.932.005-7 | 4PS1 |
| 90 | 接收机电源 | HL2.932.005-8 | 4PS2 |
| 91 | 接收机电源 | HL2.932.005-9 | 4PS3 |
| 92 | 接收机电源 | HL2.932.002 | 4PS4 |

续表

| 序号 | 名称 | 部件号 | 高层代号 |
|---|---|---|---|
| 93 | 10 位 RF 测试开关 | N10-427J001 | 4A27 |
| 94 | 微波延迟线 | MBE-1022 | 4A21 |
| 95 | 接收机接口板 | CRD4-A32-00-00 | 4A32 |
| 96 | 干扰检测器 | CRD4-A19-00-00 | 4A19 |
| 97 | 10 位 IF 开关 | CRD4-A28-00-00 | 4A28 |
| 98 | 单片机监控单元 | US2.359.0020 | 5A6AP2 |
| 99 | 模拟环路 | US2.891.2299 | 5A6AP1 |
| 100 | 伺服电源变压器 | GSG-16/0.5 | 5A27 |
| 101 | 数字下变频板 | HL3.692.004 | 5A18A1 |
| 102 | 数据格式转换板 | HL3.692.005 | 5A18A2 |
| 103 | HSP-PSP 接口转换板 | LINK 3_2 | 5A9A1 |
| 104 | DAU 组合 | HL2.900.000-60 | 5A3 |
| 105 | 检波器 | | 1CR1，1CR2 |
| 106 | 接线盒 | US6.106.708 | 2A1A7A3 |
| 107 | 开关盒 | US6.618.0000 | 2A1A7A4 |
| 108 | 馈源 | US2.946.1936MX | 2A2A1 |
| 109 | 小功率负载 | AL2.978.083 | 2AT01 |
| 110 | 定向耦合器 | | 2DC02 |
| 111 | 波导同轴转换 | HD-32WCANK/FAE | 2WG30 |
| 112 | 定向耦合器 | RH2969011 | 2DC01 |
| 113 | 喇叭 | US7.083.324 | 2WG23 |
| 114 | 功率监视器 | 1213625-201 | 2A5 |
| 115 | 上光端机电源 | HL2.932.005-5 | 2PS1 |
| 116 | 俯仰手动机构 | US6.063.0020 | 2A1A1A2 |
| 117 | 调隙机构 | US6.064.0002 | 2A1A1A3 |
| 118 | 俯仰联轴节 | US6.340.0066 | 2A1A1A4 |
| 119 | 缓冲器 | US6.400.0001 | 2MP1-2MP4 |
| 120 | RF 检波对数放大 | CRD4-A29-00-00 | 4A29 |
| 121 | 4 路功率分配器 | CRD4-A20-00-00 | 4A20 |
| 122 | 固定衰减器 | AC2.972.010JT | 4A33 |
| 123 | RF/IF 测试监视器 | HL2.900.005MX | 4A31 |
| 124 | IF 对数放大检波 | CRD4-A30-00-00 | 4A30 |
| 125 | G＋对放检波器 | CRD4-A17-00-00 | 4A17 |
| 126 | G－对放检波器 | CRD4-A18-00-00 | 4A18 |
| 127 | IF 保护带(G±)放大器 | CRD4-A14-00-00 | 4A14 |

续表

| 序号 | 名称 | 部件号 | 高层代号 |
|---|---|---|---|
| 128 | G＋带通滤波器 | CRD4-A15-00-00 | 4A15 |
| 129 | G－带通滤波器 | CRD4-A16-00-00 | 4A16 |
| 130 | IF放大/限幅器 | CRD4-A9D-00-00 | 4A9D |
| 131 | 带通滤波器 | CRD4-A6D-00-00 | 4A6D |
| 132 | 多输出主对数放大检波 | CRD4-A12-00-00 | 4A12 |
| 133 | A16组合 | HL3.692.002 | 5A16 |
| 134 | A16转接板 | HL3.692.003 | 5A16A1 |
| 135 | 维护面板 | HL2.949.4001 | 5A2 |
| 136 | UPS | HL2.937.002JT | 5A26 |
| 137 | 98A1面板组合 | HL5.560.902 | 98A1 |
| 138 | 98A2面板组合 | HL5.560.903 | 98A2 |
| 139 | 98A9面板组合 | HL5.560.904 | 98A9 |
| 140 | 可变衰减器 | AL2.884.045 | 1AT6,1AT7 |
| 141 | 同轴负载 |  | 1AT1 |
| 142 | 低噪声放大器 | HL2.806.003JT | 2A4 |
| 143 | 电机碳刷 | D374L-7×11 |  |
| 144 | 测速机碳刷 | SILVER-GRAPHITE 2.5×5 |  |
| 145 | 液位传感器 | GD-YWH | 2A1A3RT1 |
| 146 | 方位大齿轮液位传感器 | GD-YWS | 2A1A3RT2 |
| 147 | 开关 | KN-203 | 2A1A3SA1 |
| 148 | 故障显示板 | HL4.123.001-1DL | 3A1A1 |
| 149 | 测量接口板 | HL2.900.100 | 3A1A2 |
| 150 | 状态显示板 | HL4.123.001-3DL | 3A1A3 |
| 151 | 电弧/反射保护 | HL2.908.001MX | 3A6 |
| 152 | 油箱接口组合 | HL2.908.003MX | 3A7A1 |
| 153 | 高压供电电源滤波器 | FNF-301A25 | 3A14 |
| 154 | 机柜灯供电电源滤波器 | FNF212A6/01 |  |
| 155 | 辅助供电电源滤波器 | FNF2A10 |  |
| 156 | 聚焦线圈风机M1 | 150FLJ-8 | 3M1 |
| 157 | 聚焦线圈风机M2 | 150FLJ-5 | 3M2 |
| 158 | 速调管风机M3 | 150FLJ-5 | 3M3 |
| 159 | 主风机M4 | CLQ-19 | 3M4 |
| 160 | 同轴可变衰减器组合 | SHK-4 | 3AT1 |
| 161 | N1电源控制板 | HL4.123.002MX | 3N1 |
| 162 | 3N2强电输入保险丝组合 | HL4.810.001MX | 3N2 |

| 序号 | 名称 | 部件号 | 高层代号 |
|---|---|---|---|
| 163 | 3N3 保险丝组件 | HL2.908.004MX | 3N3 |
| 164 | 3N3 印刷电路板 | HL2.908.004DL | 3N3A1 |
| 165 | 磁场电源变压器 | AL4.707.117 | 3T1 |
| 166 | +28 V 电源 | HL2.932.004-1 | 3PS3 |
| 167 | +15 V 电源 | HL2.932.004-2 | 3PS4 |
| 168 | -15 V 电源 | HL2.932.004-3 | 3PS5 |
| 169 | +5 V 电源 | HL2.932.004-4 | 3PS6 |
| 170 | +40 V 电源 | HL2.932.004-5 | 3PS7 |
| 171 | 活动门组件 | AC4.120.000 | 4A42 |
| 172 | 射频板 | AC4.130.000 | 4A43 |
| 173 | 固定衰减器 | AC2.972.009JT | 4A36 |
| 174 | 20 dB 定向耦合器 | AC2.969.011JT | 4DC2 |
| 175 | 预选带通滤波器 | CRD4-A4-00-00 | 4A4 |
| 176 | 混频/前置中放 | CRD4-A5-00-00 | 4A5 |
| 177 | 电源板 | AC3.619.000MX | 4TB3 |
| 178 | RF 噪声源 | CRD4-A25-00-00 | 4A25 |
| 179 | 4 位二极管开关 | CRD4-A22-00-00 | 4A22 |
| 180 | RF 功率监视器 | N425D-5147 | 4A26 |
| 181 | 40 dB 定向耦合器 | AC2.969.010JT | 4DC1 |
| 182 | 固定衰减器 | AC2.972.008JT | 4A34 |
| 183 | 2 位二极管开关 | CRD4-A24-00-00 | 4A24 |
| 184 | 电源板 | AC3.619.000MX | 4TB2 |
| 185 | 轴角显示板 | US2.927.2282 | 5A6AP5 |
| 186 | 状态显示板 | US2.929.0197 | 5A6AP4 |
| 187 | 电源模块 | 4NIC-Q165 | 5A6GB1 |
| 188 | 保险丝盒 | FU1BLX-1 | 5A6FU1 |
| 189 | 风扇 | 125FZY2-S | 5A6M1 |
| 190 | 交流滤波器 | DL-10H1U | 5A6Z1 |
| 191 | 固态继电器 | JG-2FD | 5A7K1 |
| 192 | 风扇 | 125FZY2-S | 5A7M1、M2 |
| 193 | 变压器 | T70-13 | 5A7T1-T3 |
| 194 | 指示灯 | D16PLR1-000 | 5A7HL1-HL3 |
| 195 | RDASC 计算机 | HL2.300.007JT | 5A12 |
| 196 | 风扇 223-130 | HL3.964.000JT | 5MF1，5MF2 |
| 197 | 直流监控电源 | HL2.932.005-4 | 5PS1 |

| 序号 | 名称 | 部件号 | 高层代号 |
|---|---|---|---|
| 198 | 直流监控电源 | HL2.932.2001-6JT | 5PS2 |
| 199 | 通风波导窗 | 60-02837A | |
| 200 | 电压电流指示面板组合 | HL5.560.901 | |
| 201 | 风扇 223-130 | HL3.964.000JT | 5MF1，5MF2 |
| 202 | 电源滤波器 | FNF202B2 | 98A5 |
| 203 | 电源滤波器 | FNF402B10 | 98A4 |
| 204 | 电源滤波器 | FNF202B10 | 98A6 |
| 205 | 98A1 开关件组合 | HL5.562.901(HL3.624.001) | |
| 206 | 98A2 开关件组合 | HL5.562.902 | |
| 207 | 接线排 XT2 | HL5.569.902 | |
| 208 | 接线排 XT3 | HL5.569.903 | |
| 209 | 98A10 浪涌保护器组合 | HL5.569.904 | |
| 210 | 总输入接线排 | HL5.569.905(HL8.048.000-1) | |
| 211 | 后盖板组件 | HL5.560.905-90 | |
| 212 | 总开关 | SA103BA-100A | |
| 213 | 避雷器 | DG.TT.230.400.FM385 | |
| 214 | 断路器 | E4CB110CEC10 | |
| 215 | 交流接触器 | A95-30-11 | |
| 216 | 交流互感器 | LMZJ1-0.5 | 98A8 |
| 217 | 三相电源监视器 | TVR2000-1 | |
| 218 | 熔断器座 | RT18-32 | |
| 219 | 通风波导窗 | 60-02837A | |
| 220 | 熔断器-32A | RT14-20 | |
| 221 | 接地排 | HL7.754.001 | |
| 222 | 转接头 M-M | SMA-50JJ | |
| 223 | 转接头 F-F | SMA-50KK | |
| 224 | 转接头 M-M | N-50JJ | |
| 225 | 转接头 F-F | N-50KK | |
| 226 | 转接头 M-M | N/SMA-50JJ | |
| 227 | 转接头 F-F | N/SMA-50KK | |
| 228 | 转接头 M-F | N/SMA-50JK | |
| 229 | 转接头 F-M | N/SMA-50KJ | |
| 230 | 平衡微波检波器 | HL2.984.000 | |
| 231 | 衰减器(3 dB，N-type) | HL2.703.000 | |
| 232 | 衰减器(7 dB，N-type) | HL2.703.001 | |

续表

| 序号 | 名称 | 部件号 | 高层代号 |
|---|---|---|---|
| 233 | 衰减器(20 dB，N-type) | HL2.703.002 | |
| 234 | 衰减器(30 dB，N-type) | HL2.703.003 | |
| 235 | 测试电缆 W420 | HL4.850.108 | |
| 236 | 测试电缆 W421 | HL4.850.109 | |
| 237 | 测试电缆 W422 | HL4.853.123 | |
| 238 | 测试电缆 W423 | HL4.850.112 | |
| 239 | 测试电缆 W427 | HL4.853.309 | |
| 240 | 合像水平仪 | HL2.758.000 | |
| 241 | 万用表 | MY-65 | |
| 242 | 绝缘电阻表(兆欧表) | AC-7 | |
| 243 | 功率探头 | AGILENT 8481A | |
| 244 | 送风装置 | HL3.964.002 | |
| 245 | 电缆转接盒 | HL3.691.000 | |
| 246 | 风量调节阀 | HL3.964.001 | |
| 247 | 门行程开关 | 5LS1-T | |
| 248 | 白炽灯 | GB10681-89 | |
| 249 | 防爆灯 | BAD53-100x | |
| 250 | 开关 | 491-743 | |
| 251 | 开关盒 | 491-737 | |
| 252 | 隔离变压器组合 | HL3.688.000 | |
| 253 | 交流接触器 | B16-30-10 | |
| 254 | 温控开关 | TR/711-N | |
| 255 | 温度传感器 | PT-100(−50～50 ℃) | |
| 256 | 电缆转接盒 | HL3.691.000 | 11A5 |
| 257 | 隔离变压器组合 | HL3.688.000 | 12A3 |
| 258 | 送风装置 | HL3.964.002 | |
| 259 | 门行程开关 | 5LS1-T | |
| 260 | 交流接触器 | B16-30-10 | |
| 261 | 温控开关 | TR/711-N | |
| 262 | 温度传感器 | PT-100(−50～50 ℃) | |

## 2.3 雷达在线监测点

CINRAD/SA 新一代天气雷达在线监测点与参数测试点见表 2.3。

表 2.3　CINRAD/SA 新一代天气雷达在线监测点与参数测试点

| 序号 | 分系统 | 名称 | 采集位置 |
|---|---|---|---|
| 1 | 系统 | CW | 接收机频综 |
| 2 | | RFD1 | 发射机脉冲形成器 |
| 3 | | RFD2 | 发射机脉冲形成器 |
| 4 | | RFD3 | 发射机脉冲形成器 |
| 5 | | 速度 1 | 接收机频综 |
| 6 | | 速度 2 | 接收机频综 |
| 7 | | 速度 3 | 接收机频综 |
| 8 | | 谱宽 1 | 接收机频综 |
| 9 | | 谱宽 2 | 接收机频综 |
| 10 | | 谱宽 3 | 接收机频综 |
| 11 | | 短脉冲反射率标定常数 | |
| 12 | | 宽脉冲反射率标定常数 | |
| 13 | | 滤波前功率 | |
| 14 | | 滤波后功率 | |
| 15 | | 杂波抑制 | |
| 16 | | 相位噪声 | |
| 17 | 发射机 | 发射机状态 | 发射机 |
| 18 | | 发射机不可操作 | 发射机 |
| 19 | | 发射机是否可用 | 发射机 |
| 20 | | 发射机工作模式 | 发射机 |
| 21 | | 维护请求 | 发射机 |
| 22 | | 天线峰值功率 | 发射机 |
| 23 | | 发射机峰值功率 | 发射机 |
| 24 | | 天线平均功率 | 发射机 |
| 25 | | 发射机平均功率 | 发射机 |
| 26 | | 天线功率调零 | RDA |
| 27 | | 发射功率调零 | RDA |
| 28 | | 波导连锁 | 馈线 |
| 29 | | 发射机预热 | 发射机 |
| 30 | | 波导开关位置 | 馈线 |
| 31 | | PFN 开关 | 发射机 |
| 32 | | 速调管电流 | 发射机 |
| 33 | | 灯丝电流 | 发射机灯丝电源 |
| 34 | | 低压电源 1—5 | 发射机 |
| 35 | | 钛泵电流 | 发射机钛泵电源 |

| 序号 | 分系统 | 名称 | 采集位置 |
|---|---|---|---|
| 36 | 发射机 | 速调管空温 | 发射机 |
| 37 | | 速调管风流量 | 发射机风道 |
| 38 | | 聚焦线圈风流量 | 发射机风道 |
| 39 | | 磁场电源 | 发射机磁场电源 |
| 40 | | 磁场电流 | 发射机磁场电源 |
| 41 | | 环形器过温 | 馈线 |
| 42 | | 灯丝电源 | 发射机灯丝电源 |
| 43 | | 灯丝电压 | 发射机灯丝电源 |
| 44 | | 钛泵电源 | 发射机钛泵电源 |
| 45 | | 电弧监测 | 馈线 |
| 46 | | 波导湿度 | 空压机 |
| 47 | | 波导压力 | 空压机 |
| 48 | | 机柜连锁 | 发射机 |
| 49 | | 机柜风温 | 发射机 |
| 50 | | 机柜风流量 | 发射机 |
| 51 | | 调制器过载 | 发射机调制器 |
| 52 | | 调制器反峰电流 | 发射机调制器 |
| 53 | | 调制器开关 | 发射机调制器 |
| 54 | | 发射机过流 | 发射机开关组件 |
| 55 | | 发射机过压 | 发射机开关组件 |
| 56 | | 回授充电器故障 | 发射机开关组件 |
| 57 | | 反向二极管电流欠压 | 发射机开关组件 |
| 58 | | 触发器故障 | 发射机触发器 |
| 59 | | PRF 超限 | 发射机 |
| 60 | | DAU 接口 | 发射机 |
| 61 | | 油位 | 发射机油箱 |
| 62 | | 油温 | 发射机油箱 |
| 63 | | 后充电校平 | 后校平组件 |
| 64 | | 发射机通信测试位 0—7 | 发射机 |
| 65 | 接收机 | 频综自激 | 接收机频综 |
| 66 | | 频综 STALO 故障 | 接收机频综 |
| 67 | | 频综 COHO 故障 | 接收机频综 |
| 68 | | 噪声温度 | 接收机 |
| 69 | | 噪声电平 | 接收机 |
| 70 | | 接收机电源 1—4 | 接收机 |

续表

| 序号 | 分系统 | 名称 | 采集位置 |
|---|---|---|---|
| 71 | 天线 | 天线座 150 V | 功率放大单元 |
| 72 | | 俯仰功放 | 功率放大单元 |
| 73 | | 俯仰电机 | 天线座 |
| 74 | | 俯仰收藏销 | 天线座 |
| 75 | | 俯仰死限位 | 天线座 |
| 76 | | 俯仰正预限位 | 天线座 |
| 77 | | 俯仰负预限位 | 天线座 |
| 78 | | 俯仰编码灯 | 伺服轴角盒 |
| 79 | | 俯仰减速箱油位 | 俯仰减速箱 |
| 80 | | 俯仰手轮 | 天线座 |
| 81 | | 俯仰功放电源 | 功率放大单元 |
| 82 | | 伺服 on | 数字控制单元 |
| 83 | | 方位功放 | 功率放大单元 |
| 84 | | 方位电机 | 天线座 |
| 85 | | 方位收藏销 | 天线座 |
| 86 | | 方位编码灯 | 天线座 |
| 87 | | 大齿轮油位 | 天线座 |
| 88 | | 方位减速箱油位 | 减速箱 |
| 89 | | 方位手轮 | 天线座 |
| 90 | | 方位功放电源 | 功率放大单元 |
| 91 | | 天线座电源 1—3 | 数字控制单元 |
| 92 | | 天线自检 | 数字控制单元 |
| 93 | | 天线座锁定 | 天线座 |
| 94 | 铁塔及附属 | 机房温度 | 机房温度传感器 |
| 95 | | 天线罩门开关 | 天线罩 |
| 96 | | 天线罩温度 | 天线罩 |
| 97 | | 发射机温度 | 发射机风道 |
| 98 | | DAU 测试位 0 | RDA |
| 99 | | DAU 测试位 1 | RDA |
| 100 | | DAU 测试位 2 | RDA |
| 101 | | 供电来源 | RDA |
| 102 | | 控制台电源 1—4 | RDA |

## 2.4 雷达系统报警分类

（1）RDASC 和信号处理器报警信息见表 2.4。

表 2.4　RDASC 和信号处理器报警信息表

| 报警号 | 报警内容 | |
| --- | --- | --- |
| 20 | RANGE RESOLUTION BEING CHANGED | 距离分辨率被改变 |
| 21 | TASK FILE LOAD FAIL | 任务文件加载失败 |
| 28 | PULSE WIDTH ERROR | 脉冲宽度错误 |
| 30 | CONFIG FILE LOAD FAIL | 配置文件加载失败 |
| 31 | TASK SCHEDULE FILE LOAD FAIL | 任务调度文件加载失败 |
| 690 | STATE FILE WRITE FAILED | 写状态文件失败 |
| 692 | RDASC CAL DATA FILE WRITE FAILED | 写 RDASC 标定数据文件失败 |
| 700 | INIT SEQ TIMEOUT-RESTART INITIATED | 初始化序列超时-重新初始化 |
| 701 | CONTROL SEQ TIMEOUT-RESTART INITIATED | 控制序列超时-重新初始化 |
| 756 | ARCHIVE A CAPACITY LOW | 存档设备容量低 |

（2）发射机报警信息见表 2.5。

表 2.5　发射机报警信息表

| 报警号 | 报警内容 | |
| --- | --- | --- |
| 40 | FILAMENT POWER SUPPLY OFF | 灯丝电源关闭 |
| 42 | WAVEGUIDE2/PFN TRANSFER INTERLOCK | 波导开关 2/脉冲形成网络转换器互锁 |
| 44 | WAVEGUIDE1/PFN TRANSFER INTERLOCK | 波导开关 1/脉冲形成网络转换器互锁 |
| 45 | XMTR IN MAINTENANCE MODE | 发射机处于维护状态 |
| 47 | PFN/PW SWITCH FAILURE | 脉冲形成网络/脉冲宽度开关故障 |
| 48 | XMTR +5 V DC POWER SUPPLY FAIL | 发射机+5 V 直流电源故障 |
| 49 | XMTR +15 V DC POWER SUPPLY FAIL | 发射机+15 V 直流电源故障 |
| 50 | XMTR +28 V DC POWER SUPPLY FAIL | 发射机+28 V 直流电源故障 |
| 51 | XMTR−5 V DC POWER SUPPLY FAIL | 发射机−15 V 直流电源故障 |
| 52 | XMTR +40 V DC POWER SUPPLY FAIL | 发射机+40 V 直流电源故障 |
| 53 | FILAMENT POWER SUPPLY VOLTAGE FAIL | 灯丝电源电压故障 |
| 54 | VACUUM PUMP POWER SUPPLY VOLTAGE FAIL | 钛泵电源电压故障 |
| 55 | FOCUS COIL POWER SUPPLY VOLTAGE FAIL | 聚焦线圈电源电压故障 |
| 59 | TRANSMITTER CABINET INTERLOCK OPEN | 发射机机柜互联锁开 |
| 60 | TRANSMITTER CABINET OVERTEMP | 发射机机柜过温 |

续表

| 报警号 | 报警内容 | |
|---|---|---|
| 61 | TRANSMITTER CABINET AIR FLOW FAIL | 发射机机柜风流量故障 |
| 64 | MODULATOR OVERLOAD | 调制器过载 |
| 65 | MODULATOR INVERSE CURRENT FAIL | 调制器反峰电流故障 |
| 66 | MODULATOR SWITCH FAILURE | 调制器开关故障 |
| 67 | TRANSMITTER MAIN POWER OVERVOLTAGE | 发射机电源电压过压 |
| 68 | FLYBACK CHARGER FAILURE | 回授充电器故障 |
| 69 | INVERSE DIODE CURRENT UNDERVOLTAGE | 反峰二极管电流欠压 |
| 70 | TRIGGER AMPLIFIER FAILURE | 触发放大器故障 |
| 72 | TRANSMITTER OVERVOLTAGE | 发射机过压 |
| 73 | TRANSMITTER OVERCURRENT | 发射机过流 |
| 74 | FOCUS COIL CURRENT FAILURE | 聚焦线圈电流故障 |
| 75 | FOCUS COIL AIRFLOW FAILURE | 聚焦线圈气流量故障 |
| 76 | TRANSMITTER OIL OVERTEMP | 发射机油温过温 |
| 77 | PRF LIMIT | 脉冲重复频率超限 |
| 78 | TRANSMITTER OIL LEVEL LOW | 发射机油位低 |
| 80 | KLYSTRON OVERCURRENT | 速调管过流 |
| 81 | KLYSTRON FILAMENT CURRENT FAIL | 速调管灯丝电流故障 |
| 82 | KLYSTRON VACION CURRENT FAIL | 速调管钛泵电流故障 |
| 83 | KLYSTRON AIR OVERTEMP | 速调管气温过高 |
| 84 | KLYSTRON AIR FLOW FAILURE | 速调管气流故障 |
| 93 | XMTR MODULATOR SWITCH REQUIRES MAINT | 发射机脉冲调制器开关请求维护 |
| 94 | XMTR POST CHARGE REG REQUIRES MAINT | 发射机后校平充电整形器请求维护 |
| 95 | WAVEGUIDE HUMIDITY/PRESSURE FAULT | 波导开关湿度/压力故障 |
| 96 | TRANSMITTER HV SWITCH FAILURE | 发射机高压开关故障 |
| 97 | TRANSMITTER RECYCLING | 发射机故障恢复循环 |
| 98 | TRANSMITTER INOPERATIVE | 发射机不可操作 |
| 110 | XMTR/DAU INTERFACE FAILURE | 发射机/DAU 接口故障 |
| 173 | TRANSMITTER LEAVING AIR TEMP EXTREME | 发射机排气过温 |
| 200 | TRANSMITTER PEAK POWER LOW | 发射机峰值功率低 |
| 201 | TRANSMITTER PEAK POWER HIGH | 发射机峰值功率高 |
| 206 | XMTR POWER METER ZERO OUT OF LIMIT | 发射机功率计零点超限 |
| 209 | TRANSMITTER POWER BITE FAIL | 发射机功率机内测试设备故障 |

（3）天馈系统报警信息见表 2.6。

表 2.6　天馈系统报警信息表

| 报警号 | 报警内容 | |
|---|---|---|
| 43 | WAVEGUIDE SWITCH FAILURE | 波导开关故障 |
| 56 | CIRCULATOR OVERTEMP | 环流器过温 |
| 57 | SPECTRUM FILTER LOW PRESSURE | 频谱滤波器压力过低 |
| 58 | WAVEGUIDE ARC/VSWR | 波导开关打火/电压驻波比 |
| 151 | RADOME ACCESS HATCH OPEN | 天线罩舱门开 |
| 171 | EQUIPMENT SHELTER TEMP EXTREME | 设备方舱过温 |
| 174 | RADOME AIR TEMP EXTREME | 天线罩温度过高 |
| 204 | ANTENNA PEAK POWER LOW | 天线峰值功率低 |
| 205 | ANTENNA PEAK POWER HIGH | 天线峰值功率高 |
| 207 | ANTENNA POWER METER ZERO OUT OF LIMIT | 天线功率计零点超限 |
| 208 | XMTR/ANT PWR RATIO DEGRADED | 发射机/天线功率比率变坏 |
| 210 | ANTENNA POWER BITE FAIL | 天线功率机内测试设备故障 |

（4）接收机报警信息见表 2.7。

表 2.7　接收机报警信息表

| 报警号 | 报警内容 | |
|---|---|---|
| 99 | COHO/CLOCK FAILURE | 相参振荡器/时钟故障 |
| 100 | DAU UART FAILURE | DAU 通用异步收发器故障 |
| 132 | RCVR 4PS2 +5 V/4 A POWER SUPPLY FAIL | 接收机 4PS2 +5 V/4 A 电源故障 |
| 134 | RCVR 4PS1 +/−18 V POWER SUPPLY FAIL | 接收机 4PS1 +/−18 V 电源故障 |
| 135 | RCVR 4PS2−9 V/1.5 A POWER SUPPLY FAIL | 接收机 4PS2−9 V/1.5 A 电源故障 |
| 139 | RCVR 4PS2 +9 V/2 A POWER SUPPLY FAIL | 接收机 4PS2 +9 V/2 A 电源故障 |
| 140 | RCVR 4PS4 +6 V POWER SUPPLY FAIL | 接收机 4PS4 +6 V 电源故障 |
| 141 | RCVR 4PS1 +5 V/5 A POWER SUPPLY FAIL | 接收机 4PS1 +5 V/5 A 电源故障 |
| 143 | RCVR 4PS3−5.2 V/1.5 A PS FAIL | 接收机 4PS3−5.2 V/1.5 A 电源故障 |
| 147 | RCVR PROT +5 V POWER SUPPLY FAIL | 接收机保护器+5 V 电源故障 |
| 360 | RF GEN FREQ SELECT OSCILLATOR FAIL | 射频产生器的频率选择振荡器故障 |
| 361 | RF GEN RF/STALO FAIL | 射频产生器的射频/稳定本振故障 |
| 362 | RF GEN PHASE SHIFTED COHO FAIL | 射频产生器的相移相干振荡器故障 |
| 469 | VERT CHANNEL NOISE LEVEL DEGRADED | 垂直通道噪声电平变坏 |
| 470 | HORI CHANNEL NOISE LEVEL DEGRADED | 水平通道噪声电平变坏 |
| 471 | SYSTEM NOISE TEMP DEGRADED | 系统噪声温度变坏 |

续表

| 报警号 | 报警内容 | |
|---|---|---|
| 476 | DIFFERENTIAL REFL CAL DEGRADED | 差分反射率标定变坏 |
| 479 | REC CHAN GAIN CAL CHECK MAINT REQD | 接收通道增益标定检查维护请求 |
| 480 | REC CHAN GAIN CAL CHECK DEGRADED | 接收通道增益标定检查变坏 |
| 481 | REC CHAN GAIN CAL CONSTANT DEGRADED | 接收通道增益标定常数变坏 |
| 483 | VELOCITY/WIDTH CHECK DEGRADED | 速度/谱宽检查变坏 |
| 484 | VELOCITY/WIDTH CHECK MAINT REQUIRED | 速度/谱宽检查维护请求 |
| 486 | H CHAN CLUTTER REJECTION DEGRADED | 水平通道杂波抑制变坏 |
| 487 | H CHAN CLTR REJECT MAINT REQUIRED | 水平通道杂波抑制需要维护 |
| 488 | V CHAN CLUTTER REJECTION DEGRADED | 垂直通道杂波抑制变坏 |
| 489 | V CHAN CLTR REJECT MAINT REQUIRED | 垂直通道杂波抑制需要维护 |
| 521 | SYSTEM NOISE TEMP MAINT REQUIRED | 系统噪声温度维护请求 |
| 523 | REC CHAN RF DRIVE TST SIGNAL DEGRADED | 接收通道射频激励测试信号变坏 |
| 527 | REC CHAN TEST SIGNALS DEGRADED | 接收通道测试信号变坏 |
| 533 | REC CHAN KLY OUT TEST SIGNAL DEGRADED | 接收通道速调管输出测试信号变坏 |

（5）DAU 报警信息见表 2.8。

表 2.8　DAU 报警信息表

| 报警号 | 报警内容 | |
|---|---|---|
| 250 | MAINT CONSOLE +28 V POWER SUPPLY FAIL | 维护控制台+28 V 电源故障 |
| 251 | MAINT CONSOLE +15 V POWER SUPPLY FAIL | 维护控制台+15 V 电源故障 |
| 252 | MAINT CONSOLE +5 V POWER SUPPLY FAIL | 维护控制台+5 V 电源故障 |
| 265 | MAINT CONSOLE−15 V POWER SUPPLY FAIL | 维护控制台−15 V 电源故障 |
| 266 | DAU A/D LOW LEVEL OUT OF TOLERANCE | DAU 模/数转换器超下限 |
| 267 | DAU A/D MID LEVEL OUT OF TOLERANCE | DAU 模/数转换器超中限 |
| 268 | DAU A/D HIGH LEVEL OUT OF TOLERANCE | DAU 模/数转换器超上限 |
| 398 | STANDBY FORCED BY INOP ALARM | 不可工作报警强制系统待机 |
| 400 | DAU STATUS READ TIMED OUT | DAU 状态数据读超时 |
| 439 | MOD ADAP DATA FILE READ FAILED | 读当前适配数据文件失败 |
| 448 | DAU INITIALIZATION ERROR | DAU 初始化错误 |
| 461 | DAU I/O STATUS ERROR | DAU 输入/输出状态错 |
| 465 | MULT DAU I/O ERROR-RDA FORCED TO STBY | 多次 DAU 输入/输出错误-强制待机 |
| 651 | SEND DAU COMMAND TIMED OUT | 发送 DAU 命令超时 |
| 654 | MULT DAU CMD TOUTS-RESTART INITIATED | 多次 DAU 命令超时-重新初始化 |

（6）伺服报警信息见表 2.9。

表 2.9　伺服报警信息表

| 报警号 | 报警内容 | |
|---|---|---|
| 300 | ELEVATION AMPLIFIER INHIBIT | 俯仰放大器禁止 |
| 301 | ELEVATION AMPLIFIER CURRENT LIMIT | 俯仰放大器过流 |
| 302 | ELEVATION AMPLIFIER OVERTEMP | 俯仰放大器过温 |
| 303 | PEDESTAL +150 V OVERVOLTAGE | 天线座+150 V 过压 |
| 304 | PEDESTAL +150 V UNDERVOLTAGE | 天线座+150 V 欠压 |
| 305 | ELEVATION MOTOR OVERTEMP | 俯仰电机过温 |
| 306 | ELEVATION STOW PIN ENGAGED | 俯仰收藏销啮合 |
| 307 | ELEVATION PCU DATA PARITY FAULT | 俯仰天线座控制单元数据奇偶校验错 |
| 308 | ELEVATION IN DEAD LIMIT | 俯仰死限位 |
| 310 | ELEVATION + NORMAL LIMIT | 俯仰正电限位 |
| 311 | ELEVATION- NORMAL LIMIT | 俯仰负电限位 |
| 313 | ELEVATION ENCODER LIGHT FAILURE | 俯仰编码器灯故障 |
| 314 | ELEVATION GEARBOX OIL LEVEL LOW | 俯仰齿轮箱油位低 |
| 315 | AZIMUTH AMPLIFIER INHIBIT | 方位放大器禁止 |
| 316 | AZIMUTH AMPLIFIER CURRENT LIMIT | 方位放大器过流 |
| 317 | AZIMUTH AMPLIFIER OVERTEMP | 方位放大器过温 |
| 320 | AZIMUTH MOTOR OVERTEMP | 方位电机过温 |
| 321 | AZIMUTH STOW PIN ENGAGED | 方位收藏销啮合 |
| 322 | AZIMUTH PCU DATA PARITY FAULT | 方位天线座控制单元数据奇偶校验错 |
| 324 | AZIMUTH ENCODER LIGHT FAILURE | 方位编码器灯故障 |
| 325 | AZIMUTH GEARBOX OIL LEVEL LOW | 方位齿轮箱油位低 |
| 326 | BULL GEAR OIL LEVEL LOW | 大齿轮箱油位低 |
| 328 | ELEVATION HANDWHEEL ENGAGED | 俯仰手轮啮合 |
| 329 | AZIMUTH HANDWHEEL ENGAGED | 方位手轮啮合 |
| 330 | PEDESTAL +15 V POWER SUPPLY FAIL | 天线座+15 V 电源故障 |
| 331 | PEDESTAL−15 V POWER SUPPLY FAIL | 天线座−15 V 电源故障 |
| 332 | PEDESTAL +5 V POWER SUPPLY FAIL | 天线座+5 V 电源故障 |
| 334 | AZIMUTH AMP POWER SUPPLY FAIL | 方位放大器电源故障 |
| 335 | ELEVATION AMP POWER SUPPLY FAIL | 俯仰放大器电源故障 |
| 336 | PEDESTAL DYNAMIC FAULT | 天线座动态故障 |
| 337 | PEDESTAL INTERLOCK OPEN | 天线座互锁打开 |
| 338 | PEDESTAL STOPPED | 天线座停止 |
| 339 | PEDESTAL UNABLE TO PARK | 天线座不能泊位 |
| 340 | PEDESTAL DYNAMIC MAINTAIN | 天线座动态维护 |
| 341 | PED SERVO SWITCH FAILURE | 天线座伺服开关故障 |
| 450 | PEDESTAL INITIALIZATION ERROR | 天线座初始化错误 |
| 604 | PEDESTAL SELF TEST 1 ERROR | 天线座自检 1 错误 |

# 第 3 章

## 雷达系统级故障诊断与维修

## 3.1　雷达总体信号流程

新一代天气雷达(CINRAD/SA)总体信号流程(数字中频接收系统)如图 3.1 所示。

## 3.2　雷达系统级关键点信号参数或波形

新一代天气雷达(CINRAD/SA)系统级关键点信号参数或波形见图 3.2～图 3.10。

中国电子科技集团公司第十四研究所生产的开关组件(3A10),ZP1 输出充电触发,ZP10 是地;敏视达生产的 3A10,ZP1 同样输出充电触发,ZP6 是地。发射机充电触发信号测试点及典型波形如图 3.2 所示,充电触发信号输出幅值在 15 V 左右,如果 3A10 无输出或波形异常,则可能有以下三个原因:

(1)无保护器响应;

(2)3A10A1 芯片损坏;

(3)发射机未发触发。

中国电子科技集团公司第十四研究所生产的 3A11,ZP15 输出放电触发(敏视达生产的 3A11 是 ZP4 输出放电触发),ZP1 是地。发射机放电触发信号测试点及典型波形如图 3.3 所示,放电触发信号输出幅值约−200 V 左右。3A11 无输出或波形异常一般有两个原因:

(1)发射机无触发;

(2)3A11A1 电路板故障。

接收机保护器命令测试点与典型波形如图 3.4 所示,保护器命令波形脉宽约 16 $\mu$s,无输出波形或波形异常一般有两个原因:

(1)HSP 板异常;

(2)计算机未触发。

接收机保护器响应测试点与典型波形如图 3.5 所示,保护器响应波形脉宽与保护器命令波形一样,约 16 $\mu$s,无输出波形或波形异常一般有三个原因:

(1)计算机未触发;

(2)光纤板故障;

(3)接收机接口板故障。

时钟信号测试点与关键波形如图 3.6 所示,频率为 9.6 MHz,时钟信号无输出波形或波形异常一般都是频综故障引起。

人工线电压测试点与典型波形如图 3.7 所示,电压幅度约为 4～5 V,无电压输出或波形异常一般有以下三个原因:

(1)调制器 3A12 故障;

(2)开关组件 3A10 故障;

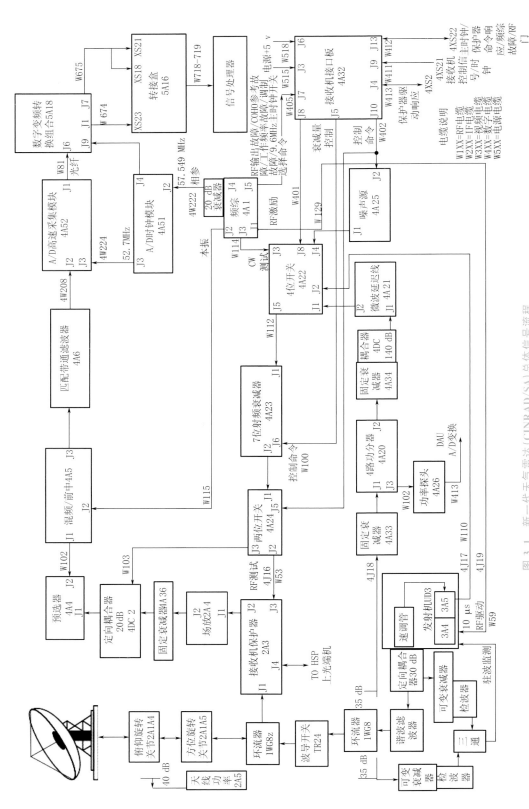

图 3.1　新一代天气雷达（CINRAD/SA）总体信号流程

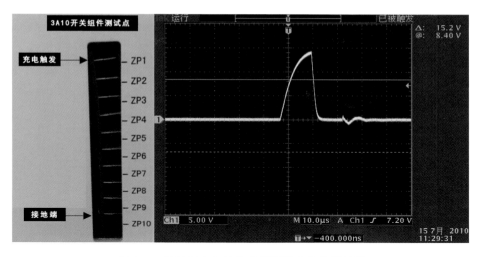

图 3.2 发射机充电触发信号测试点及典型波形

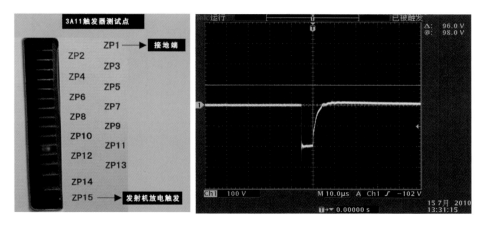

图 3.3 发射机放电触发信号测试点及典型波形

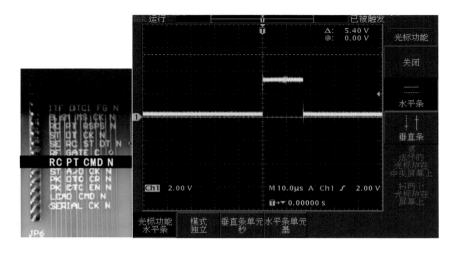

图 3.4 接收机保护器命令测试点与典型波形

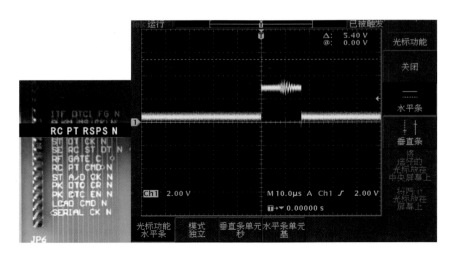

图 3.5　接收机保护器响应测试点与典型波形

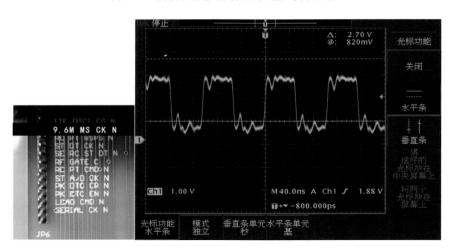

图 3.6　时钟信号测试点与关键波形

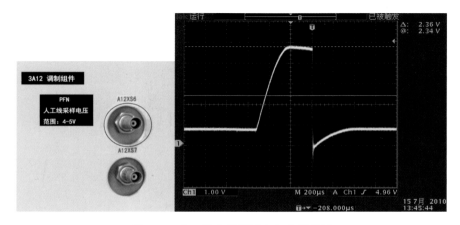

图 3.7　人工线电压测试点与典型波形

（3）触发器 3A11 故障。

5A16 充电触发信号测试点与典型波形如图 3.8 所示，输出无波形或波形异常的主要原因是 HSP 板故障引起。

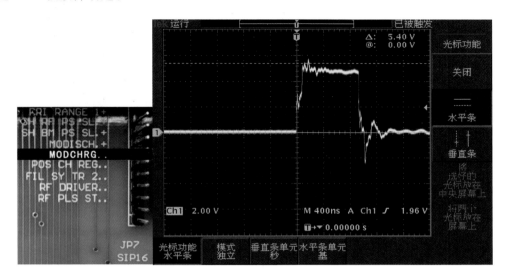

图 3.8    5A16 充电触发信号测试点与典型波形

5A16 放电触发信号测试点与典型波形如图 3.9 所示，输出无波形或波形异常的主要原因是 HSP 板故障引起。

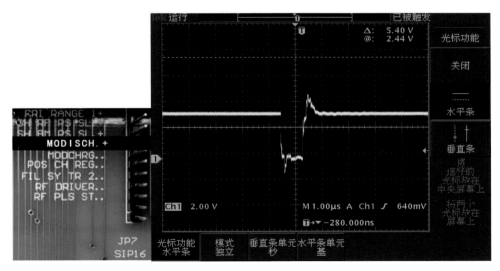

图 3.9    5A16 放电触发信号测试点与典型波形

5A16 后校平信号测试点与典型波形如图 3.10 所示，输出无波形或波形异常的主要原因是 HSP 板故障引起。

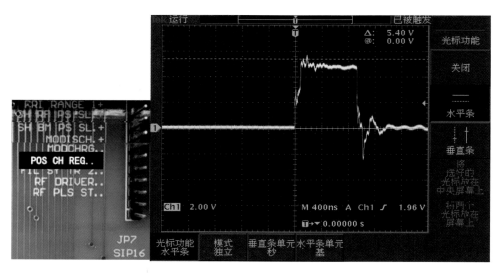

图 3.10　5A16 后校平信号测试点与典型波形

## 3.3 雷达故障诊断分级原则

按照气象观测装备分级维修要求和新一代天气雷达技术特点，新一代天气雷达采用三级故障诊断。台站级主要对雷达分机故障、低压电源故障进行诊断，并对雷达关键点信号异常进行判断，无法确定的故障上报省级；省级主要对雷达组件级故障进行诊断，无法确定的故障上报国家级；国家级主要利用雷达测试平台离线开展雷达板级故障诊断，以及机械传动装置等大型器件和雷达芯片级故障维修。

### 3.3.1 台站级

（1）雷达分机故障诊断

台站机务人员基于雷达报警信息、面板参数显示信息和雷达回波显示情况，初步判断故障雷达分机，并按照下列诊断方法定位雷达分机故障。

1）信号处理器故障诊断方法

首先测量 5A16 主时钟信号，不正常，判断为接收机故障；正常，则测量 5A16 接收机保护器命令信号，不正常，判断为信号处理器故障；正常，则测量 5A16 接收机保护器响应信号，不正常，判断为接收机故障；正常，则测量 5A16 送到发射机的五种同步触发脉冲信号，不正常，判断为信号处理器故障；正常，则测量 5A16 接收机控制和时钟信号，不正常，判断为信号处理器故障。如图 3.11 所示。

2）接收分机故障诊断方法

首先测量 5A16 主时钟信号，不正常，判断为接收机故障；正常，则测量 5A16 接收机保护器命令信号，不正常，判断为信号处理器故障；正常，则测量 5A16 接收机保护器响应信号，不正常，判断为接收机故障；正常，则测量接收机动态范围，不正常，判断为接收系统（信号处理器输出控制信号正常)故障或信号处理器故障(信号处理器输出控制信号不正常);正常,则进行反射率定标,定标不正常,判断为接收机故障,需要重新定标。如图 3.12 所示。

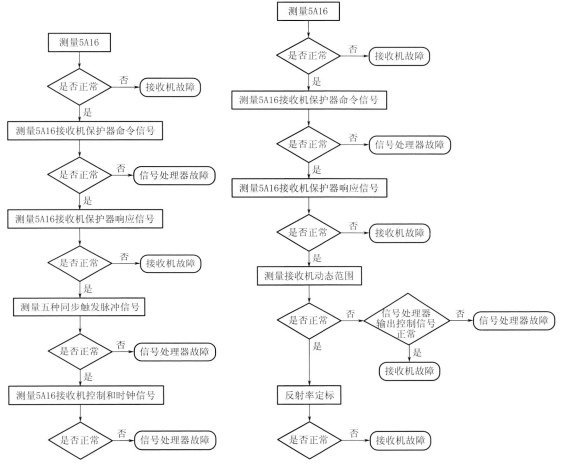

图 3.11　信号处理器故障诊断流程　　　　图 3.12　接收分机故障诊断流程

3)发射分机故障诊断方法

首先测量 5A16 主时钟信号,不正常,判断为接收机故障;正常,则测量 5A16 接收机保护器命令信号,不正常,判断为信号处理器故障;正常,则测量 5A16 接收机保护器响应信号,不正常,判断为 DAU 链路故障或接收机保护器故障;正常,则测量 5A16 的五种同步信号,正常,判断为发射机故障,不正常,判断为信号处理器故障。如图 3.13 所示。

4)伺服分机故障诊断方法

首先运行 RDASOT 进行自检,不正常(自检失败),测量 5A16 主时钟信号,不正常,判断为接收机故障;正常,则测量 5A16 串口,正常(Tx 信号正常,Rx 不正常),判断为伺服故障,不正常,判断为信号处理器故障。如图 3.14 所示。

5)配电机柜故障诊断方法

首先关闭分机电源,如果配电机柜空开正常上电,判断为分机故障,不正常,判断为配电

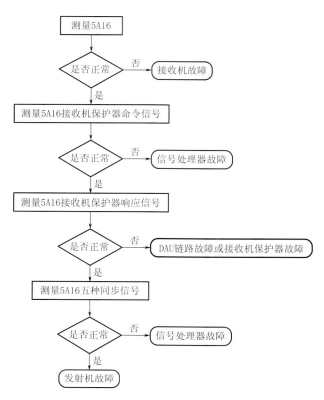

图 3.13　发射分机故障诊断流程

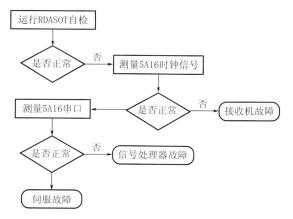

图 3.14　伺服分机故障诊断流程

机柜故障。

（2）低压电源组件故障诊断

台站机务人员基于雷达报警信息、面板参数显示信息和电源故障灯，初步判断故障电源，然后用万用表测量电源输出电压，不正常，分批断开电源负载，若电源电压恢复正常，判断为负载组件故障，电源不正常，判断为低压电源组件故障。

（3）关键点信号异常判断

台站机务人员利用示波器测量五路同步信号（充放电、后校平、高频起始、高频激励、灯丝同步）、主时钟信号、接收机保护命令和响应信号，对关键点信号异常进行判断。具体测量点和参考波形请参考 3.2 节相关内容。

### 3.3.2　省级

省级雷达保障人员主要负责雷达组件级故障诊断，诊断方法见各分机章节。

### 3.3.3　国家级

国家级雷达保障人员利用雷达测试平台离线开展雷达板级故障诊断，并开展雷达芯片级故障维修。

## 3.4　雷达故障诊断技术与方法

### 3.4.1　故障诊断方法

（1）原理分析法

原理分析法是从理论进行分析，按照雷达的基本原理，总结出信号流程，根据各分机之间的相互关系，从原理上分析各分机应该实现的功能和各器件应有的特征，进而找出故障原因。然后再进一步分析该器件供电电压、输入和输出信号是否正常，最终找到故障原因。这是排除雷达故障最基本的方法，也是最复杂、最困难的方法，对于经验比较丰富的技术保障人员来说，一般情况下不必采用。

（2）监控程序法

监控程序法是利用厂家提供的脱机测试诊断软件、在线监控程序和标定、工作状态日志、报警等文件内容，来进行故障诊断，通过对各个分机的主要器件及关键点参数进行在线监测来判定故障的大致位置，从而引导检修人员进行排除。监控程序虽然极大方便了对故障的检测，但检修人员还需首先判定是否是虚警或检测电路本身有问题。

（3）直接观察法

直接观察法也叫直觉法，主要通过眼看、耳听、鼻闻、手摸等直观方法，来发现故障和确定其部位。例如，查看雷达的各种关键点表头的指示，元件的外观以及有无冒烟、打火、连接头有无虚焊、接触不良等现象，细听雷达机械转动部分和发射机工作的声音是否正常，调制器器件及波导有无高压打火声等现象，鼻闻有无焦臭和其他异常气味，手摸有关器件是否有异常升温等，雷达发生类似故障都可以用直觉迅速地发现故障的所在位置。这种方法简便迅速，检修者经验愈丰富，对雷达愈熟悉，其效果愈好。但人的感觉器官总有一定的局限性，所以检修中有时还要与其他方法结合运用。

（4）代替、对换检查法

代替法就是在检修过程中，用规格相同（或相近）、性能良好的元器件（或电路板）代替被怀疑又不便测量的元器件（或电路板）来检查故障的一种方法。如果替换后故障现象消失，则证明原来元器件确有故障;如果替换后故障现象仍然存在,则说明判断有误,应重新查找故障点。这种方法对独立的器件和接插组件(电路板)方便易行,常常首先使用。使用代替法必须注意,防止损坏被用来试验的好元件,如有些故障是由于电路过载或短路等引起的,如果不经过分析,就将好的元件换上去使用,就有可能把好的元件烧毁。发现故障有元件烧焦或连续烧断保险丝等,则应先检查是否存在负载过载现象,再确定是否接上替换元件。用来替换的元件必须性能良好,否则会给检修者造成错觉,引起误会,反而增加新的困难。由于同类型元件的参数不完全一致,对运用代替法可能会产生一些影响,这一点应考虑到。

对换检查法就是用设备上处于不同部位而功能相同的两块部件、器件进行对换来确定故障部位的检查。如方位和俯仰功率放大器模块、方位和俯仰电机、天线功率探头和发射机功率探头(位于接收机柜内)、型号相同的集成块等,如果对换后故障移位,则证明原目标器件有故障,例如原来天线不作方位运动,而俯仰正常,对换功放模块后,方位正常而俯仰不正常,则证明原来方位功放模块有故障;否则,说明原来判断有误,应重新查找故障点。

(5)测量分析法

测量分析法就是利用仪表测量雷达相关参数以及电路关键点的电阻、电压、电流以及波形和信号有无等。测量法是检修故障比较准确可靠的方法,也是最常用的方法。因此,平时应利用各种机会对各种分机选择几个重要测量点熟记和积累电路正常工作时的数据,做到胸中有数,以便迅速孤立故障部位。

电压测量:电压测量用在低频和直流电路中比较方便,它能够判断某一级电路是否正常。一般用万用表和示波器进行测量,测量时应注意对比测量数据(技术说明书提供的和平时测试积累的)和测试方法以及仪表的正确操作等。对测量的数据结合电路功能进行具体的分析,如有些电路相差十几伏仍能正常工作,有些相差几伏就不能正常工作。测量时要考虑仪表的负荷效应以及连接头接触是否良好;还要注意人员和仪表的安全,应先把量程适当放大一些,以防损坏仪表。

电流测量:电流测量用得不太多,主要用来检查电源部分的变压器、整流器以及电源输出带负载能力,测出变压器和电源输出有载和空载电流,来判断是否有线圈短路和电路过载。测量时先断开电路串入电表,电表量程要先适当放大,然后接通电源,以免引起表笔接触处打火和烧坏电表。

电阻测量:电阻测量是在不通电的情况下,找出故障元件的一种重要方法(有时因故障不能通电,只能用电阻测量法)。主要测量仪表有万用表、电桥等,测量时要注意被测元件和其他元件的联系,遇有并联电路时,可将被测元件的一端焊开后再测量,对无法完全脱离并联电路(集成电路)的器件应注意并联器件电阻的影响,遇有大电容刚切断电源时,需先把电容放电再测量,以免损坏测量仪表。通过测量集成电路、晶体管的各管脚和各单元对地电阻来判断故障。它对检修开路、短路性故障和确定故障元件最有效,在实际测量中,可作"在线"测量和"脱焊"测量。在线测量时,应选择合适的连接方式,并交换表笔作正反两次测量,然后根据电路图分析测量结果才能作出正确的判断;对难于判断的故障点,还是采取脱焊测量的方法较好;若两种测量方法能恰当地结合运用,能充分发挥电阻检查法的优点。

电容和电感测量:也是在不通电的情况下,找出故障元件的一种重要方法。主要测量仪表有数字电桥、带电容和电感测量的数字万用表等。测量时要注意被测元件和其他元件的联系,遇有并联电路时,可将被测元件的一端焊开后再测量,遇有大电容刚切断电源时,需先把电容放电再测量,测量时量程要先适当放大,然后逐步找到合适量程,确保测量精度。

波形测量:波形测量的方法在脉冲和低频电路以及数字信号测量中运用较为有效。主要测量工具为示波器,它能直接观察到波形和数字信号的变化,有利于对故障的分析。但波形测量只能确定故障的大部位,最多孤立到某一级,要找出故障元件,还需用电阻、电压测量法或者其他方法来确定。

（6）隔离法

电路中各支路往往互有影响,检修时需将它们互相隔离。隔离法一般有两种,一种是拔去插件或集成电路使前后级隔离,另一种是断开电路使其他支路不起作用。拔掉插件的方法比较简便。

（7）越级法

越级法就是越过被怀疑的那一级（或几级）电路,把信号从被怀疑的前一级引到被怀疑的那一级（或几级）电路的后一级,把被怀疑的那一级暂时抛开。同类型多级串联电路的检修,要求各级有相同的频率、足够的放大量、对应点的电位相同。

（8）开路、短路、并联检查法

开路检查法:是将电路的某一部件的某一部分电路断开,根据故障现象的变化情况或电压的变化情况来判断故障的。此法适合用于检查短路性故障。

短路检查法:是利用短路线夹（直流短路）或有电容的线夹（交流短路）将电路中的某一部分或某一元件短路,根据故障现象的变化来判断故障的,此法适合用于检查开路性故障。注意:使用此法时,必须先认真分析电原理图,弄清楚能否短路（特别是直流短路）,以防故障扩大。

并联检查法:是用性能良好的规格相近或可调的元件并联到被怀疑的元件上来判断故障,小电容开路、失效很难判断,就可采用这个方法判断。

开路、短路、并联检查法各有所长,可视情况选用。

（9）外加信号法

这种方法是将外来的信号加到被怀疑的电路的输入端,以判断工作的好坏。例如检查接收机故障时,可将射频测试信号送入混频器,观察终端得到的电平分贝数是否与原来所测的数值有变化,以判断中频放大通道的放大能力。若无大的变化,则说明从接收机混频器至以后的中频信号通道都是正常的,应该往前查找接收机的射频放大通道故障。

（10）触击检查法

它采用故障触发原理,用形成故障的条件来促使故障频繁发生,从而找出故障的根源。它适用于雷达在工作时间比较长或者环境温度变化有时出现的一些故障,一般的表现为动态测试某器件技术指标超差,而静态时测试又正常。或者某器件刚工作时正常,一旦工作一段时间后出现错误信息。这时候就需要用触击检查法,如人为地将环境温度升高或降低,加速高温或低温参数较差器件发病;用绝缘器件轻轻敲击被怀疑的元器件,使故障现象消失或重现,以检查时隐时现或接触不良故障,便于发现故障点。

注意:实施局部加热时,加热温度应严格控制,否则,好的元器件可能被烧坏。一般情况下,加热、冷却检查法主要用于检查正常工作时温度变化不大的元器件;加热的目的是为了提高环境温度。

### 3.4.2　故障检修流程

RDA 状态和控制应用程序检测 RDA 设备组（发射机、接收机、伺服系统、天馈系统、雷达附属设备等）的性能，将监控的雷达状态和报警信息发送到 RDA 计算机维护终端和 RPG 的单元控制台（UCP）（对于 RPG，PUP 还有相关的通信连接等状态检查）。对于无人值守的雷达站，当操作人员从 RPG 或 PUP 收到一个问题的提示后，应根据报警信息并通过检查雷达状态数据（在用户终端雷达性能参数检查菜单下），确定故障范围在哪一个系统（PUP、RPG、RDA），如果故障范围在 RDA，雷达维修技术人员应亲赴现场进行故障隔离和修复。

新一代天气雷达故障隔离（查寻）和修复流程一般分为六个步骤：①在线故障现象观测；②在线性能检测；③脱机测试诊断软件测试；④脱机关键点参数测试；⑤故障修复后通电试机（拷机）；⑥事后故障分析总结。

（1）在线故障现象观测

在线故障现象观测是指不用测试仪表，只是通过人的感观和设备面板的各种可视指示（在机仪表指示、指示灯）、报警声音、异常声响、外部旋钮、计算机输出的报警信息等，必要时通过改变设备面板的旋钮、按键、开关状态，同时观察故障现象有无变化，以此确定故障是否由旋钮、按键、开关引起的，判断可能的故障分机。

CINRAD/SA 天气雷达提供的各种可视指示有：

电源指示灯：～380V 指示（总电源、发射机供电、伺服供电等）、～220V 指示（航警灯供电、上光端机供电、接收机供电、RDA 供电、空气压缩机供电等）、低压直流电源（接收机直流电源、RDA 直流电源、发射机直流电源）的正常（绿色）指示灯。

表头指示：配电机柜的三相电压指示、三相电流指示，发射机控制面板的人工线电压指示、磁场电流指示、灯丝电流指示、钛泵电流指示以及一块配合波段开关一起使用的多参数综合指示表头，空气压缩机的高、低气压指示等。

报警指示：发射机控制面板报警指示灯、伺服系统报警指示灯、各低压直流电源报警指示灯以及部分模块内部的报警指示灯。

状态指示：发射机面板状态指示、伺服系统状态指示（加电、使能、故障等）、各低压直流电源工作状态指示灯以及部分模块内部的状态指示灯。

报警信息：RDA 报警信息、RPG 报警信息。

（2）在线性能检测

CINRAD/SA 天气雷达的自检、自保护系统非常丰富，还有功能强大的自检、测试软件，雷达在正常工作时，每个体扫都会对雷达进行标定检查，一旦有指标参数达到临界或者超出范围，都会发出报警信息，对危及设备安全的故障系统会自动停机。充分利用这些功能，可以方便定位故障部位。

在线性能检测主要利用雷达 BITE 和有关在线运行的软件监控程序检测故障的自动过程，如计算机采集的雷达性能数据（定标、定标检查、关键点电压等）、自动报警（维护、维修、参数超限、故障等）等。通过雷达的性能参数、Alarm. log 文件、Operation. log 文件、Status. log 文件、Calibration. log 文件及相关 FC. log、Pathloss. log 等文件内容检查，并检查有关面板指示灯显示、面板表头指示（有关关键点电压、电流）、各分机指示灯显示等状况，通过和雷达正常工作状态参数比较，初步隔离故障是哪一个分机系统或最小可更换单元（LRU）。

（3）脱机测试诊断软件测试

在线性能检测无法把故障隔离到最小可更换单元（LRU）情况下，可以通过脱机测试诊断软件测试运行系统隔离出故障的最小可更换单元（LRU）。通过这些测试诊断软件提供的测试细则、图表、测试数据、故障隔离流程图等内容，隔离出故障的最小可更换单元（LRU）。

（4）脱机关键点参数测试

脱机测试诊断软件测试无法把故障隔离到最小可更换单元（LRU）情况下，参考技术资料，对照图纸，利用测试工具仪表对故障部分的相关电路进行检查、测试，重点通过关键点参数测试隔离出故障 LRU。

根据雷达工作原理、相关电路图、信号流程、监控电路、输入和输出信号等，利用机内和机外仪表（信号源、示波器、万用表、频谱仪、功率计、噪声系数分析仪、逻辑仪等），通过相关雷达参数测试、关键点波形测试、关键点电压和电流测量、关键点电阻测量等，并利用上面介绍的雷达故障的诊断方法和技巧，采用简洁、合适方法，在最短时间内隔离出故障 LRU。

（5）通电试机

在排除故障后，应通电试机，必要时可作长时间连续运行（24 小时或 48 小时），并测试原故障部位电路以及相关电路的相关数据，进行适当参数调整，使雷达工作状态保持最佳，以确定是否还存在其他故障或故障隐患，确保雷达完全正常运转。

（6）事后故障分析总结

雷达完全正常后应写出完整的故障分析报告，内容包括：故障时间，故障现象，故障原因分析和判断，关键点参数测量，参数调整，故障排除等。通过故障分析报告，可以总结本次故障排除的经验，并找出需要改进的地方，提高自己的理论水平和新一代天气雷达故障诊断技能。

# 第④章
# 雷达发射机维修技术与方法

## 4.1　发射机工作原理

CINRAD/SA 雷达发射机是一部主振放大式速调管发射机,除高功率速调管外,其余组成部分为全固态电路。

发射机高频工作频率为 2.7～3.0 GHz,机械可调,输出高频峰值功率≥650 kW,可工作于 1.57 $\mu$s/4.5～5.0 $\mu$s 两种高频脉冲宽度,前者称为窄脉冲,后者称为宽脉冲。窄脉冲时,脉冲重复频率从 318～1304 Hz 可变,也可在工作比不超过最大值的前提下,工作于脉冲重复频率组合状态;宽脉冲时,脉冲重复频率从 318～452 Hz 可变。

发射机接受来自接收机的高频激励信号(约 10 mW),及来自信号处理机的六种同步信号(充电定时信号、放电定时信号、高频激励触发信号、高频起始触发信号、灯丝中间同步信号、后充电校平触发信号)、重复频率预报码、脉宽选择信号;并向接收机返回速调管高频激励取样信号,向信号处理机返回速调管阴极电流脉冲取样信号。

可选择遥远控制(遥控)或本地控制(本控)。遥控时,由雷达系统控制;本控用于发射机的维修及调试。

发射机具有完善的故障保护及安全连锁,也可接受来自 RDA CONTROL 的外部连锁信号。出现故障时,可在微秒级时间内切断高压。对于某些故障,发射机自动进入"故障重复循环"状态:出现故障并间断一定时间后,自动故障复位,自动重加高压,自动重判故障,经最多五次循环,判明"故障"或"非故障",若非故障,则自动恢复正常工作。若出现电网断电故障并随即恢复,发射机可根据断电时间,自行决定速调管重新预热时间。

发射机的监控系统,通过 BITE 收集并显示故障信息及状态信息,利用这些信息,可人工隔离故障至可更换单元。监控系统还将这些信息传送给 RDA。在 RDA CONTROL,利用这些信息和算法软件,可自动隔离故障至可更换单元。

高频激励器、高频脉冲形成器、可变衰减器、速调管放大器、电弧/反射保护组件,构成了发射机的核心部分——高频放大链。高频输入信号的峰值功率约 10 MW,脉冲宽度约 10 $\mu$s。高频激励器放大高频输入信号,其输出峰值功率大于 48 W,馈入高频脉冲形成器。高频脉冲形成器对高频信号进行脉冲调制,形成波形符合要求的高频脉冲,并通过控制高频脉冲的前后沿,使其频谱宽度符合技术指标要求。调节可变衰减器的衰减量,可使输入速调管的高频脉冲峰值功率达到最佳值(约 2 W)。速调管放大器的增益约 50 dB,经电弧及反射保护器后,发射机的输出功率不小于 650 kW。电弧/反射保护器,监测速调管输出窗的高频电弧,并接收来自馈线系统的高频反射检波包络,若发现高频电弧,或高频反射检波包络幅度超过 95 MV,立即向监控电路报警,切断高压。

全固态调制器是发射机的重要组成部分,它将交流电能转变成直流电能,并进而转变成峰值功率约 2 MW 的脉冲能量。调制器输出的 2 MW 调制脉冲馈至高压脉冲变压器初级,并经脉冲变压器升压,在其次级产生 60～65 kV 负高压脉冲,加在速调管阴极(速调管阳极及管体接地），提供速调管工作所需的电压和能量，称之为束电压脉冲，与之相应的流经速调管的电流脉冲称为束电流脉冲，统称之为束脉冲。束脉冲所包含的能量中，略多于 1/3 转变为发射机的输出高频能量，略少于 2/3 消耗在速调管收集极（绝大部分）和管体，使其发热。速调管风机，用于耗散这部分热量。为使速调管有效地工作，并获得较好的技术指标（例如频谱），输入速调管的高频脉冲，在时间上，必须套在束脉冲之中，出厂前，已调整了二者间时间关系，以获取最佳综合效果。

这部发射机的速调管有六个谐振腔，排列在阴极和收集极之间，称为六腔速调管。为了提高速调管的工作效率，也为了避免过多的电子轰击管体，导致损坏，必须使由阴极发出的电子中的约 90% 顺利地通过腔体的孔隙，到达收集极。为此，必须令阴极发出的电子聚成细小的电子束，这就需要使用聚焦线圈和磁场电源。速调管插在聚焦线圈之中，其电子束大致位于线圈的中心线上。磁场电源将约 22 A（按线圈铭牌值）直流电流输入聚焦线圈，从而产生沿速调管轴线的直流磁场。这磁场能阻止电子发散，而将其聚成细束。磁场电源输出的能量，全部消耗在线圈之上，使其发热。为此，用聚焦线圈散热风机对线圈实施风冷。

速调管的内部构件，有时会放出微量气体，在受到电子轰击或温度升高时，气体排放量增多。因此，此类大功率电真空器件都附有钛泵。钛泵抽取微量气体，保持管内高真空状态。钛泵电源提供钛泵需用的 3000 V DC——钛泵电压，及微安级的电流——钛泵电流。钛泵电流数值，随管内真空度变化：真空度高，钛泵电流小；真空度低，钛泵电流大。因此，监控系统中设置了钛泵电流表和钛泵电流监控电路，当钛泵电流超过 20 μA 时，切断高压。

如前所述，脉冲变压器次级的脉冲高压高达 60～65 kV，速调管的阴极、灯丝及其变压器，均处于此脉冲高电位。为避免电晕、击穿、爬电，也为了散热，高压脉冲变压器、灯丝变压器、调制器的充电变压器，都放在油箱之中；速调管的灯丝及阴极引出环，以及绝缘瓷环则插入油箱，泡在油中。

灯丝电源输出的灯丝电压，经灯丝中间变压器（位于低电位），馈至高压脉冲变压器次级双绕组的两个低压端，经脉冲变压器次级双绕组，在双绕组的两个高压端，接至灯丝变压器初级（位于高电位）。灯丝变压器次级接至速调管灯丝，为速调管提供灯丝电压及电流。这种灯丝馈电方式的优点是省去了高电位隔离灯丝变压器。为了提高发射机的地物干扰抑制比，灯丝电源提供的灯丝电压、灯丝电流是与发射脉冲同步的交变脉冲，且具有稳流功能。

监控电路实施发射机的本地控制、遥远控制、连锁控制、故障显示、电量及时间计量和监控，收集 BIT 信息，接受 RDA 的控制指令、外部故障连锁信号、信息地址选择码、同步信号，向 RDA 输出发射机故障及状态信息，向发射机各组成部分输送同步信号。

低压电源产生 +5 V、+15 V、−15 V、+28 V、+40 V DC 电压。发射机总发热量约 3.5 kW，机柜风机实施发射机风冷，由进风口吸入冷空气，由出风口排出热空气。

## 4.2 发射机组成

图 4.1 为发射机组成框图，高频放大链中速调管为核心组件，钛泵电源、磁场电源及聚焦线圈、灯丝电源及灯丝中间变压器、全固态调制器及脉冲变压器等均为速调管正常工作提供真空、灯丝预热及保持、磁场、束压及束流（电场）等必要的条件。发射机还包括控制、低压

电源、监测报警、配电等控保及辅助电路。

发射机对外接口关系见表 4.1 。

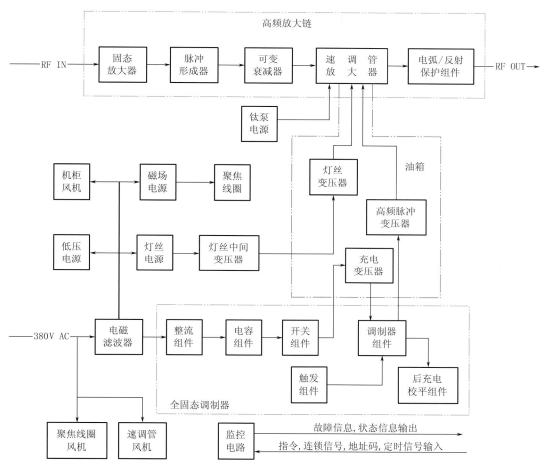

图 4.1 发射机组成框图

表 4.1 发射机对外接口关系

| 发射机插座 | | 外部连接电缆 | 去向 | 信号/指令内容提要 |
|---|---|---|---|---|
| 代号 | 类型 | | | |
| 3XS1 | D 型 7 芯插针 | W25 | UD5-J22 | 定时信号,PRI 预报码,窄脉冲选择信号 |
| 3XS2 | D 型 37 芯插孔 | W21 | UD5-J8 | 信息选择码,状态信息,高压通/断指令 |
| 3XS3 | D 型 37 芯插针 | W20 | UD5-J7 | 外部状态/连锁信号 |
| 3XS4 | N 型同轴插座(孔) | W59 | UD4-J19 | 高频激励输入 |
| 3XS5 | N 型同轴插座(孔) | W60 | UD4-J17 | 高频脉冲形成器高频输出取样信号 |
| 3XS6 | SMA 同轴插座(孔) | W75 | 定向耦合器 | 高频反射取样信号检波包络 |
| 3XS7 | BNC 同轴插座(孔) | W74 | UD5-J17 | 速调管阴极电流脉冲取样信号 |

## 4.3 发射机关键时序

发射机定时信号及波形关系如图 4.2 所示。

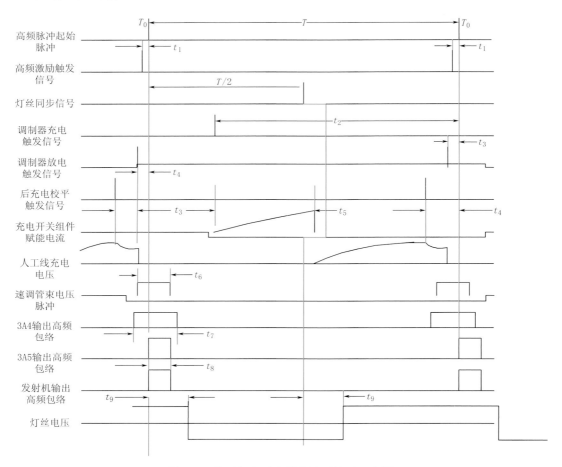

图 4.2　发射机定时信号及波形关系示意图

$T_0$ 是发射机的时间基准，在 $T_0$ 时刻，发射机接收到"高频起始脉冲"，$T_0$ 相当于输出高频脉冲的前沿时刻。

$T$：脉冲重复周期。宽脉冲时，$T=2.84\sim3.14$ ms；窄脉冲时，$T=0.767\sim3.14$ ms。

$t_1=34.7\pm0.1$ $\mu$s。

宽脉冲时，$t_2=1200$ $\mu$s；窄脉冲时，$t_2=740$ $\mu$s。

$t_3=1\sim5$ $\mu$s。设置 $t_3$ 的原则是：使脉冲形成级 3A5 的输出高频包络套在束脉冲波形之中，并得到最佳的发射机输出高频包络波形及频谱。

宽脉冲时，$t_4=205$ $\mu$s；窄脉冲时，$t_4=105$ $\mu$s。

$t_5$ 是充电赋能时间，其数值随脉宽及人工线充电电压变化，典型状态下，宽脉冲时约为 $350\sim390$ $\mu$s；窄脉冲时约为 $200\sim250$ $\mu$s。

$t_6$ 是束脉冲宽度，宽脉冲时为 $6.5\ \mu s\pm 5\%$；窄脉冲时为 $2.5\sim 2.8\ \mu s$。

$t_7=8\ \mu s$。

宽脉冲时，$t_8=4.5\sim 5\ \mu s$；窄脉冲时，$t_8=1.5\ \mu s\pm 0.1\ \mu s$。

$t_9$ 约为 $10\sim 20\ \mu s$。

## 4.4 发射机监控与故障报警

### 4.4.1 监控信号流程

雷达发射机监控信号流程如图 4.3 所示。

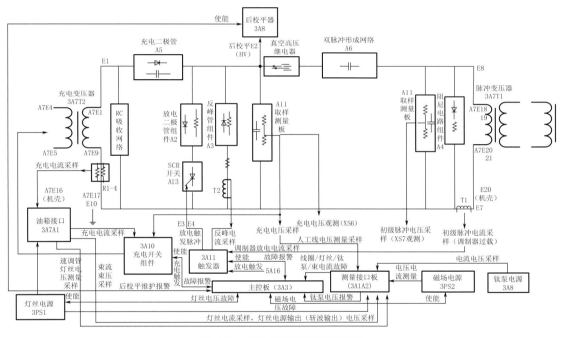

图 4.3 发射机监控信号流程图

### 4.4.2 故障代码及故障现象

发射机故障代码及故障现象见表 4.2。

表 4.2 监测的故障名称、含义及相应的控制保护措施

| 故障报警名称 | 故障含义 | 灯丝电源控制保护 | 磁场电源控制保护 | 高压控制保护 |
|---|---|---|---|---|
| 电网过压 | 电网电压过高 | 断 | 断 | 断 |
| 低压电源综合故障 | 低压电源 3PS3～3PS7 之一故障 | 断 | 断 | 断 |
| 灯丝电压 | 灯丝电源 3PS1 输出电压过高/过低 | 断 | 断 | 断 |

续表

| 故障报警名称 | 故障含义 | 灯丝电源控制保护 | 磁场电源控制保护 | 高压控制保护 |
|---|---|:---:|:---:|:---:|
| 钛泵电压 | 钛泵电源输出电压过低 | 断 | 断 | |
| 聚焦线圈电压 | 磁场电源 3PS2 输出电压过高/过低 | 断 | 断 | |
| 发射机过压 | 调制器 3A12 充电电压过高 | 断 | 断 | |
| 发射机过流 | 调制器 3A12 充电电流过大 | 断 | 断 | |
| 聚焦线圈电流 | 聚焦线圈电流过大/过小 | 断 | 断 | |
| 聚焦线圈风流量 | 聚焦线圈冷却风量过小 | 断 | 断 | |
| 触发器故障 | 触发器 −200 V 输出不正常 | 断 | 断 | |
| 回授过流/整流欠压 | 充电开关组件 3A10 回授电流过大/电容组件 3A9 输出 电压过低 | 断 | 断 | |
| 充电故障 | 充电开关组件 3A10 综合故障 | 断 | 断 | |
| 调制器过流 | 调制器 3A12 放电电流过大 | 断 | 断 | |
| 反峰过流 | 调制器 3A12 反峰电流过大 | 断 | 断 | |
| 速调管过流 | 速调管束流过大 | 断 | 断 | |
| 灯丝电流 | 速调管灯丝电流过大/过小 | 断 | 断 | 断 |
| 钛泵电流 | 钛泵电流过大 | 断 | 断 | |
| 速调管风温 | 速调管抽风出口处风温过高 | 断 | 断 | |
| 速调管风流量 | 速调管冷却风风量过小 | 断 | 断 | |
| 波导压力 | 波导内气压过低 | 断 | 断 | |
| 电弧 | 速调管输出窗高频电弧 | 断 | 断 | |
| 油液面 | 油箱 3A7 中油面过低 | 断 | 断 | |
| 油温 | 油箱 3A7 中油温过高 | 断 | 断 | |
| 波导连锁 | 波导开关处于暂态 | 断 | 断 | |
| 环流器过热 | 环流器温度过高 | 断 | 断 | |
| 门连锁 | 机柜内高压连锁接点异常 | 断 | 断 | |
| 机柜风温 | 机柜出口风温过高 | | 断 | 断 |
| 机柜风流量 | 机柜冷却风量过小 | | 断 | 断 |
| 占空比超限 | 定时信号重复频率过高 | | 断 | 断 |
| 波导压力/湿度维修请求 | 波导充气气压过低/波导内湿度过大 | | | |
| 调制开关维修请求 | 调制器 3A12 内有 1～2 个放电开关管损坏（未实现此功能） | | | |
| 后充电校平维修请求 | 后充电校平器 3A8 故障 | | | |

还有相关发射机输出功率低、射频激励测试信号变坏、速调管输出测试信号变坏等报警。

## 4.5 发射机高压组件

### 4.5.1 开关组件

（1）开关组件的功能与作用

按照控制时序和预定的宽、窄脉冲人工线电压,精确控制串联在人工线充电通路上的2个 IGBT 的通、断,向充电变压器馈电,以满足回扫充电的技术机理。对脉冲信号(电压与电流)进行采样监测,将故障信号送至控制板。

（2）开关组件的工作原理

开关组件 3A10 与充电变压器 3A7T2 组成回扫充电电路,给调制组件 3A12 中的人工线充电。图 4.4 是回扫充电电路原理性示意图,图 4.5 是与图 4.4 相对应的回扫充电波形图。图 4.4 中,V1、V2 是充电开关管,V3、V4 是回授二极管,T1 是充电变压器,V5、V6、T2、C 分别为调制器中的充电二极管、放电开关管、脉冲变压器及人工线电容。

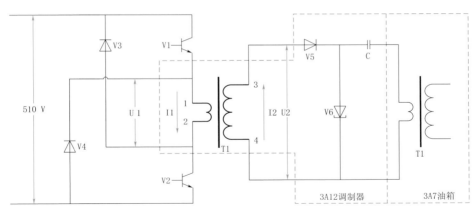

图 4.4　回扫充电电路示意图

回扫充电电路的技术机理类似于"蓄水发电",即充电电流变化相对缓和且可精确控制(蓄水缓慢,控制水量),既可避免发射机电源输入过载,又能精确控制赋能量以保证人工线充电电压精度。充电电流变化相对缓和及精确控制,通过对充电变压器 $T_1$ 的初级线圈的 $i_1$ 不能突变的电感特性及对电流 $i_1$ 的控制来实现。初级线圈的电感 $L$ 在未饱和时有 $U = L \times \dfrac{\mathrm{d}i}{\mathrm{d}t}$,以及 $E = \dfrac{1}{2} \times L \times i_{\max}^2$,当初级线圈两端接入恒定电压时,$\dfrac{\mathrm{d}i}{\mathrm{d}t} = \dfrac{U}{L}$ 为常数,即 $i_1$ 随时间线性增加。通过控制充电时间 $t_1$ 即可控制 $i_{1\max}$ 及赋能量 $E$。

从图 4.5 可知,利用 $T_1$ 的初级线圈和次级线圈的电压极性关系,在 $t_1$ 导通时间内,$U_2$ 和 $U_1$ 极性相反而因充电二极管 V5 为反向电压导致次级线圈电流 $i_2 = 0$,实现电磁转换及能量储备。在 $t_1$ 终点,$i_1$ 达到最大值 $i_{1\max}$,充电开关管随即关断,$i_1$ 突降为零,由于铁芯内磁场不允许突变,变压器次级电流 $i_2$ 由零跃升为 $i_{2\max}$,且 $i_{2\max} = i_{1\max}/12$,12 为是充电变压器电压比。V1、V2 是充电开关管在 $t_2$ 关断时间内,因为次级线圈的自感特性,向人工线充

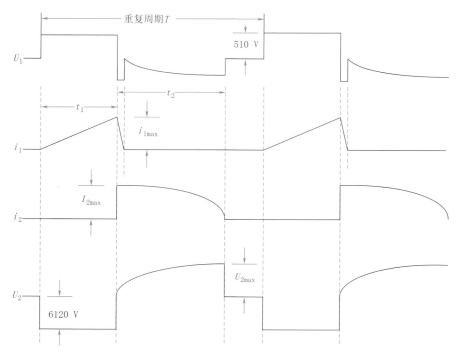

图 4.5　回扫充电参考信号波形

电，$U_2$ 电压极性反转，电压值不断增加直至充电电流为减小为 0，人工线电压达到 $U_{2max}$，完成了一个充电周期。由于存在漏感，在 $t_1$ 终点，电流 $i_1$ 下降有个过程，在这段时间里，漏感中的储能通过回授二极管 V3 、V4 返回 510 V DC 源，流过回授二极管将能量返回直流电源的电流则称之为回授电流。

（3）开关组件的组成结构

图 4.6 为开关组件组成结构框图。开关组件包括回扫充电控制板 3A10A1、充电开关

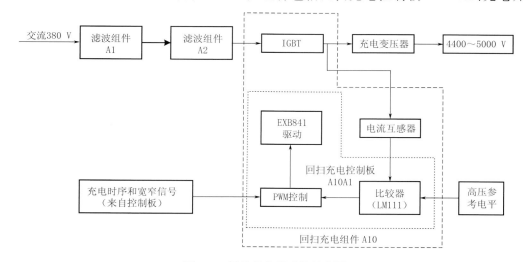

图 4.6　开关组件组成结构框图

管、回授二极管、电流互感器、阻容器件、连接线缆、散热底板、风扇,前面板故障指示和检测端子、控制接口,以及后面板强电接口等。开关组件的内部布局、高压电路、控制板、前面板及后面板分别如图4.7、图4.8、图4.9、图4.10及图4.11所示。

图 4.7 开关组件内部布局

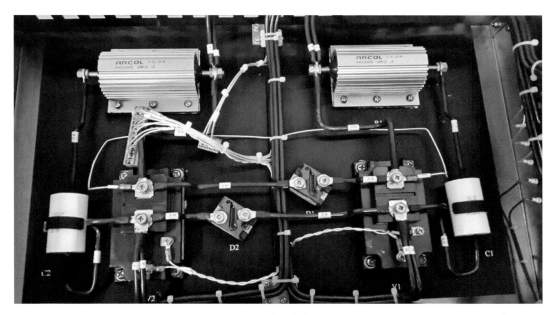

图 4.8 开关组件高压电路

图 4.9　开关组件控制板 3A10A1

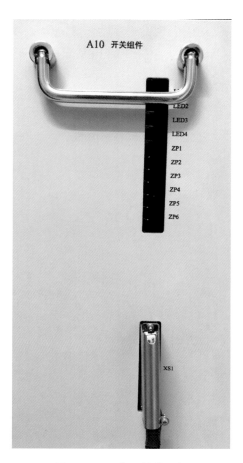

图 4.10　开关组件前面板　　　　　　　　图 4.11　开关组件后面板

（4）开关组件功能电路

图 4.12 为开关组件的电路功能框图。触发输入、脉冲定时、驱动器、充电开关组成开关组件的主控制电路,反馈控制与主控制电路配合实现控制闭环,其他监测、报警等为辅助电路。

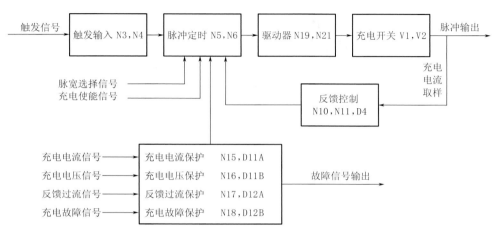

图 4.12 开关组件电路功能框图

1）IGBT 驱动电路

图 4.13 为 IGBT 驱动电路,采用 EXB841 驱动芯片,可驱动 600 V 和 400 A 工况下的 IGBT,

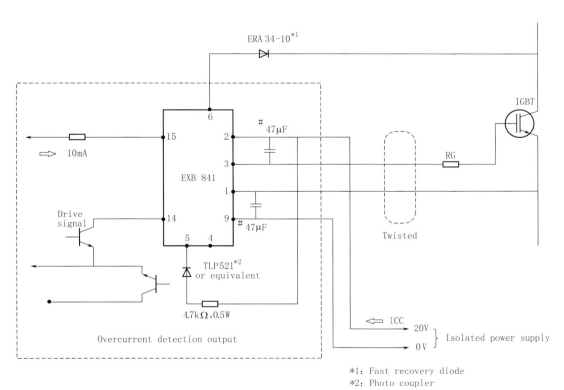

图 4.13 EXB841 驱动 IGBT 电路

信号延迟小于 1 μs,开关速率可达 40 kHz。EXB841 驱动输入输出通过光耦隔离,芯片 15 脚接入 +15 V 驱动输入电源,14 脚通过光耦隔离输入驱动脉冲,EXB841 芯片驱动输入电流为 10 mA。 EXB841 芯片的 IGBT 驱动工作电压为 +20 V,由触发器 3A11 提供。芯片 3 脚输出 IGBT 驱动脉冲,分别为 +15V 的开启电压和 −5 V 关栅电压,−5 V 关栅电压可使 IGBT 快速关断,见图 4.14。 芯片 6 脚接快速恢复二极管监测 IGBT 集电极电压,芯片 5 脚为过流保护信号输出。

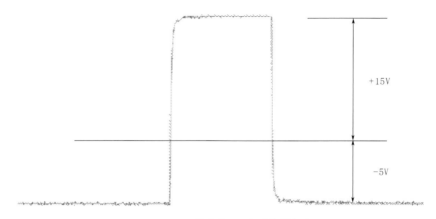

EXB 841 输出的 IGBT 驱动信号波形

图 4.14　EXB841 输出的 IGBT 驱动信号波形

2）充电定时电路

采用可重复触发单稳态芯片电路 CD4098 组成充电定时电路,如图 4.15 所示。RX1、 CX1 和 RX2、CX2 分别确定单稳态持续时间 T1 和 T2。通过将输出端 10 脚与 +TR 端 12 脚连接,构成不可重复触发单稳态电路,确保 T2 精确可控。分别改变 RX1、RX2 的电阻值可以调整 T1 和 T2。CD4098 工作电压为 +15 V。

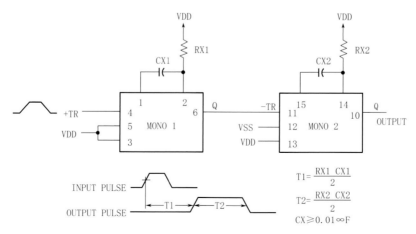

$$T1 = \frac{RX1 \cdot CX1}{2}$$

$$T2 = \frac{RX2 \cdot CX2}{2}$$

$$CX \geq 0.01 \infty F$$

图 4.15　不可重复触发单稳态定时电路

（5）接口特性与 LED 故障指示

开关组件 3A10A1 控制板中可变电位器及调整点信号特性、前面板检测端子信号特征和 LED 故障指示、接口信号特性如表 4.3、表 4.4 及表 4.5 所示。

表 4.3 开关组件控制板 3A10A1 中可变电位器及调整点信号特性

| 电位器 | 所在电路 | 调整项 | 调整输出检测点 | 输出信号特性 |
|---|---|---|---|---|
| RP1 | 充电触发窄脉单稳态延时芯片 RC 电路 | 窄脉延时单稳态芯片 RC 电路电阻值 | U4A 芯片 6 脚 | 15 V，20 $\mu$s，脉冲，PRF 重频 |
| RP2 | 充电触发宽脉单稳态延时芯片 RC 电路 | 宽脉延时单稳态芯片 RC 电路电阻值 | U5A 芯片 6 脚 | 15 V，20 $\mu$s，脉冲，PRF 重频 |
| RP3 | 充电触发窄脉单稳态定时芯片 RC 电路 | 窄脉定时单稳态芯片 RC 电路电阻值 | U4B 芯片 10 脚 | 15 V，230 $\mu$s，脉冲，PRF 重频 |
| RP4 | 充电触发宽脉单稳态定时芯片 RC 电路 | 宽脉定时单稳态芯片 RC 电路电阻值 | U5B 芯片 10 脚 | 15 V，460 $\mu$s，脉冲，PRF 重频 |
| RP5 | 窄脉冲电流采样单稳态延时芯片 RC 电路 | 窄脉冲电流采样单稳态延时芯片 RC 电路电阻值 | U15A 芯片 7 脚 | 15 V，28 $\mu$s，脉冲，PRF 重频 |
| RP6 | 宽脉冲电流采样单稳态延时芯片 RC 电路 | 宽脉冲电流采样单稳态延时芯片 RC 电路电阻值 | U15B 芯片 9 脚 | 15 V，28 $\mu$s，脉冲，PRF 重频 |
| RP7 | 窄脉冲充电电流比较器参考电压电路 | 窄脉冲充电电流比较器参考电压 | U17 芯片 3 脚 | 约 1 V，使人工线电压达到设定值 |
| RP8 | 开关组件充电电流比较器参考电压电路 | 开关组件充电电流比较器参考电压 | U21 芯片 3 脚 | 8 V |
| RP9 | 人工线充电电压比较器参考电压电路 | 人工线充电电压比较器参考电压 | U22 芯片 3 脚 | 6 V |
| RP10 | 人工线充电电流比较器参考电压电路 | 人工线充电电流比较器参考电压 | U23 芯片 2 脚 | −8.7 V |

表 4.4 开关组件前面板检测端子信号特征和 LED 故障指示

| 端子 | 信号名称 | 取样位置 | 信号特征说明 | 参考信号波形 |
|---|---|---|---|---|
| ZP1 | 充电触发脉冲 | 电平转换电路输出 | 信号处理器发出，差分接收，脉宽约 8 $\mu$s，幅度值为 15 V 左右 | |
| ZP2 | 充电定时脉冲 | EXB841 驱动控制输入 | 宽脉冲约 460 $\mu$s 窄脉冲约 230 $\mu$s | |
| ZP3 | 充电电流采样 | 充电故障比较器输入 | 与设定充电电流最大值比较 | |

续表

| 端子 | 信号名称 | 取样位置 | 信号特征说明 | 参考信号波形 |
|---|---|---|---|---|
| ZP4 | 充电电压采样 | 充电过压比较器输入 | 与设定人工线充电电压最大值比较 | |
| ZP5 | 人工线充电电流采样 | 充电过流电压比较器输入 | 与设定人工线充电电流最大值比较 | |
| ZP6 | 信号地 | | | |
| LED1 | 反馈过流（充电系统反馈过流） | 3A10 IGBT 电流采样 | 正常灯灭，报警亮灯 | 对应发射机面板"充电系统:回授过流" |
| LED2 | 充电故障（充电系统故障） | 3A10 充电变压器初级电流采样 | 正常灯灭，报警亮灯 | 对应发射机面板"充电系统:充电故障" |
| LED3 | 充电过压（发射机过流） | 3A12 人工线充电电压取样 | 正常灯灭，报警亮灯 | 对应发射机面板"发射机:过压" |
| LED4 | 充电过流（发射机过流） | 3A12 人工线充电电流取样 | 正常灯灭，报警亮灯 | 对应发射机面板"发射机:过流" |

表 4.5　开关组件 3A10 接口信号特性

| 接口 | 引脚 | 信号属性 | 信号入/出 | 备注 |
|---|---|---|---|---|
| XP1 | :1 | 510 V 输入＋ | 输入 | 强电接口 |
| | :2 | 510 V 输入－ | 输入 | 强电接口 |
| | :3 | 机壳接地 | — | 强电接口 |
| | :4 | 510 V 输入＋ | 输入 | 强电接口 |
| | :5 | 510 V 输入－ | 输入 | 强电接口 |
| XP2 | :1 | 充电变压器初级＋ | 输出 | 强电接口 |
| | :2 | 充电变压器初级－ | 输出 | 强电接口 |
| | :3 | 20 V-A＋ | 输入 | |
| | :4 | 充电变压器初级＋ | 输出 | 强电接口 |
| | :5 | 充电变压器初级－ | 输出 | 强电接口 |
| XP3 | :1 | 20 V-A－ | 输入 | |
| | :2 | 20 V-B＋ | 输入 | |
| | :3 | 20 V-B－ | 输入 | |
| | :4 | AC-220 V | 输入 | 强电接口 |
| | :5 | AC-220 V | 输入 | 强电接口 |

| 接口 | 引脚 | 信号属性 | 信号入/出 | 备注 |
|---|---|---|---|---|
| | :1 | 反馈过流故障报警＋ | 输出 | |
| | :20 | 反馈过流故障报警－ | 输出 | |
| | :5 | 充电系统故障＋ | 输出 | |
| | :24 | 充电系统故障－ | 输出 | |
| | :11 | 充电过压（发射机过压）＋ | 输出 | |
| | :30 | 充电过压（发射机过压）－ | 输出 | |
| | :3 | 充电过流（发射机过流）＋ | 输出 | |
| | :22 | 充电过流（发射机过流）－ | 输出 | |
| | :6 | VCC | 输入 | ＋15 V |
| | :21 | 地（ZP6） | — | |
| | :25 | 地（ZP6） | — | |
| | :26 | 地（ZP6） | — | |
| | :27 | 地（ZP6） | — | |
| | :28 | 地（ZP6） | — | |
| | :29 | 地（ZP6） | — | |
| | :32 | 地（ZP6） | — | |
| | :33 | 地（ZP6） | — | |
| | :34 | 地（ZP6） | — | |
| XS1（DB37） | :35 | 地（ZP6） | — | |
| | :2 | 人工线充电电流采样 | 输入 | 来自邮箱组件 |
| | :7 | 人工线充电电压采样 | 输入 | 来自 3A12 |
| | :8 | ＋5 V | 输入 | |
| | :9 | －15 V | 输入 | |
| | :10 | RESET | 输入 | 来自面板 |
| | :12 | 充电触发脉冲＋ | 输入 | |
| | :31 | 充电触发脉冲－ | 输入 | |
| | :13 | 宽脉冲人工线电压基准 $V_{ref}$ | 输入 | 面板调节 |
| | :15 | 充电使能信号 | 输入 | |
| | :16 | 宽/窄脉冲选择信号 | 输入 | |
| | :4 | NUL | NUL | |
| | :23 | NUL | NUL | |
| | :14 | NUL | NUL | |
| | :17 | NUL | NUL | |
| | :18 | NUL | NUL | |
| | :19 | NUL | NUL | |
| | :36 | NUL | NUL | |
| | :37 | NUL | NUL | |

### 4.5.2　触发器

（1）触发器的功能与作用

根据控制时序产生调制器组件 3A12 中 SCR 开关管的＋200 V 的触发脉冲，以控制调制器组件的放电，兼具调制器组件的故障监测（放电电流、反峰电流）及保护，以及为充电开关组件 3A10 提供 2 组与发射机公共端隔离的＋20 V 电压。

（2）触发器的工作原理

图 4.16 为触发器电路示意图。图 4.16 中，V1 是触发器中的开关管，T1 是充电变压器，V2、V3、T2、C 分别为调制器中的放电开关管、充电二极管、脉冲变压器及人工线电容。

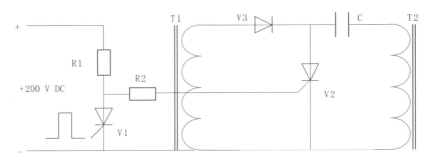

图 4.16　触发器电路示意图

220 V AC 通过变压器 T1 分别变换为 18 V AC、18 V AC 和 180 V AC，经电源板进行整流滤波、稳压，产生＋20 V、＋20 V 和＋200 V DC。两路＋20 V DC 作为开关组件 3A10 中的 2 个 IGBT 驱动芯片 EXB841 的驱动电源。＋200 V DC 作为触发板 A1 开关管 PWM 的直流电源。触发板对触发信进行差分接收、延时、驱动器，驱动开关管，生成输出 200 V 驱动脉冲。

（3）触发器的组成结构

图 4.17 为触发器组成结构框图。触发器包括电源变压器、触发板 3A11A1、电源板 3A11A2、连接线缆，前面板故障指示和检测段子、控制接口以及后面板强电接口等。触发器的内部布局、控制板、电源板、前面板及后面板分别如图 4.18、图 4.19、图 4.20、图 4.21 及图 4.22 所示。

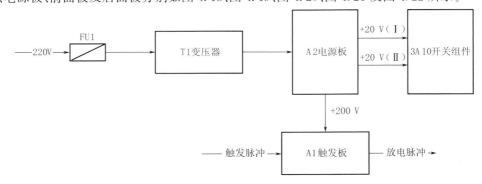

图 4.17　触发器组成结构框图

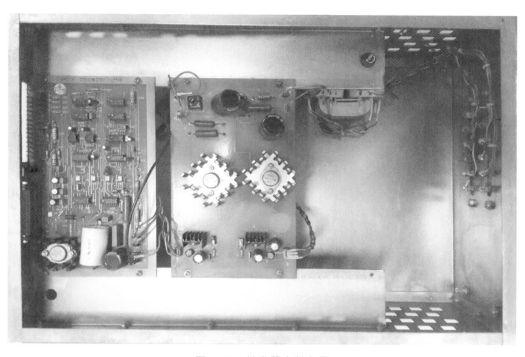

图 4.18　触发器内部布局

图 4.19　触发器控制板 3A11A1

图 4.20 触发器电源板 3A11A2

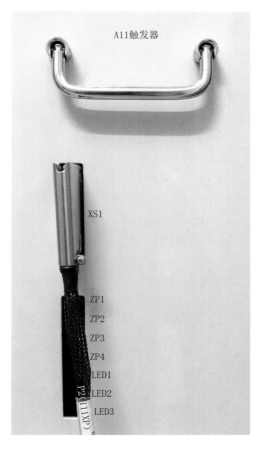

图 4.21 触发器前面板

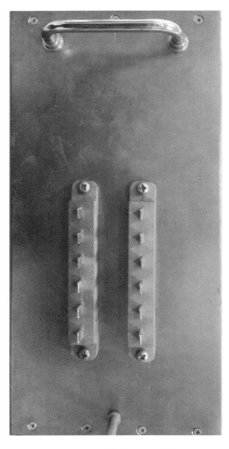

图 4.22 触发器后面板

（4）触发器功能电路

图 4.23 为触发器电路功能框图。触发器还监测调制器反峰电流、调制器初级电流，并将故障信号发送到发射机控制板。触发输入、脉冲延时、驱动、开关管组成触发器的主控制电路，调制器初级电流、调制器反峰电流、+200 V 电源采样等监测及报警为辅助电路。

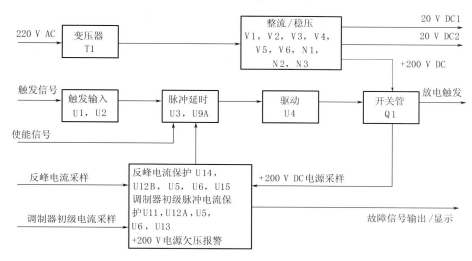

图 4.23　触发器电路功能框图

来自信号处理器（HSP/B）的放电触发定时信号经 5A16 转接盒输出到发射机 3XS1 后直通到（不经控制保护板 3A3A1 处理控制）触发器 3A11。

不可重复触发单稳态电路：U3A 的 6 脚输出脉宽约 5 $\mu$s 幅度约 12 V 的脉冲信号至场效应管驱动电路 U4（IR4427）的 4 脚，5 脚输出驱动场效应管 Q1（IRFPS43N50K），最终得到输出幅度约 200 V 宽度约 5 $\mu$s 的负触发脉冲（如图 4.24 所示）。

采用可重复触发单稳态芯片电路 CD4098 组成充电定时电路，见图 4.25。$RX_1$、$CX_1$ 确定单稳态持续时间 $T_1$。通过将反相输出端 7 脚与 +TR 端 3 脚连接，构成不可重复触发单稳态电路，确保 $T_1$ 精确可控。改变 $RX_1$ 的电阻值可以调整 $T1$。CD4098 工作电压为 +15 V。

（5）接口特性与 LED 故障指示

触发器 A1、A2 中可变化电位器及调整点信号特性、前面板检测端子信号特征及接口信号特性如表 4.6、表 4.7、表 4.8 及表 4.9 所示。

表 4.6　触发器 A1 中可变化电位器及调整点信号特性

| 电位器 | 所在电路 | 调整项 | 调整输出检测点 | 输出信号特性 |
|---|---|---|---|---|
| RP1 | 放电触发单稳态延时芯片 RC 电路 | 延时单稳态芯片 RC 电路电阻值 | U3A 芯片 6 脚 | 15 V，6 $\mu$s，脉冲，PRF 重频 |
| RP2 | 调制器初级脉冲电流比较器参考电压电路 | 调制器初级脉冲电流比较器参考电压 | U11 芯片 2 脚 | −10 V |
| RP3 | 调制器反峰电流比较器参考电压电路 | 调制器反峰电流比较器参考电压 | U14 芯片 2 脚 | 8 V |

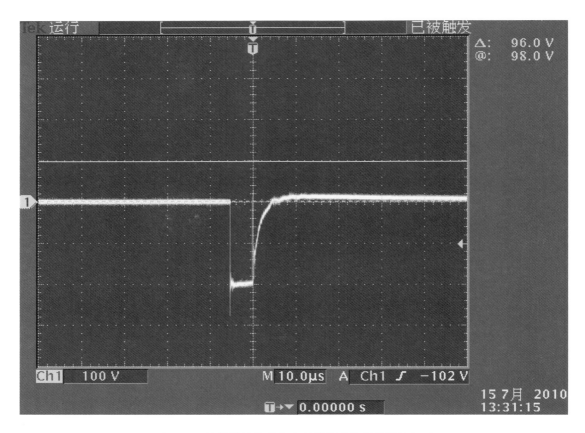

图 4.24　触发器输出的放电触发脉冲信号波形（×10）

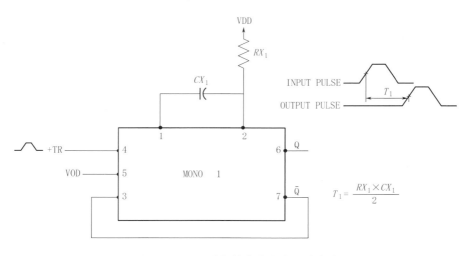

图 4.25　不可重复触发单稳态延时电路

表 4.7 触发器 A2 中可变化电位器及调整点信号特性

| 电位器 | 所在电路 | 调整项 | 调整输出检测点 | 输出信号特性 |
|---|---|---|---|---|
| RP1 | ＋20 V DC 1 稳压电路 | 电压输出 | N1 芯片 3 脚 | 20 V DC |
| RP2 | ＋20 V DC 2 稳压电路 | 电压输出 | N2 芯片 3 脚 | 20 V DC |
| RP3 | ＋200 V DC 稳压电路 | 电压输出 | V4 三极管 E 极 | 200 V DC |

表 4.8 触发器组件前面板检测端子信号特征和 LED 故障指示

| 端子 | 信号名称 | 取样位置 | 信号特征说明 | 参考信号波形 |
|---|---|---|---|---|
| ZP1 | 信号地 | | | |
| ZP2 | 调制器反峰电流取样 | 比较器输入＋ | 8 V,8 $\mu$s,锯齿脉冲 | |
| ZP3 | 调制器初级脉冲电流取样 | 比较器输入－ | －6 V,3.5 $\mu$s,尖齿脉冲 | |
| ZP4 | 放电触发脉冲 | 开关管输出 | －200 V,矩形脉冲 | |
| LED1 | 调制器反峰过流 | 调制器反峰管电路互感器 | 正常灯灭,报警亮灯 | 对应发射机面板"触发器:故障" |
| LED2 | 调制器初级脉冲过流 | 脉冲变压器初级互感器 | 正常灯灭,报警亮灯 | |
| LED3 | ＋200 V 电源欠压 | 3A11＋200 V 电源取样 | 正常灯灭,报警亮灯 | |

表 4.9 触发器 3A11 接口信号特性

| 接口 | 引脚 | 信号属性 | 信号入/出 | 备注 |
|---|---|---|---|---|
| XP1 | :1 | 220 V AC | 输入 | 强电接口 |
| | :2 | 220 V AC | 输入 | 强电接口 |
| | :3 | 放电触发脉冲＋ | 输出 | 强电接口 |
| | :4 | 放电触发脉冲－ | 输出 | 强电接口 |
| | :5 | 安全地 | — | 强电接口 |
| XP2 | :1 | ＋20 V 1＋ | 输出 | 强电接口 |
| | :2 | ＋20 V 1－ | 输出 | 强电接口 |
| | :3 | ＋20 V 2＋ | 输出 | 强电接口 |
| | :4 | ＋20 V 2－ | 输出 | 强电接口 |

| 接口 | 引脚 | 信号属性 | 信号入/出 | 备注 |
|---|---|---|---|---|
| XS1（DB37） | :1 | 调制器反峰电流取样＋ | 输入 | |
| | :20 | 调制器反峰电流取样－（地） | 输入 | |
| | :2 | 放电触发信号－ | 输入 | |
| | :21 | 放电触发信号＋ | 输入 | |
| | :4 | ＋5 V | 输入 | |
| | :5 | －15 V | 输入 | |
| | :6 | 反峰过流报警＋ | 输出 | |
| | :25 | 反峰过流报警－ | 输出 | |
| | :7 | 调制器反峰电流过流＋ | 输出 | |
| | :26 | 调制器反峰电流过流－ | 输入 | |
| | :8 | RESET＋ | 输入 | |
| | :27 | RESET－（地） | － | |
| | :10 | 触发使能信号＋ | 输入 | |
| | :29 | 触发使能信号－（地） | 输入 | |
| | :14 | VCC | 输入 | |
| | :15 | 调制器初级脉冲电流取样＋ | 输入 | |
| | :34 | 调制器初级脉冲电流取样－（地） | 输入 | |
| | :16 | ＋200 V 电源欠压故障＋ | 输出 | |
| | :35 | ＋200 V 电源欠压故障－ | 输出 | |
| | :23 | 地（ZP1） | － | |
| | :24 | 地（ZP1） | － | |
| | :33 | 地（ZP1） | － | |
| | :3 | NUL | NUL | |
| | :9 | NUL | NUL | |
| | :11 | NUL | NUL | |
| | :12 | NUL | NUL | |
| | :13 | NUL | NUL | |
| | :17 | NUL | NUL | |
| | :18 | NUL | NUL | |
| | :19 | NUL | NUL | |

续表

| 接口 | 引脚 | 信号属性 | 信号入/出 | 备注 |
|---|---|---|---|---|
| XS1(DB37) | :22 | NUL | NUL | |
| | :28 | NUL | NUL | |
| | :30 | NUL | NUL | |
| | :31 | NUL | NUL | |
| | :32 | NUL | NUL | |
| | :36 | NUL | NUL | |
| | :37 | NUL | NUL | |

### 4.5.3　调制器

（1）调制器的功能与作用

调制器的功能与作用是存储与输送电能至速调管,其输出的调制脉冲经脉冲变压器升压,为速调管提供 60～65 kV 的束电压脉冲和 5～32 A 的束电流脉冲,统称之为束脉冲。束脉冲即为速调管工作所需的电压和能量。

（2）调制器的工作原理

调制器与充电变压器 3A7T2 组成回扫充电电路,与脉冲变压器 3A7T1 组成放电回路,通过充电和放电过程实现能量的存储和输送。图 4.26 是调制器电路原理性示意图。图 4.26 中,V1、V2 分别是充、放电二极管,V3 二极管实现充电单项导通,与放电回路隔离,R 为限流电阻,V4 可控硅堆为放电开关管。T1 是充电变压器,T2 是脉冲(放电)变压器,C 为人工线电容。

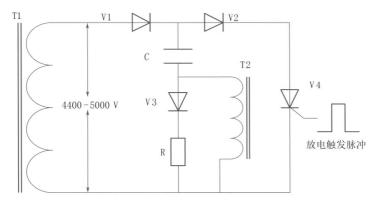

图 4.26　调制器电路示意图

T1、V1、C、V3、R 组成充电回路,在充电周期对人工线电容 C 充电,停止充电后,后充电校平组件对人工线电压进行泄放,精确控制人工线电压值 U,实现能量存储。C、V2、V4、T2 组成放电回路,V4 在触发器输出的放电触发脉冲的驱动下导通放电,实现能量泄放。V3 二极管实现充电单向导通,放电时截止,实现充电回路与放电回路的隔离,R 为限流电阻。

（3）调制器的组成结构

图 4.27 为调制器组成结构框图。开关组件包括充电二极管、放电二极管、脉宽选择开关、人工线、反峰管、可控硅、放电触发脉冲板、采样板、前面板接口和检测端子、控制接口以及后面板强电接口等。

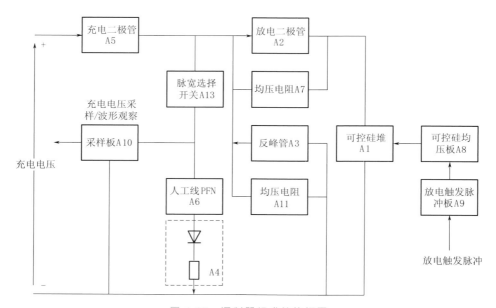

图 4.27　调制器组成结构框图

调制器的内部布局及后面板分别如图 4.28 和图 4.29 所示。

图 4.28　调制器内部布局（俯视图）

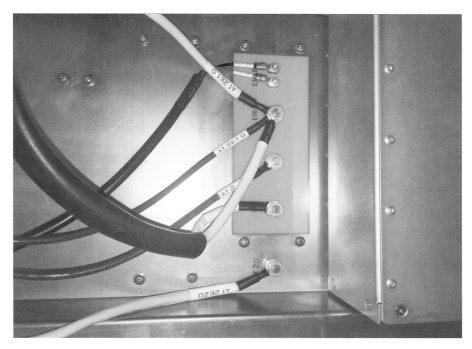

图 4.29 调制器后面板

（4）调制器功能电路

图 4.30 为开关组件的电路功能框图。来自充电变压器 3A7T2 的充电电流，经充电二极管 A12A5 给双脉冲形成网络（PFN：人工线）A12A6 充电。来自触发器 A11 的触发脉冲，经 SCR 触发板 A12A13 分成 10 路，分别触发 SCR 开关组件 3A12A1 上的十个串联的脉冲开关管。双脉冲形成网络 A12A6 中的储能通过已被触发导通的脉冲开关管，输入油箱 3A7

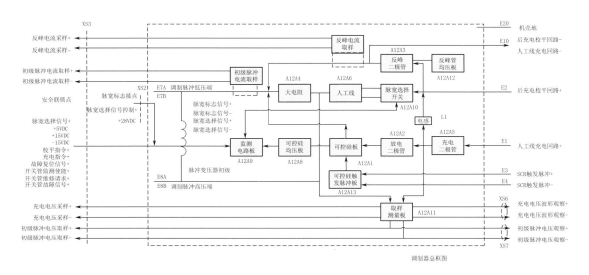

图 4.30 调制器电路功能框图

中的脉冲变压器 3A7T1，在脉冲变压器 3A7T1 初级产生 2400～2750 V 的脉冲高压。SCR 均压板 3A12A8 使十个串联的脉冲开关管均匀分担人工线上的充电电压，并有吸收网络和用于检测每一个开关管好坏的取样电阻。取样电压输入监测电路板 3A12A9，若有 1～2 个脉冲开关管损坏，发射机仍能正常工作，但向监控系统发出开关管维修请求信号，若有三个或三个以上脉冲开关管损坏，则调制器停止工作，并向监控系统发出开关管故障信号。放电二极管 A12A2 用以保护脉冲开关管，使其免受反向电压。双脉冲形成网络 3A12A6 中含有两个不同脉宽的人工线，分别用以产生宽脉冲及窄脉冲。人工线选择开关 3A12A10，按照来自雷达系统的脉宽选择指令，接通两个人工线中的一个，同时发出相应的回报信号，供监控系统验证。

（5）接口特性与 LED 故障指示

调制器的前面板检测端子信号特征和接口信号特性分别如表 4.10、表 4.11 所示。

表 4.10　调制器前面板检测端子信号特征

| 端子 | 信号名称 | 取样位置 | 信号特征说明 | 参考信号波形 |
|---|---|---|---|---|
| XS6 | 充电电压波形 | 人工线电压取样电路 | 电压幅度 4～5 V | |
| XS7 | 初级脉冲电压波形 | 脉冲变压器电压采样电路 | | |

表 4.11　调制器接口信号特性

| 接口 | 引脚 | 信号属性 | 信号入/出 | 备注 |
|---|---|---|---|---|
| 后面板 | E1 | 充电高压输入＋ | 输入 | 强电接口 |
| | E2 | 后校平回路高压＋ | 输出 | 强电接口 |
| | E3 | SCR 放电触发脉冲＋ | 输入 | 强电接口 |
| | E4 | SCR 放电触发脉冲－ | 输入 | 强电接口 |
| | E10 | 充电（后校平）回路－ | 输出 | 强电接口 |
| | E20 | 机壳接地 | — | 强电接口 |
| 前面板 | XS6 | 充电电压波形 | 输出 | 强电接口 |
| | XS7 | 初级脉冲电压波形 | 输出 | 强电接口 |
| 上面板 | E7A | 调制脉冲低压端 | 输出 | 强电接口 |
| | E7B | 调制脉冲低压端 | 输出 | 强电接口 |
| | E8A | 调制脉冲高压端 | 输出 | 强电接口 |
| | E8B | 调制脉冲高压端 | 输出 | 强电接口 |

续表

| 接口 | 引脚 | 信号属性 | 信号入/出 | 备注 |
|---|---|---|---|---|
| XS2（DB9） | :1 | ＋28 V ＋ | 输入 | |
| | :2 | ＋28 V － | 输入 | |
| | :4 | 脉宽标志接点 | | |
| | :12 | 脉宽标志接点 | 输入 | |
| | :9 | 公共端 | 输入 | |
| | :10 | 公共端 | 输入 | |
| XS3（DB37） | :3 | 脉宽选择信号＋ | 输入 | |
| | :11 | 脉宽选择信号－ | 输入 | |
| | :16 | ＋5 V ＋ | 输入 | |
| | :34 | 公共端 | 输入 | |
| | :17 | ＋5 V ＋ | 输入 | |
| | :35 | 公共端 | 输入 | |
| | :7 | 充电电压取样＋ | 输出 | |
| | :25 | 充电电压取样－ | 输出 | |
| | :10 | 初级脉冲电压取样＋ | 输出 | |
| | :28 | 初级脉冲电压取样－ | 输出 | |
| | :8 | 反峰电流取样＋ | 输出 | |
| | :26 | 反峰电流取样－ | 输出 | |
| | :9 | 初级脉冲电流取样＋ | 输出 | |
| | :27 | 初级脉冲电流取样－ | 输出 | |
| | :1 | NUL | NUL | |
| | :2 | NUL | NUL | |
| | :4 | NUL | NUL | |
| | :5 | NUL | NUL | |
| | :6 | NUL | NUL | |
| | :12 | NUL | NUL | |
| | :13 | NUL | NUL | |
| | :14 | NUL | NUL | |
| | :15 | NUL | NUL | |
| | :18 | NUL | NUL | |

续表

| 接口 | 引脚 | 信号属性 | 信号入/出 | 备注 |
|------|------|----------|-----------|------|
| XS3(DB37) | :19 | NUL | NUL | |
| | :20 | NUL | NUL | |
| | :21 | NUL | NUL | |
| | :22 | NUL | NUL | |
| | :23 | NUL | NUL | |
| | :24 | NUL | NUL | |
| | :29 | NUL | NUL | |
| | :30 | NUL | NUL | |
| | :31 | NUL | NUL | |
| | :32 | NUL | NUL | |
| | :33 | NUL | NUL | |
| | :36 | NUL | NUL | |
| | :37 | NUL | NUL | |

### 4.5.4　后充电校平组件

（1）后充电校平组件的功能与作用

后充电校平组件的作用是当调制器人工线充电电压到额定值以后,通过不断采样人工线上的电压,在校平脉冲指令下,完成对人工线存储的电荷进行有控制的微量泄放,以提高人工线充电电压的精度和脉间稳定度,最终保证雷达获得足够的地物杂波抑制。

（2）后充电校平组件的工作原理

后充电校平组件与人工线组成人工线电压微量泄放电路,保证相邻放电脉冲电压幅度的稳定。图 4.31 是后充电校平组件原理性示意图;图 4.32 是与图 4.31 相对应的人工线电压校平波形图。图 4.31 中,C1 为调制器中的人工线电容,R1、R2 是人工线电压采样电阻,

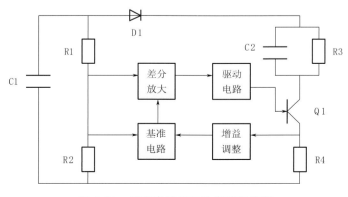

图 4.31　后充电校平组件电路示意图

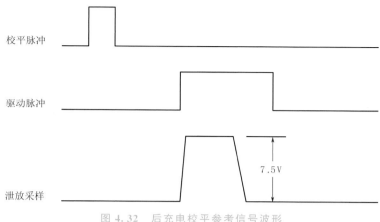

图 4.32　后充电校平参考信号波形

C2、R3 是吸收电路,Q1 是泄放开关管,R4 为泄放电流采样。基准电路通过输入人工线采样电压和泄放采样电压产生基准电压,增益调整电路对不同的重频实现不同的增益放大。差分放大电路实现人工线采样电压和基准电压的误差放大,进而生成驱动信号,经驱动电路驱动泄放开关管,实现人工线电压微量泄放。

后充电校平组件在人工线充电结束后进行校平,校平基本原理:对人工线电压进行 1:1000 采样,分为 2 路,1 路作为人工线电压实时监测,另 1 路在充电电压平顶前端进行采样保持与泄放电流采样加权作为浮动基准电压。将人工线实时采样电压和浮动基准电压作为差分放大器的输入,放大器增益很大(约 5000 倍),使得泄放电流很快达到最大值并保持不变,人工线电压线性下降,在泄放电流下降阶段,有人工线电压下降→泄放电流下降→浮动电压降低不断调节过程,在人工线采样电压与浮动基准电压不断逼近情况下,泄放电流逐渐下降直至泄放电流减小为 0。

人工线的微量泄放是将人工线上的微量电荷转移到吸收电容上 C2,在停止校平后及时将 C2 中的电荷通过吸收电阻放电,随着重复频率的增加,特别是高重复频率如 1282 Hz,C2 中会有少量残压,所以不同重复频率下需要通过增益调整来改变该重复频率下的浮动基准电压值,控制人工线微量泄放的多少。

(3)后充电校平组件的组成结构

图 4.33 为后充电校平组件组成结构框图。后充电校平组件包括校平控制板 3A8A1、阻

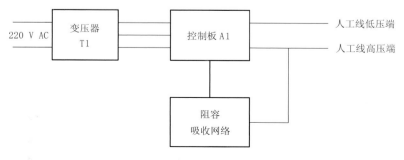

图 4.33　后充电校平组件组成结构框图

容吸收网络、变压器，以及前面板故障指示和检测端子、控制接口，后面板强电接口等。

后充电校平组件的内部布局、阻容吸收电路、控制板 3A8A1、前面板及后面板分别如图 4.34、图 4.35、图 4.36、图 4.37 及图 4.38 所示。

图 4.34　后充电校平组件内部布局

图 4.35　后充电校平组件阻容吸收电路

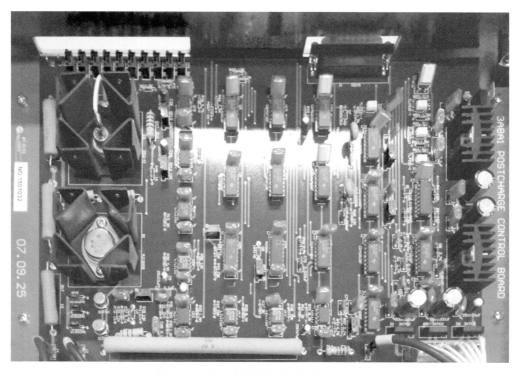

图 4.36　后充电校平组件控制板 3A8A1

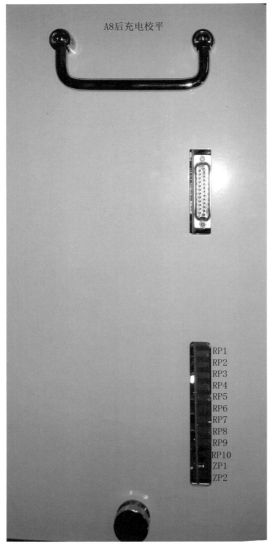

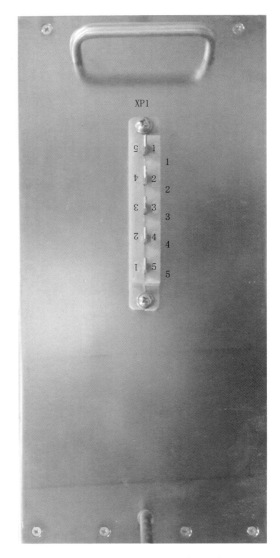

图 4.37　后充电校平组件前面板　　　　　图 4.38　后充电校平组件后面板

（4）后充电校平组件功能电路

图 4.39 为后充电校平组件的电路功能框图。后充电校平组件电路包括差分接收、电平转换、延时/定时电路、增益调节、基准电路、驱动电路、泄放电路等，其他监测、报警等为辅助电路。

1）增益调整电路

图 4.40 为增益调整电路，采用 CD4051 数字开关选通各重复频率对应的电阻支路串接到后级运算放大器的输入端，改变运算放大器的输入电阻，从而改变运算放大器的增益。数字开关的选通控制信号为重复频率的控制码。

2）基准电压电路

图 4.41 为基准电压电路。由一个反相放大器和反相加法器组成。反相放大器对人工

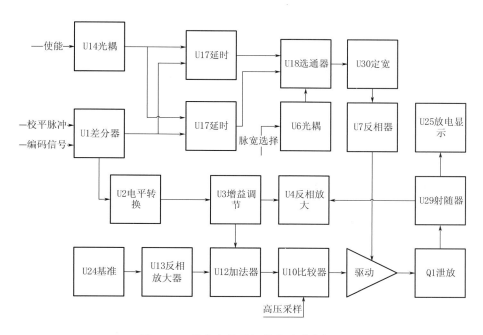

图 4.39 后充电校平组件电路功能框图

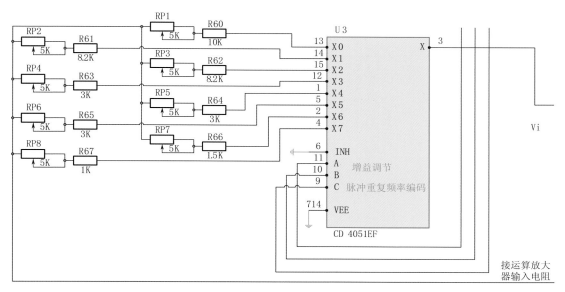

图 4.40 增益调整电路

线采样保持电压进行比例放大(放大倍数小于1),与人工线泄放电流采样转换电压进行加权,得到浮动基准电压。

后充电校平组件控制板 3A8A1 中可变电位器及调整点信号特性、前面板检测端子信号特征和 LED 故障指示及接口信号特性如表 4.12、表 4.13 及表 4.14 所示。

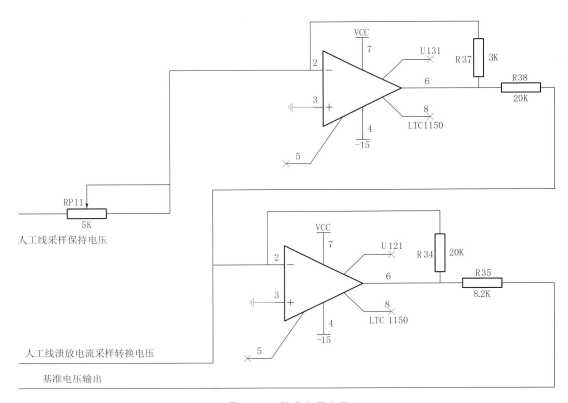

图 4.41　基准电压电路

表 4.12　后充电校平组件控制板 3A8A1 中可变电位器及调整点信号特性

| 电位器 | 所在电路 | 调整项 | 调整输出检测点 | 输出信号特性 |
|---|---|---|---|---|
| RP1 | PRF1 重复频率增益调整电路 | 运算放大器输入电阻 | ZP1 | PRF1：1282，泄放电流采样波形 |
| RP2 | PRF2 重复频率增益调整电路 | 运算放大器输入电阻 | ZP1 | PRF2,泄放电流采样波形 |
| RP3 | PRF3 重复频率增益调整电路 | 运算放大器输入电阻 | ZP1 | 1014 Hz,泄放电流采样波形 |
| RP4 | PRF4 重复频率增益调整电路 | 运算放大器输入电阻 | ZP1 | 1181 Hz,泄放电流采样波形 |
| RP5 | PRF5 重复频率增益调整电路 | 运算放大器输入电阻 | ZP1 | 1282 Hz,泄放电流采样波形 |
| RP6 | PRF6 重复频率增益调整电路 | 运算放大器输入电阻 | ZP1 | 644 Hz,泄放电流采样波形 |
| RP7 | PRF7 重复频率增益调整电路 | 运算放大器输入电阻 | ZP1 | 446 Hz,泄放电流采样波形 |

续表

| 电位器 | 所在电路 | 调整项 | 调整输出检测点 | 输出信号特性 |
|---|---|---|---|---|
| RP8 | PRF8 重复频率增益调整电路 | 运算放大器输入电阻 | ZP1 | PRF8：322，泄放电流采样波形 |
| RP9 | 宽脉增益调整电路 | 运算放大器反馈电阻 | ZP1 | 宽脉泄放电流采样波形 |
| RP10 | 窄脉增益调整电路 | 运算放大器反馈电阻 | ZP1 | 窄脉泄放电流采样波形 |
| RP11 | 基准电压反相放大器 | 运算放大器输入电阻 | ZP1 | U13 芯片 6 脚输出基准电压值 |
| RP12 | 窄脉冲单稳态延时芯片阻容电路 | 窄脉冲单稳态延时芯片电阻 | U16 芯片 10 脚 | 脉冲，15 V，25 μs |
| RP13 | 脉冲单稳态定宽芯片阻容电路 | 脉冲单稳态定宽芯片电阻 | U30 芯片 7 脚 | 脉冲，15 V，250 μs |
| RP14 | 宽脉冲单稳态延时芯片阻容电路 | 宽脉冲单稳态延时芯片电阻 | U17 芯片 10 脚 | 脉冲，15 V，110 μs |
| RP15 | 泄放三极管集电极过压保护比较器 | 比较器 in-基准电压 | U19 芯片 3 脚 | 11 V |
| RP16 | 泄放三极管集电极欠压保护比较器 | 比较器 in+基准电压 | U20 芯片 2 脚 | 110 mV |
| RP17 | 校平电流采样反相放大器 | 运算放大器反馈电阻 | U25 芯片 2 脚 | U25 芯片 1 脚输出电压值 |
| RP18 | 驱动三极管电路 | 驱动三极管基极电阻 | ZP1 | 驱动电流 |

表 4.13  后充电校平组件前面板检测端子信号特征和 LED 故障指示

| 端子 | 信号名称 | 取样位置 | 信号特征说明 | 参考信号波形 |
|---|---|---|---|---|
| ZP1 | 泄放电流采样波形 | 泄放开关射电极 | 梯形脉冲，幅度约 7.5 V | |
| ZP2 | 信号地 | | | |

表 4.14  后充电校平组件 3A8 接口信号特性

| 接口 | 引脚 | 信号属性 | 信号入/出 | 备注 |
|---|---|---|---|---|
| XP1 | :1 | 机壳接地 | — | 强电接口 |
| | :2 | 220 V AC | 输入 | 强电接口 |
| | :3 | 220 V AC | 输入 | 强电接口 |
| | :4 | 人工线低压端(机壳接地) | 输入 | 强电接口 |
| | :5 | 人工线高压端 | 输入 | 强电接口 |

续表

| 接口 | 引脚 | 信号属性 | 信号入/出 | 备注 |
|---|---|---|---|---|
| XS1（DB25） | :1 | 校平使能信号 | 输入 | |
| | :2 | 故障复位 | 输入 | |
| | :5 | 校平维修请求 | 输出 | |
| | :6 | 脉宽选择 | 输入 | |
| | :7 | 脉冲重复间隔1＋ | 输入 | |
| | :20 | 脉冲重复间隔1－ | 输入 | |
| | :8 | 脉冲重复间隔2＋ | 输入 | |
| | :21 | 脉冲重复间隔2－ | 输入 | |
| | :9 | 脉冲重复间隔3＋ | 输入 | |
| | :22 | 脉冲重复间隔3－ | 输入 | |
| | :10 | 校平电流取样 | 输出 | |
| | :12 | 充电校平指令＋ | 输入 | |
| | :25 | 充电校平指令－ | 输入 | |
| | :11 | 地（ZP2） | — | |
| | :14 | 地（ZP2） | — | |
| | :15 | 地（ZP2） | — | |
| | :16 | 地（ZP2） | — | |
| | :17 | 地（ZP2） | — | |
| | :18 | 地（ZP2） | — | |
| | :23 | 地（ZP2） | — | |
| | :3 | NUL | NUL | |
| | :4 | NUL | NUL | |
| | :13 | NUL | NUL | |
| | :19 | NUL | NUL | |
| | :24 | NUL | NUL | |

## 4.6　发射机典型故障维修

### 4.6.1　高压打火故障维修技术与方法

发射机高压打火综合故障通常是由发射高压后级负载打火造成调制器中放电管、反峰管、SCR 管、后校平器损坏,严重时导致前级组件充电开关组件、触发器、测量接口板、控制保护板损坏,有时可能造成信号处理器、射频放大链等电路故障,故障时一般会伴随速调管过流、充电故障、线性通道杂波抑制变坏、+510 V 电压过压、占空比超限等报警。如果导致触发器故障,会伴随调制器反峰电流过流、调制器放电过流、+200 V 电源故障报警。如果导致充电开关组件故障,会伴随发射机过流、发射机过压、充电故障报警,有时会引起充电开关组件面板上 IGBT 过流故障灯亮。

高压打火故障维修方法:

一是前后级故障隔离,首先应保证在低压状态下充电开关组件和触发器正常,以及控制与时序信号正常,然后在高压状态下再通过逐步提高+510 V 高压方法(调压器法)或人工线电压(先降低再缓慢上升)定位发射高压后级负载打火点。

二是高压供电电路打火或过载故障诊断,如果是高压供电过载,一般会导致高压供电断路器 Q1 跳闸,如果高压供电电路打火,一般会导致保险丝组件 N3 中交流接触器 K1 频繁跳闸,严重时可能导致 Q1 跳闸;高压供电过载需分别断开负载进行故障定位,当断开某一路负载后 Q1 可以加电,说明这路负载过载,检查负载是否有对地短路。

高压打火故障诊断流程如图 4.42 所示。

### 4.6.2　放大链路故障维修技术与方法

高频放大链路故障通常表现为无高频脉冲输出,或包络波形不正常,或输出功率减小,且故障时一般会伴随发射功率超限、RF 测试信号定标、定标检查等报警信息,如雷达报线性通道速调管输出测试信号变坏(533# 报警)、线性通道杂波抑制变坏(486# 报警)、机内发射机功率测试设备故障等警报,无回波信号,但发射机高压正常。高频放大链故障诊断流程如图 4.43 所示。

高频放大链路故障分析定位方法:用仪表逐级测量主要功能电路的输入和输出高频信号功率及包络波形,进行分析诊断,如果关键点参数不正常,还要进一步测量和判断与之相关的电源、同步信号及时序等是否正常,最终定位到损坏的可更换单元。

### 4.6.3　调制器故障维修技术与方法

(1)排除调制器打火。重点检查高压电缆(包括调制器外围连接电缆、油箱接口等)、调制器绝缘胶木板、反峰和可控硅组件的安装胶木柱,以及高压线接触是否牢靠。常见的打火部位泄放电阻处,以及高压线和零线、机壳线是否靠得太近。外围 E1 连接电缆对地打火较为常见。

(2)检查调制器各元器件的特性。如反峰二极管、充电二极管特性,可控硅有无出现短路、开路现象。当可控硅两端的均压电阻为 0 时,表明此路可控硅短路。可控硅两端阻值正常为几十欧姆,当可控硅两端阻值变得很大或开路,说明可控硅开路。

### 4.6.4　开关组件故障维修技术与方法

开关组件故障后,一般采取脱离 3A10 和发射机后板连接,前面 D 型插头保持连接,断开负载,常见情况处理:

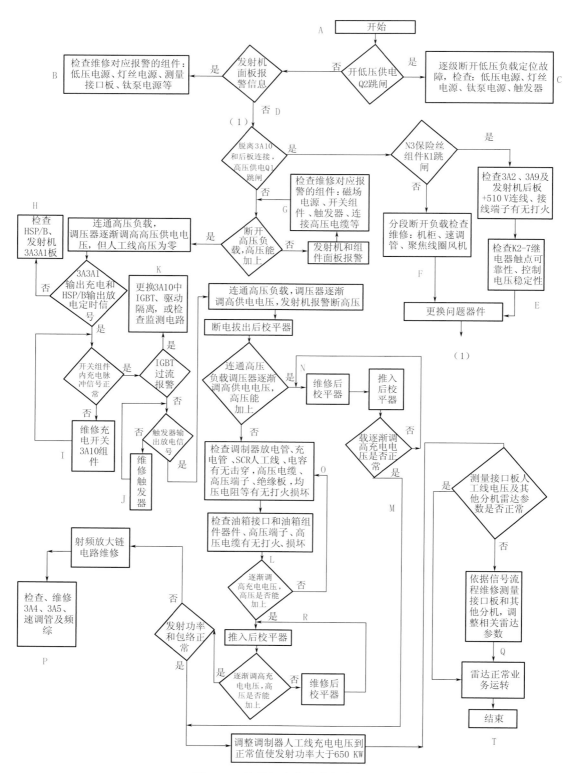

**图 4.42　高压打火故障诊断流程图**

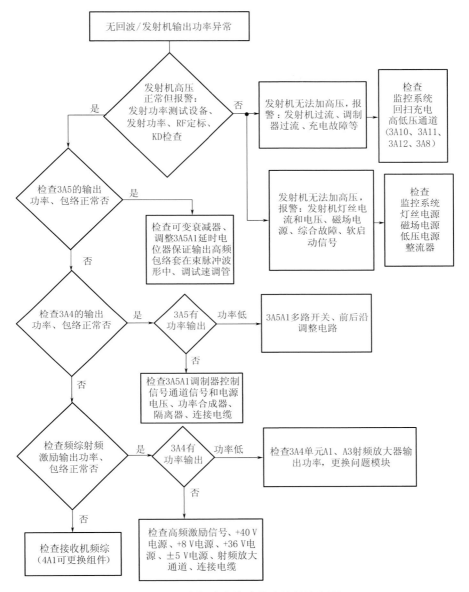

图 4.43　高频放大链路故障诊断流程图

（1）开高压后如果有充电过压、过流和充电故障、IGBT 过流等故障报警，一般判断为开关组件故障，应先确保外部信号正常，再根据报警信息检测关键点信号。

（2）开高压后无故障报警，但恢复和发射机后板连接 3A10，加高压，仍无报警，且人工线无高压，也无充电声，说明 3A10 组件后级 EXB841 无充电触发信号，应强制使能或者发射机本控、手动加高压后，检查 EXB841 输入和输出信号波形。

（3）开高压后无故障报警，但恢复和发射机后板连接 3A10，调压器逐渐升高高压，出现故障显示面板显示混乱，说明高压负载出现高压打火，应按照高压打火故障流程检查高压电路，排除高压打火故障；如果出现个别故障报警，应根据点亮的故障指示灯对应监测电路检查故障。

开关组件故障诊断流程如图 4.44 所示。

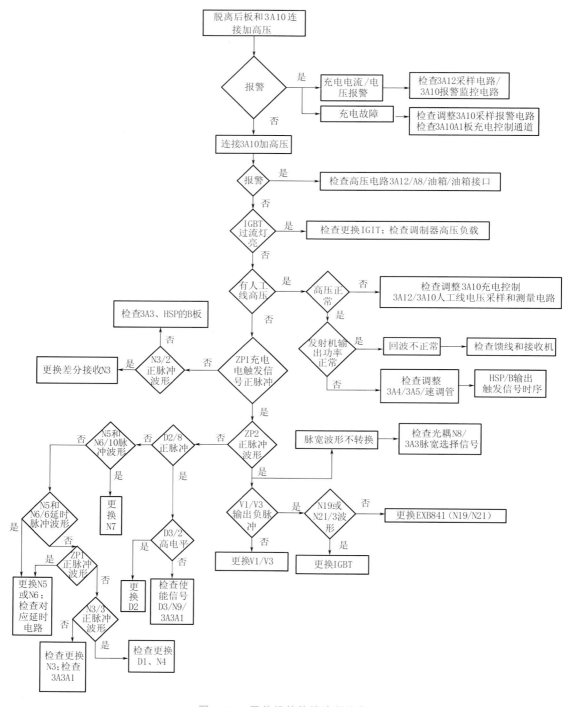

图 4.44　开关组件故障诊断流程

# 第5章

# 雷达接收机维修技术与方法

# 5.1　接收机工作原理与功能结构

## 5.1.1　接收机工作原理

CINRAD 接收机是专门为中国新一代脉冲多普勒天气雷达而研制的,与此前的常规雷达相比,最大的区别在于,它不仅为全机系统提供定时信号,而且还为发射机系统提供调制信号源,2008 年开始,大部分模拟接收机系统进行了数字中频改造。

对于模拟中频接收系统,CINRAD/SA 雷达接收机将天线接收到的微弱回波信号,经过低噪声放大、射频到中频的变换、滤波、自动增益控制、中频到视频的变换,以及模数变换,这样就把射频信号处理成信号处理器所需的 I、Q 和 LOG 视频信号。

## 5.1.2　接收机功能结构

接收机由以下四部分组成:频率源、接收通道(包括前端和 A/D 变换器)、射频测试源选择、接收机接口。它们之间的功能结构关系如图 5.1 所示。

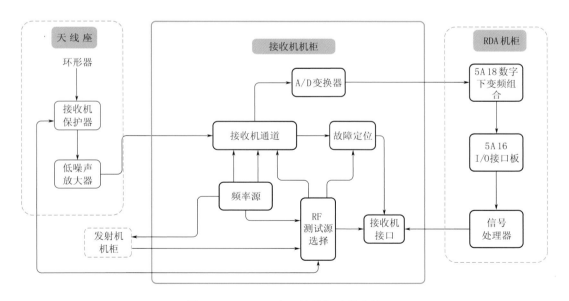

图 5.1　CINRAD/SA 接收机功能结构

CINRAD/SA 接收机主要功能有:
- 向发射机提供高稳定的发射信号;
- 相参接收雷达的回波信号,经放大处理后送给信号处理器;
- 能自动进行故障检测和故障定位;

- 能进行系统的定标校准。

### 5.1.3 接收机主要技术指标

- 接收频率为 2.7～3.0 GHz 之间已预选的射频信号；
- 接收系统的噪声系数 $N_f \leqslant 4.0$ dB；
- 接收机中频频率为 57.55 MHz,6 dB 带宽为 0.79 MHz；
- 接收机线性通道的动态范围≥93 dB,瞬时动态范围≥50 dB；
- 接收机镜像抑制度≥50 dB,寄生响应≥60 dB；
- 接收机杂波抑制极限≥51.5 dB；
- 接收机系统 DC 偏置校准在±0.25 LSB 之内；
- 接收机冷启动响应时间≤10 分钟,热启动响应时间≤10 秒钟；
- 接收机具有自动故障检测、故障定位和系统定标校准的功能；
- 接收机能在海拔 3300 m 范围内工作；
- 接收机柜工作温度为+10 ℃～+35 ℃,湿度为 20%～80%；接收机前端工作温度为 −40 ℃～+49 ℃,湿度为 15%～100%；
- 接收机平均故障间隔时间 MTBF 为 3018 小时,平均故障修复时间 MTTR 为 0.624 小时。

## 5.2 接收机关键组件介绍

在结构布局上,接收机系统将前端器件(2A3、2A4)放在馈线系统里(天线座内部),剩余部分全部放在一个接收机柜中。

### 5.2.1 频率源(4A1)

频率源产生 5 种输出信号,分别叙述如下。

主时钟信号是 9.6 MHz 的连续波信号。它由 57.55 MHz 的高稳定晶振产生的信号,不加波门和移相控制,经 6 分频而得到。主时钟信号通过接口送到硬件处理器,用作整个 RDA 的定时信号。

中频相干信号 COHO 用作 I/Q 相位检波器的基准信号,解调出回波信号中的多普勒信号 I、Q。COHO 由 J4 送到 I/Q 相位检波器的 J2。COHO 的频率为 57.55 MHz,功率为 +26～+28 dBm。在测试模式中,COHO 没有相移,这样对射频有相移,对 COHO 无相移,所模拟的多普勒将表现为它们之间的相位差值。

射频激励信号频率为 2.7～3.0 GHz,脉宽为 10 μs,峰值功率为 10 dBm,该信号经 J1 送到发射机,脉冲宽度被减窄到 1.5～5 μs,经放大变成发射的射频载波。发射机的具体工作频率可以预先选定,由插入式晶体振荡器提供。对于相应的稳定本振信号(STALO)射频激励载波被移相,通过给每一个发射脉冲一个伪随机相位,就有可能识别多次环绕回波。在这一应用中,COHO 必须具有一个相移,以匹配给定的射频激励信号的相位。

稳定本振信号与射频激励信号是相干信号,它比射频激励信号的频率低 57.55 MHz,输出功率为＋14.85～＋17 dBm，由 J2 送到混频/前中，在那里与雷达回波信号进行混频，把射频回波信号变换成中频回波信号。

射频测试信号与射频激励信号的载频频率相同，输出功率为＋21.75～24.25 dBm。它经 J3 被送到测试源选择功能组，如果被选择，它将变成一个检查接收机的信号。射频测试信号可以是一个脉冲，也可以是连续波，这取决于硬件信号处理器中产生的射频门（RF GATE0）。在测试模式，用移相器把模拟多普勒相移加到射频测试信号上。在此应用中，所选择的相干信号将没有相移。这样，对射频有相移，对相干信号（COHO）无相移，模拟的多普勒表现为它们之间的相位差值。

频率源中还有故障监测电路，该电路对主时钟信号、中频相干信号、射频激励信号、稳定本振信号及射频测试信号进行采样、监控。这些信号中任何一个超出允许的限制范围，都将产生一个相应的故障码，该故障码经 J5 被送到监控功能组，通过接口电路传输到信号处理器，产生 RDA 告警信号。

### 5.2.2　接收机保护器（2A3）

当高功率射频脉冲从发射机进入天线馈线时，其中一部分射频能量将会通过天线馈线通路漏进接收机，为了防止烧坏敏感的接收机部件，在低噪声放大器（2A4）和天线馈线之间，装有一个射频高功率接收机保护器（2A3）。接收机保护器由射频高功率二极管开关和无源二极管限幅器组成。在发射基准时间之前大约 6.5 μs 时，接收机保护器接收来自硬件信号处理器的接收机保护命令（驱动信号）。接收机保护器中的高功率二极管开关响应驱动信号，使二极管开关处于高隔离状态，防止射频能量进入低噪声放大器。同时，二极管开关还要将其高隔离状态通知给二极管状态监视器。二极管状态监视器把接收机的保护响应返送给信号处理器，该响应告知接收机已经被保护，允许发射机向天线馈线发送高功率射频脉冲，硬件信号处理器在其监控电路指明发射机的阴极、射线电流脉冲结束后，撤销接收机的保护命令。在二极管开关处于低损耗状态，接收机接收雷达回波或测试信号时，无源二极管限幅器限制进入到低噪声放大器中的最大射频能量。接收机保护器内的 20 dB 定向耦合器，可用于射频测试信号加入接收机。

### 5.2.3　低噪声放大器（2A4）

从接收机保护器出来的信号（雷达回波或测试信号）经 2A4 低噪声放大器（LNA）放大，然后经一段长电缆 W54 送到接收机柜的输入端。低噪声放大器的增益为 30±0.5 dB，噪声系数小于 1.3 dB，1 dB 压缩时输出功率为＋15 dBm。

### 5.2.4　预选滤波器（4A4）

在接收机柜里，低噪声放大器输出，通过固定衰减器和 20 dB 定向耦合器 4DC2，送到射频预选滤波器，然后再送到混频/前中；来自测试信号选择器的测试信号，可以通过 20 dB 定向耦合器的耦合端，送到接收通道里。预选滤波器的中心频率等于发射频率（2.7～3.0 GHz 之间的已预定的频率），其中心频率精度为±2 MHz。

### 5.2.5　混频/前置放大器(4A5)

混频/前置放大器俯视示意图如图 5.2 所示。预选滤波器输出信号(雷达回波或两个测试信号之一)从 J1 注入混频/前中组件。从 J1 输入的信号,经过 20 dB 定向耦合器、隔离器加到混频器的信号端。20 dB 定向耦合器的耦合端从 J5 输出,作为测试采样被送到故障定位功能组件。稳定本振(STALO)信号从 J2 输入,经过 30 dB 定向耦合器、隔离器加到混频器的本振端。30 dB 定向耦合器的耦合端从 J6 输出,作为稳定本振的测试采样被送到故障定位功能组件。稳定本振信号由频率源产生,其频率比发射频率低 57.55 MHz,其功率电平为 +15±0.75 dBm。混频器将射频信号变换成 57.55 MHz 的中频信号。中频信号经过放大带通滤波后,被送入中频放大器,然后通过 30 dB 定向耦合器,从接头 J3 输出。从 J1 到 J3 的总功率增益为 20.25 dB+1.0 dB 或 −0.75 dB。30 dB 定向耦合器的耦合端从 J7 输出,被送到故障检测部分。

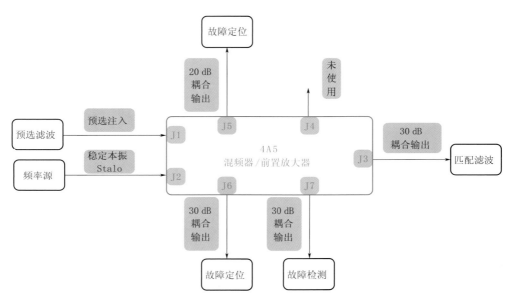

图 5.2　混频/前置放大器俯视示意图

### 5.2.6　中频滤波器(4A6)

匹配滤波器将来自混频/前中组件的中频回波信号进行滤波,滤除最窄发射脉冲带宽外的非信号频率,改善信噪比。最窄脉冲宽度为 1.57 $\mu s$,因此,匹配滤波器的 3 dB 带宽为 630 kHz,而对于较宽的 5.0 $\mu s$ 脉冲,将由后续的可编程信号处理器(PSP)软件,用较窄的带宽(210 kHz)进行再次滤波。匹配滤波器由 J1 输入,J2 输出。6 dB 定向耦合器输出为 J3,作为测试采样被送到故障检测功能组。

### 5.2.7　A/D 时钟盒(4A51)

A/D 时钟盒接收来自频率源 J4 的 COHO 信号,生成 5 V 52.8 MHz 时钟信号送至 A/

D 变换器以及 3 V 52.8 MHz 的同步时钟信号送至数字下变频组合。

### 5.2.8　A/D 变换器

A/D 变换器有两个通道,分别接收模拟中频信号、时钟信号,每隔 250 m 距离(1.66 $\mu$s)进行采样,把这些模拟输入信号变换成 14 比特的双互补数字数据。该采样间隔宽度与 0.6 MHz 的采样率和变换率相对应。在 A/D 变换器中,对模拟中频增加了偏置校正,并可以用测试信号来取代中频信号。

### 5.2.9　RF 噪声源(4A25)

RF 噪声源用固态噪声二极管产生宽带噪声信号,用来检查接收机通道的灵敏度或噪声系数。所产生的宽带噪声测试信号被送到四位开关 4A22。噪声测试信号的有或无,由来自信号处理器的控制信号决定。

### 5.2.10　微波延迟线(4A21)

微波延迟线是石英晶体制成的体声波延迟线。在输入端通过换能器,把微波信号变换成声波,然后在石英晶体内以体声波形式向输出端传输。在输出端又通过换能器,把声波变换成微波信号。由于声波的传播速度是很低的,因此,在一定距离上,传输的时间很长,信号延迟也很长。在这里,要求微波延迟线的延迟时间约 10 $\mu$s。

发射机速调管射频输出的采样信号,经过四路功分器,定向耦合器被送到微波延迟线,延迟约 10 $\mu$s。当该信号被选作注入接收机的测试信号时,由于它在时间上被延迟 10 $\mu$s,故看上去像接收到的点目标回波信号一样,微波延迟线的输出接入到四位开关。

### 5.2.11　四位开关(4A22)

四位开关选择四个测试信号中的一个信号,选中的信号经过 RF 数控衰减器和二位开关,送到混频/前中或接收机前端作为测试信号用。

该四位开关的工作频率为 2.7～3.0 GHz,最大插损 3 dB。四位开关包括两个 30 dB 的定向耦合器。其中一个定向耦合器经 J6 将其耦合的速调管激励测试信号采样送到故障检测功能组。而另一个定向耦合器经 J7 将其耦合的 RF 测试信号采样送到故障检测功能组。

四个测试信号分别为:

(1)来自频率源 4A1 的射频测试信号;

(2)来自 RF 噪声源 4A25 的宽带噪声测试信号;

(3)来自微波延迟线 4A21 的高功率射频测试信号;

(4)来自发射机脉冲整形器 3A5 的速调管激励测试信号。

### 5.2.12　二位开关(4A24)

二位开关的工作频率为 2.7～3.0 GHz,最大插损 2.5 dB。该开关用于射频测试信号目的地的选择。单刀双掷开关的两个输出分别加到接收机保护器（2A3）的 J2 和 4DC2 的 J3。二位开关在 J2 输出之前，有一个 20 dB 定向耦合器，耦合端输出经 J4 被送入故障检测功能组。

### 5.2.13  RF 数控衰减器(4A23)

RF 数控衰减器的信号由 J1 输入，J2 输出，工作频率为 2.7～3.0 GHz，零衰减时最大插损 6.5 dB。含有 7 位数控衰减，各位衰减量为 1.0、2.0、4.0、8.0、16.0、32.0、40.0 dB，衰减精度小于±0.7 dB。

RF 数控衰减器的输入部分有一个 30 dB 的定向耦合器，将输入信号耦合出来经 J4 将其送到故障检测功能组。RF 数控衰减器的输出部分也有一个 20 dB 的定向耦合器，将输出信号耦合出来经 J3 将其送到故障检测功能组。

RF 数控衰减器的衰减量由硬件信号处理器的控制信号确定。

### 5.2.14  四路功分器(4A20)

四路功分器将速调管发射的射频采样信号分成四等分：一部分功率经微波延迟线后，用作 RF 测试信号；一部分送到检测板上的 4J25 接头，用作外部检查；一部分送到 RF 功率监视器，变换成直流信号后用于发射功率的监视；最后一部分用吸收负载吸收，作为备份接口。

四路功分器各路之间的隔离≥20 dB，插损≤0.5 dB，驻波≤1.3，承受功率 5 W。

### 5.2.15  RF 功率监视器(4A26)

RF 功率监视器用于监视发射机的输出功率，它将发射采样信号（RF 脉冲信号）变成直流信号。该直流信号正比于 RF 脉冲信号的平均功率。对于输入 RF 脉冲信号平均功率 100 MW，输出为 1000 MV（即每 MW 对应 10 MV）。

### 5.2.16  接收机接口(4A32)

接收机接口把接收机与信号处理器之间的信号、控制数据、故障数据等连接起来，但是接收机接口把接收机与信号处理器的直流电源互相隔离开，地线也互相隔离。

为了抗干扰，接口板的输入和输出均为平衡差分式信号，每组信号用双线传输，自己构成回路。接口板上通过的信号很多，详细情况可参看有关的接口文件。

## 5.3  接收机信号流程

接收机信号流程包括主通道信号流程和标定信号通道流程。

### 5.3.1  接收机主通道信号流程

接收机主通道主要由接收机保护器、低噪声放大器、预选滤波器、混频/前中、匹配滤波器、A/D 变换器等部件组成。它们之间的信号走向如图 5.3 所示。

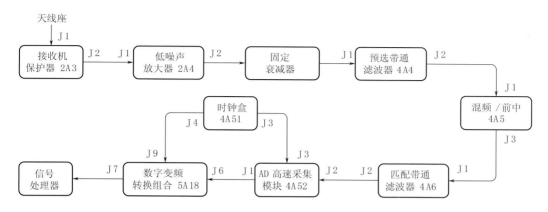

图 5.3 CINRAD/SA 雷达接收机主通道信号流程

## 5.3.2 接收机标定信号通道

标定信号通道由 RF 噪声源、微波延迟线、四位开关、二位开关、RF 数控衰减器、接收机主通道以及信号处理器等部件组成,它们之间的关系如图 5.4 所示。根据来自接收机接口的控制信号,四位开关选择四个测试信号中的一个信号,四个信号分别是来自频率源的射频测试信号 CW,来自噪声源的宽带噪声测试信号 NOISE,来自微波延迟线的高功率射频测试信号 KD,来自发射机脉冲形成器的速调管激励测试信号 RFD。所选信号经过 RF 数控衰减器和二位开关,将在接收机保护器 2A3 的定向耦合器处注入接收机,或者在接收机柜内的定向耦合器 4DC2 处注入接收通道,最后送入信号处理器。

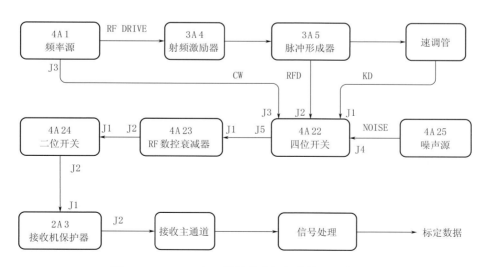

图 5.4 CINRAD/SA 雷达接收机标定信号通道流程

## 5.4　接收机故障维修方法和流程

### 5.4.1　接收机故障维修方法

接收机的故障排查主要从接收机连续波(CW)测试信号流程着手,CW 测试信号流程及关键点参数功率值如图 5.5 所示。判断接收机通道组件的故障基本靠仪表监测,功率计是检修接收机时使用率最高的仪表。

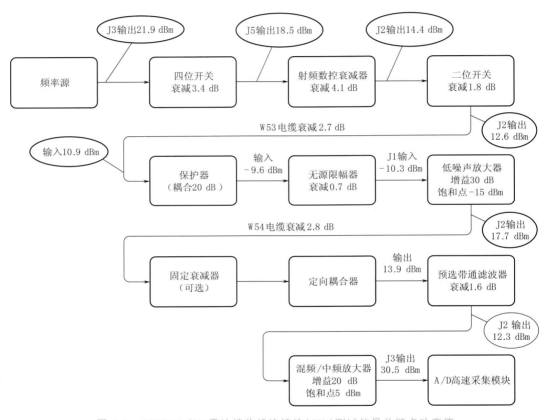

图 5.5　CINRAD/SA 雷达接收机连续波(CW)测试信号关键点功率值

接收机故障一般都会伴随线性通道增益定标目标常数报警和回波异常(回波强度异常、回波面积缩小),通常由四个方面引起:①接收机主通道;②接收机测试通道;③天馈系统;④雷达参数(发射功率、脉宽测试误差,适配数据错误等)。对出现的故障,应从报警信息、回波强度定标和标校检查(RDA 性能参数、Pathloss. log 和 Calibration. log 文件检查等)情况,结合终端回波(面积、强度)显示综合分析,通过关键点参数检测找出故障点。一般先解决测试通道和发射功率问题,然后主通道,最后天馈系统。对于回波强度异常问题应首先检查和调整适配参数。

数字中频接收机将原有的模拟接收机中频部分减少 7 个主通道模块,分别是匹配带通滤波器、同轴延迟线、AGC 控制器、中频衰减器、中频限幅放大器、I/Q 相位检波器、视频 A/D 转换器；主要设备增加了 3 个模块，分别是高速 A/D 模块、时钟转换盒、下变频和数据转换盒；更换了 RDASC 计算机、硬件信号处理器 HSP(A) 和 HSP(B)，增加 DCB 板，去掉了可编程信号处理器 PSP。

诊断数字中频接收机主通道故障的技术方法有三种。

（1）通过 RDASOT 平台测量接收系统噪声电平，定位故障是在后端数字部分还是前端模拟部分，具体方法为：断开数字中频 4A52（高速 A/D 模块）的 J2 中频输入信号，启动 RDASOT，点击动态范围测试的 Noise 项（采集处理仅有数字中频产生的噪声电平），如果噪声电平正常（−60 dB 左右，不能太高和紊乱），说明故障在接收机前端模拟通道，否则，故障在数字中频通道的数字中频、下变频和数据转换盒、信号处理器。

（2）用功率计或频谱仪直接测量混频器输出中频信号功率和正常值（RDASOT 测试平台，选择信号测试，选接收机，选 CW 信号，衰减量设 0 dB）比较，如果输出不正常，说明故障在接收机前端模拟通道，否则，故障在数字中频通道。

（3）通过 RDASOT 平台做动态测试（机内或机外），测试信号从场放输入端输入，用频谱仪在模拟输出端（混频/前中输出）测量，如果动态范围达到 90 dB 左右，说明故障在数字中频通道，否则，为模拟通道故障。

对于接收机前端模拟通道故障诊断采用关键点参数测量方法，通过测量值与正常值比较，确定故障器件；对于数字中频通道故障诊断，一般通过测量动态范围，结合噪声电平大小判断。如果动态范围正常，但回波强度异常，说明主通道正常，应检查适配数据设置是否不正常，以及机内发射功率或脉宽是否测量误差大、测试通道问题造成。如果动态范围和噪声电平都不正常，且定位故障在数字部分，首先测量时钟盒输入（1 dBm 的 57.5 MHz）和两路输出信号（52.8 MHz 正弦波，送往 5A18 的幅度为 3 V 左右；送往 4A52 的幅度为 5 V 左右），判断是时钟盒故障还是频综故障，如时钟盒正常，需要检查数字中频输入控制信号是否正常，判断故障在前端 4A52 前端，还是在 5A18。

测试通道故障分析诊断如下：

（1）由于频率源为信号的起始点，考虑到频综的重要性，并且检查相对容易，因此在进行逐级测试排查时应优先检查频综，测试检查 J1-J4 输出是否达到指标。确认频综无问题后再检查别的器件。

（2）在进行逐级测试排查时，建议采用从后向前的测试方法。先测量后级输出，若正常，则前级器件不用测量。比如排查测试通道时，频综 J3 发出 CW，直接用功率计测量二位开关输出，若正常，则测试通道正常，前级的 RF 数控衰减器和四位开关都不用检查。

（3）测试通道报警信息中除线性通道增益定标目标常数超限报警外无测试信号超限的相关报警，但回波强度异常，一般是测试公共通道问题。

（4）除线性通道增益定标目标常数超限报警外，如果回波强度异伴随发射功率报警，一般是发射机功率测试通道问题。

（5）除线性通道增益定标目标常数超限报警外，回波强度正常但探测距离减小，则要检查发射机问题（发射机输出功率降低太多）。

（6）除线性通道增益定标目标常数超限报警外,如果回波强度异常还报线性通道测试信号变坏,CW 信号测量误差大,一般是 CW 信号源（频综）到四位开关之间通道问题,或者频综输出 CW 测试信号功率变化比较大引起;如果报射频驱动测试信号变坏,RFD 信号测量误差大,如果发射功率正常,则是发射机 3A5 到四位开关之间通道问题,或者 RF 信号存在泄漏、RFD 输出采样功率太大导致标定时接收机饱和造成。检查性能参数中 RFD 标定数据,如果 RFD1 测量值偏大,但 RFD2 和 RFD3 正常,则为 3A5 存在微波泄露影响标定造成,需检查 3A5 连接接头是否存在脱焊,必要时更换 3A5;如果 RFD3 测量值偏大,但 RFD2 和 RFD3 正常,一般是 RFD 输出采样功率太大,需要在 RFD 输出采样路径加 2 dB 固定衰减器,调整相关适配参数解决问题。如果发射功率降低,则要检查 3A4 和 3A5 的输出功率是否降低。

在此基础上通过仪表测量与问题相关的通道相关路径损耗、组件输出功率大小,找出故障器件。如果故障定位到射频衰减器或四位、两位开关,还应通过测试平台判断出是控制电路问题还是器件本身问题,具体方法为:检查测量控制信号（差分信号）传输通道关键点电平（或波形）是否正常,如果控制信号正常,则是器件本身问题,否则,就需检查接收机接口板甚至到信号处理器之间控制信号传输线路,找出故障器件。如果报相关测试信号超限警报,一般是对应的测试信号功率在接收机前端注入功率和回波强度定标时的测量值相比误差太大导致,CW 信号可以通过测量频综的 CW 信号输出功率及连接到四位开关电缆和四位开关 J3 到 J5 间路径损耗,并调整对应适配参数解决问题;对于 RFD、KD 信号,一般是信号的功率和衰减量特征曲线不线性或者采样点不是功率最大处采样所致,可以通过在对应信号输出端增加衰减方法,并调整相关适配参数值解决问题。

判断衰减器问题:一方面,看性能参数检查项中回波强度定标数据（删除/opt/rda/config 配置文件目录的 RDACALIB. DAT 后,再运行 RCW 程序）,如果 RF 其中一种信号测量误差比较大,应该是衰减器对应衰减量控制不正常所致;另一方面,做机内动态测试,看动态曲线是否有规律性上下跳变现象。

接收机主通道故障分析诊断如下:

引起雷达回波强度面积缩小主要是接收机主通道存在问题,这时一般会同时出现接收机噪声温度、线性通道增益定标常数、地杂波抑制或者噪声电平等超限报警,这种情况下由于回波强度在线定标修正作用,回波强度一般正常。当接收机主通道存在问题时,由于回波强度在线定标修订作用,会保证回波强度正常,但灵敏度降低会导致回波接收面积减少,接收后级噪声电平变化会导致回波显示异常（杂波点增加、画饼图等）。结合报警信息和 Calibration. log 文件信息综合分析,一般如果出现噪声温度偏高,说明接收机主通道前端有问题;如果噪声电平偏高,一般接收机主通道后端有问题。按照接收机主通道信号流程,参照图 5.5 分级用仪表测量主通道相关器件增益或损耗,最终确定故障器件。

由于接收机系统故障的排查涉及小信号,如果射频线缆稍有接触不良便会产生噪声电平和通道增益的较大波动,因此,接收机系统的故障排查是比较复杂的,并且这个排查故障的过程需要反复不断的验证。

## 5.4.2　接收机故障维修流程

(1)接收机关键点参数测试法故障维修流程如图5.6所示。

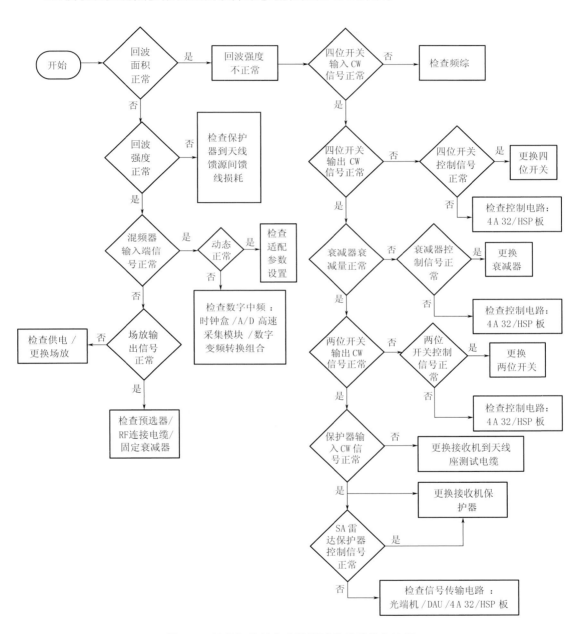

图 5.6　接收机关键点参数测试法故障维修流程

(2)接收机回波面积联合报警信息法维修流程如图5.7所示。

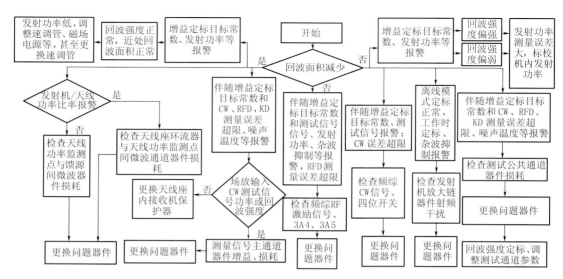

图 5.7　回波面积联合报警信息法维修流程

## 5.5　接收机故障汇总

### 5.5.1　接收机报警代码与分析

（1）接收系统噪声温度上升，产生如下报警：

Alarm 521 SYSTEM NOISE TEMP-MAINT REQUIRED（报警 521 系统噪声温度-维护请求）；

Alarm 471 SYSTEM NOISE TEMP DEGRADED（报警 471 系统噪声温度超限）。

这是由于接收机主通道故障，接收系统噪声温度上升，在 RDASC 的性能参数上表现为：

Performance Data/（Receiver/Signal Processor）/SYSTEM NOISE TEMP≥600 K 或 ≥700 K（性能参数/接收机与信号处理器/系统噪声温度≥600 K 或≥700 K）；

超过适配数据 R228 或 R227 规定的门限值：Adaptation Data/R228：SYSTEM NOISE TEMP MAINT LIMIT＝600 K（适配数据/接收机第 228 项：系统噪声温度维护门限＝600 K）；

Adaptation Data/R227：SYSTEM NOISE TEMP DEGRADED LIMIT＝700 K（适配数据/接收机第 227 项：系统噪声温度超限的门限＝700 K）。

因此，产生报警 521 或报警 471。

一般当系统的噪声温度基本正常，但线性通道噪声电平低了、线性通道增益定标常数高了，可能是接收机输出端附近增益丢失，检查 IF 放大限幅 4A9 及 I/Q 相位检波器 4A10。

当系统的噪声温度正常，但线性通道的噪声电平高了、线性通道增益定标常数低了，可能是接收机后级增益设置高了，检查 4A9 和 4A10 并调整。

调整 IF 放大限幅器 4A9 增益的大小来满足接收机线性通道的噪声电平。

（2）地物杂波抑制能力变差，特别是未滤波前线性通道的功率明显降低。

Alarm 486 LIN CHAN CLUTTER REJECTION DEGRADED（报警 486 线性通道地物杂波抑制超限）。

这是由于接收机增益降低或发射机包络变差，在 RDASC 的性能参数上表现为：Performance Data/Calibration Check/CLUTTER SUPPRESSION：UNFILTERED LIN CHAN PWR － FILTERED LIN CHAN PWR≤45 dB（性能参数/定标检查/地物抑制能力：未滤波线性通道功率－滤波后线性通道功率≤45 dB）；低于适配数据 SPS8/S2 规定的门限值：Adaptation Data/SPS8/S2：LINEAR CHANNEL CLUTTER SUPPR DEGRADED LIMIT＝45 dB（适配数据/信号处理子系统第 8 页/第 2 项：线性通道地物抑制超限的门限＝45 dB）。因此，产生报警 486。

（3）混频失败无法产生出中频信号、无雷达回波。

这是混频器组件故障；如果是由本振信号的错误引起，在 RDASC 的性能参数上表现为：Performance Data/（Receiver/Signal Processor）/（RF GEN RF/STALO）＝FAIL，（性能参数/接收机与信号处理器/RF 产生器 RF 与稳定本振错）；因而产生报警 361：Alarm 361 RF GEN RF/STALO FAIL（报警 361 RF 产生器的 RF/稳定本振错）。

（4）AGC 控制器的故障报警（数字中频接收机不需要）。

1）如 AGC 输入电平的起控门限上/下移且变化较大，则在作接收机动态范围测试时，会发现接收机动态范围减小且接收机动态范围的中值以上的输出功率实测值比理论值整体下移或整体上移。

2）如 AGC 起控后的控制斜率与标称值不符，由于输入信号越强、在曲线的远端输出信号实测值与理论值的误差就越大，所以在作接收机动态范围测试时，会发现动态范围减小，并且强输入信号对应的输出实测值比理论值相差许多，而中等强度以下的输入信号对应的实测值和理论值相差较小。

3）如有个别输出的控制数据位错误，则在作接收机动态范围测试时，会发现就是有这么几位其输入与输出关系不能对应且大大超出线性动态范围之外。

上述三种情况造成 RDASC 上的性能参数：Performance Data/Calibration 2/AGC/STEP $i$ AMP 与标称值相差很大（$i$＝1，2，3，4，5，6；对应标称值＝1.5，3，6，12，24，48 dB），（性能参数/定标第 2 页/AGC/步进 $i$ 幅度与标称值相差很大）；超过适配数据/R232 或/R233 规定的公差：Adaptation Data/R232：IF ATTENUATOR STEP DEGRADED TOLERANCE＝1.6 dB（适配数据/接收机第 232 项：IF 衰减器步进超限公差＝1.6 dB）；Adaptation Data/R233：IF ATTENUATOR STEP MAINT REQUIRED TOLERANCE＝1 dB（适配数据/接收机第 233 项：IF 衰减器步进维护请求公差＝1 dB）。因此产生报警 503 或报警 474：Alarm 503 IF ATTEN STEP SIZE-MAINT REQUIRED（IF 衰减器步进大小维护请求）；Alarm 474 IF ATTEN STEP SIZE DEGRADED（IF 衰减器步进幅度大小超限）。当 IF 衰减器的损耗大于线性通道增益的误差即适配数据/R231 规定的门限：Adaptation Data/R231：TOLERANCE FOR AGC CALIBRATION SIGNAL DEGRADED＝5 dB（适配数据/接收机第 231 项：AGC 定标信号的公差超限＝5 dB），就可能产生报警 477：Alarm 477 IF

ATTEN CALIBRATION SIGNAL DEGRADED(中频衰减器定标信号超限)。

(5)IF 数控衰减器的故障报警(数字中频接收机不需要)。

如果 IF 数控衰减器内的控制数据输入的某一位接触不良,造成 7bit 衰减器的某一位经常发生错误,使得对数动态范围测试中某几位固定跳变,RDASC 性能参数中某一位步进幅度和标称值误差大,表现在 RDASC 的性能数据上:Performance Data/Calibration 2/AGC STEP i(i=1,2,3,4,5,6)AMP 与标称值相差大,性能数据/定标第 2 页/AGC 步进的幅度某档与标称值(1.5,3,6,12,24,48dB)的误差大于适配数据 R232 规定的门限:Adaptation Data/R232:IF ATTENUATOR STEP DEGRADED TOLERANCE=1.6 dB(适配数据/接收机第 232 项:IF 衰减器步进超限的公差=1.6 dB);由此产生报警 474:Alarm 474 IF ATTEN STEP SIZE DEGRADED(中频衰减器步进大小超限)。

当 IF 通道增益的误差大于 5 dB 时,超过适配数据/R231 规定的门限:Adaptation Data/R231:TOLERANCE FOR AGC CALIBRATION SIGNALS=5 dB(适配数据/接收机第 231 项:AGC 标定信号的公差=5 dB)。则报警 477:Alarm 477 IF ATTEN CALIBRATION SIGNAL DEGRADED(IF 衰减器定标信号超限)。

如对 IF 衰减器定标过程中,PSP 返回无效值(如任何值≡0),报警 476:Alarm 476 IF ATTEN CAL INHIBITED-INVALID DATA(IF 衰减器定标禁止-无效的数据)。如单一的幅度步进超限,可能须替换 IF 数控衰减器 4A8;如幅度步进都超限报警,可能是接收机通道 IF 增益变化太大所致,须检查 IF 通道的各级,最后尝试替换 AGC 控制器 4A13。

(6)I/Q 相位检波器的故障报警(数字中频接收机不需要)。

如果 I/Q 相位检波器的幅度不平衡,在 RDASC 的性能参数上表现为:Performance Data/Calibration 2/(I/Q Amp Bal)≥1±3%(性能数据/定标第 2 页/I/Q 幅度平衡≥1±3%);超过规定的性能指标,因而产生对应报警:Alarm 505 I/Q AMP BALANCE-MAINT REQUIRED,(I/Q 幅度之比不平衡维护请求);或 Performance Data/Calibration 2/(I/Q Amp Bal)≥1±6%(性能数据/定标第 2 页/I/Q 幅度平衡≥1±6%);超过规定的性能指标,因而产生对应报警:Alarm 472 I/Q AMP BALANCE DEGRADED(I/Q 幅度之比不平衡超限)。

发生报警 472 或报警 505 时,可以通过调整 I/Q 相位检波器内的幅度平衡调整电位器(RP1 或 RP2)来改变 I 或 Q 通道的输出幅度大小,记录调整方向和调整角度大小,待 RDA 完成定标检查后,比较调整前后的 I/Q 幅度平衡情况,决定下次 I/Q 幅度平衡调整的方向和大小,可以达到满意的结果。

如果 I/Q 相位检波器的相位不正交,在 RDASC 的性能参数上表现为:Performance Data/Calibration 2/(I/Q PH Bal)≥90°±5°(性能数据/定标第 2 页/I/Q 相位平衡≥90°±5°);超过规定的性能指标,因而产生对应报警:Alarm 507 I/Q PHASE BALANCE-MAINT REQUIRED(I/Q 相位之比不平衡维护请求);Performance Data/Calibration 2/(I/Q PH Bal)≥90°±8°(性能数据/定标第 2 页/I/Q 相位平衡≥90°±8°);Alarm 473 I/Q PHASE BALANCE DEGRADED,(I/Q 相位之比不平衡超限)。

发生报警 473 或报警 507 时,可以通过调整 I/Q 相位检波器内的混合电路(HYBRID)中相位平衡调整电位器来调整 I 或 Q 通道的输出相位,记录调整方向和调整角度大小,待 RDA 定标检查后,比较调整前后的 I/Q 相位平衡情况,决定下次调整的方向和大小,可以达到满意的结果。另外,I、Q 两路的放大增益不一致也会造成正交相位的偏移,即调整 I、Q 两路的放大增益也会改变 I/Q 的相位平衡。

另外,当 I/Q 幅度严重不平衡时,接收系统能自动地补偿到幅度平衡值的 10% 以内 (1±10%);同理,当 I/Q 相位严重不平衡时,接收系统能自动地补偿到相位平衡值的 10% 以内(90°±9°)。在无信号、无抑制下,进行 DC 偏移和噪声电平的测试,如 I 通道的平均值 >2～13,重复循环补偿最多 10 次,仍不成功,报警 490:Alarm 490 I CHANNEL BIAS OUT OF LIMIT,(I 通道偏移超限)。同理,如 Q 通道的平均值>2～13,重复循环补偿最多 10 次,仍不成功,报警 491:Alarm 491 Q CHANNEL BIAS OUT OF LIMIT(Q 通道偏移超限)。可通过调整 4A9 内的 RP3、RP4 电位器来分别调整 I、Q 两路放大器的 DC 偏置。

当系统的噪声温度基本正常,但线性通道噪声电平低了、SYSCAL 高了,可能是接收机输出端附近增益丢失,检查 IF 放大限幅 4A9 及 I/Q 相位检波器 4A10;当系统的噪声温度基本正常,但线性通道的噪声电平高了、SYSCAL 低了,可能是接收机后级增益设置高了,检查 4A9 和 4A10 的增益调整。

如果机内某个缓冲器发生故障使得 I 或 Q 支路没有对应的视频信号输出,可用同一支路的测试口代替,即 J5 可代替 J4,J7 可代替 J6,效果基本相同,但需要把该缓冲器去掉,以免影响正常输出。

(7)频综故障报警。

如果频综内的在线监控发现 RF TEST 信号选择振荡器错误则报警:Alarm 360 RF GEN FREQ SELECT OSCILLATOR FAIL(RF 产生器频率选择振荡器错);并在 RDASC 的性能参数上表现:Performance Data/(Receiver/Signal Processor)/RF GEN FREQ SEL OSC=FAIL(性能数据/接收机与信号处理器/RF 产生器频率选择振荡器错)。

如果系统增益定标常数 SYSCAL 显示值不稳定,CW 实测值变动较大,可能是频综输出的 RF TEST 的 CW 信号本身不稳定。

如果频综内的在线监控发现本振输出失败则报警:Alarm 361 RF GEN RF/STALO FAIL(RF 产生器 稳定本振故障),并在 RDASC 的性能数据上表现:Performance Data/(Receiver/Signal Processor)/RF GEN( RF/STALO)=FAIL(性能数据/接收机与信号处理器/RF 产生器的稳定本振故障)。当然,本振输出失败,则混频不出中频信号,雷达显示无回波。

如果频综内的在线监控发现 COHO 输出失败则报警:Alarm 99 COHO/CLOCK FAILURE(相移相干/时钟故障);并在 RDASC 的性能参数上表现:Performance Data/(Receiver/Signal Processor)/(COHO/CLOCK)=FAIL(性能数据/接收机与信号处理器/相移相干或时钟错)。

如果相移出错则报警:Alarm 362 RF GEN PHASE SHIFTED COHO FAIL(RF 产生器相移相干错);并在 RDASC 的性能参数上表现:Performance Data/(Receiver/Signal Processor)/PHASE SHIFTED COHO=FAIL(性能数据/接收机与信号处理器/相移相干错);RF 产生器的相移相干 COHO 故障很可能是 HSP 来的 7bit 移相数据或移相选择出错。

如果频综内的在线监控发现主时钟信号输出失败则报警:Alarm 99 COHO/CLOCK FAILURE(相移相干/时钟故障);并在 RDASC 的性能参数上表现:Performance Data/(Receiver/Signal Processor)/(COHO/CLOCK)=FAIL(性能数据/接收机与信号处理/相移相

干或时钟错）。

主时钟信号可直接用示波器在 RDA 的监控装置 5A16/XP6-9.6MHz 的测试点进行测试。

### 5.5.2  接收机常见故障分析与处理

接收机常见故障原因分析及处理方法如表 5.1 所示。

表 5.1  接收机常见故障原因分析及处理方法

| 故障现象 | 故障原因分析及处理方法 |
| --- | --- |
| 发射机无法投入正常工作,检查 5A16 无充放电定时脉冲输出,保护器命令波形正常,无保护响应波形 | 由于 5A16 无充放电脉冲输出,怀疑 HSP 有问题,更换其 B 板中 U6 芯片,测量充放电输出正常。测 5A16 保护器命令波形正常,保护响应输出依然无。为进一步孤立故障部位,去掉 UD4 接收机顶座上的 W401 电缆,将 1 和 2,20 和 21 短接,测试波形正常,证明接收机内部转接电路短路,导致保护器命令响应输出不正常。检查转接电路,找出短路故障点,处理后恢复正常。 |
| 关闭 DAU 电源依然有保护响应的问题 | 开启 DAU 电源,5A16 的 I/O 输出命令/响应,且响应较命令延迟 600 ns 属正常现象,但当关闭 DAU 电源依然有命令和响应信号时属不正常现象。分析命令与响应信号通路,无论是命令还是响应通路都要经过 DAU、接收机接口板转换传输信号,当 DAU 电源关闭后无电压的,那么最大的可能性是接口板出问题,更换后问题解决。 |
| 无系统噪声温度 | 接收机噪声源坏,更换后恢复正常。 |
| 雷达开机后 RDA 各个标定参数不正确并报警,雷达无法工作 | 检查接收机系统,发现主通道有问题,进一步检查发现是 4A13 AGC 控制错误,维修 AGC 发现 0.1 μf 电容烧毁造成 +5 V 对地短路,使得 AGC 控制错误,更换此电容后,雷达恢复正常运行。 |
| 线性通道射频驱动测试信号降低,标定数据中 CW、RFD、KD 值错误,发射机/天线功率比变坏,发射机峰值功率仅有 237 kW,PUP 产品显示回波强度较正常时弱 20 dBZ 左右 | 检查发射机包络、3A4、3A5 输出信号很弱,几乎看不见,测量频综 J1、J3 输出功率都比正常值偏少 13 dBm,断定频综故障,更换后调整适配参数雷达恢复正常。 |
| 雷达待机中不断报线性通道增益常数变坏、线性通道噪声电平变坏、线性通道射频激励测试信号变坏、I/Q 幅度平衡变坏、I/Q 幅度平衡需要维护、速度谱宽检查变坏、噪声温度变坏、噪声温度需要维护等报警。开机后产品无杂波点 | 由于雷达开机后产品无任何回波,故首先检测发射机,用雷达测试平台测试窄脉冲发射机峰值功率为 657 kW,符号技术指标要求,检查包络正常。说明发射机正常,重点检查接收机。<br>由于发射机工作正常,所以接收机保护器命令和响应信号正常,接收机 9.6 MHz 主时钟也正常。检查接收机性能参数,CW/KD/RFD 及系统噪声温度均不正常,结合雷达无回波,分析判断故障主要产生在接收机主通道上,重点检测接收机主通道上的关键器件,如场放、频综、混频、IF 数控衰减器等。一般首先测试频综的各路输出信号,如果频综正常,再用频综信号来测试主通道上其他器件。用小功率计(加 10 dB 衰减)测频综 $J_1$ 为 12.4 dBm,$J_2$ 为 0 dBm,$J_3$ 为 24.14 dBm,$J_4$ 为 27.71 dBm,除 $J_2$ 以外均符合技术指标。<br>由于 $J_2$ 没有本振信号输出至 4A5,造成接收机不能混频输出中频信号,雷达也就无回波信号,造成接收机主通道出现问题,雷达接收机标定参数就不会正常,确定频综故障。<br>打开频综,用小功率计不断测试本振频率形成通道上的信号功率,当检查发现 4A1A12 滤波腔体输出功率偏小,调节腔体上的调节螺钉使 $J_2$ 稳定输出信号达到 16.5 dBm。 |

续表

| 故障现象 | 故障原因分析及处理方法 |
|---|---|
| 雷达在运行过程中,不断出现 Control SEQ timeout-restart initiated(控制序列超时)报警,RDA 不断重启,雷达无法正常开机 | 引起雷达控制序列超时的原因很多,有可能是 RDA 计算机通信出现问题,标定时无保护响应或无保护命令发出,或者无 9.6 MHz 主时钟信号等,在很多情况下,一般重启 RDA 可以得到恢复,但本故障 RDA 不断重启,雷达无法开机,应该重点测试 9.6 MHz 主时钟信号、保护器命令和响应信号等。<br>用示波器对 5A16 信号转接板上的有关测试点进行测试,测试结果发现:测+5 V 电压正常;测 RC PT RSPS(保护器响应)端,无保护器响应信号,测保护器命令信号也没有;测 9.6 MHz COLOK,无主时钟信号。故重点查主时钟信号通道,它由频综 $J_5$ 输出。<br>测试频综 $J_5$ 的 37 脚,结果为无 9.6 MHz 的主时钟信号,进一步测试用小功率计(加 10 dB 衰减)测频综其他输出端 $J_1$ 至 $J_4$ 端,测试数据 $J_1$ 为 14.6 dBm,$J_2$ 为 17.3 dBm,$J_3$ 为 24.9 dBm,$J_4$ 为 26.9 dBm,符合技术指标要求。由于 $J_4$ 信号正常,根据结构框图可知,故障出在频综由内 57.55 MHz 进行 6 分频得到 9.6 MHz 的电路上,重点测试检查频综 6 分频器。<br>打开频综,测试 6 分频器模块 4A1A11 的 $J_1$ 端,57.55 MHz 信号输入正常,$J_2$ 端为 9.6 MHz 信号输出,无信号,FL1 端为电源+18 V,正常,判定 6 分频器模块 4A1A11 损坏,更换新集成块,测试 $J_2$ 端,9.6 MHz 信号输出正常。测试 5A16 上 9.6 MHz 主时钟信号、保护器命令和响应信号正常,雷达正常工作,无报警。 |

## 5.6 接收机典型故障案例分析——频率源故障的分析与排查

（1）故障现象

雷达接收机和发射机同时出现报警,值班员检查雷达参数,发现发射机峰值功率和天线峰值功率持续下降,直至降低到 0,此时雷达正常转动,雷达回波异常,雷达反射率强度图为空图,连平时的地物回波都消失不见。检查雷达各参数,发现发射机可加高压,但 CW、RFD1、RFD2、RFD3、KD1、KD2、KD3 等期望值与实测值差值较大,地物抑制指标也严重退化(如表 5.2 所示)。

表 5.2 雷达故障时发射机和接收机部分性能参数

| CLUTTER SUPPRESSION /dB | | KD1 /dB | | KD2 /dB | | KD3 /dB | | RFD1 /dB | | RFD2 /dB | | RFD3 /dB | | CW /dB | |
|---|---|---|---|---|---|---|---|---|---|---|---|---|---|---|---|
| 期望值 | 实测值 | 期望值 | 实测值 | 期望值 | 实测值 | 期望值 | 实测值 | 期望值 | 实测值 | 期望值 | 实测值 | 期望值 | 实测值 | 期望值 | 实测值 |
| 50 | 8 | 20 | −33 | 6 | −33 | −6 | −33 | 17.4 | −33 | 29.4 | −33 | 57.4 | 0 | 27.6 | −33 |

本次故障所涉及相关报警信息如下：

ALARM 208 XMTR/ANT PWR RATIO DEGRADED：发射机/天线功率比变坏

ALARM 200 TRANSMITTER PEAK POWER LOW：发射机峰值功率低

ALARM 523 LIN CHAN RF DRIVE TEST SIGNAL DEGRADED：线性通道射频激励测试信号变坏

ALARM 533 LIN CHAN KLY OUT TEST SIGNAL DEGRADED：线性通道速调管输出测试信号变坏

ALARM 527 LIN CHAN TEST SIGNALS DEGRADED：线性通道测试信号变坏

ALARM 486 LIN CHAN CLUTTER REJECTION DEGRADED：线性通道杂波抑制变坏

ALARM 471 SYSTEM NOISE TEMP DEGRADED：系统噪声温度变坏

（2）故障分析

根据报警内容，既有发射机报警也有接收机报警，可能导致此次故障的原因有以下几点：

1）高频放大链出问题，高频放大器 3A4、脉冲形成器 3A5 故障或可变衰减器故障都可能会导致雷达发射功率偏低以及杂波抑制性能变差、反射率标定、SYSCAL 常数等问题。

2）发射机调制器故障会导致 RF 射频驱动未被线性放大，如果雷达没有其他故障，这种情况除了发射机功率和 8 小时标定受到影响之外，对雷达其他性能参数无影响。

3）信号处理器故障，会影响雷达发射机、接收机大部分性能参数以及雷达产品是否正常，若触发信号不正常还可能导致无法加高压或高压打火。

4）接收机通道（如图 5.8 所示）故障会导致线性通道、杂波抑制、噪声温度等性能参数不正确。接收机通道涉及部件太多，逐个排查起来费时费力。频率源 4A1 故障，若 J1 端输出的 RF 射频驱动信号减弱甚至消失会导致发射机功率问题；J2 端无 STALO 本振信号输出，造成接收机不能混频输出中频信号，雷达也就无回波信号。

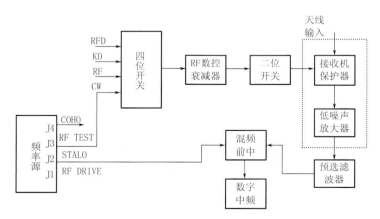

图 5.8　接收通道简化流程图

（3）故障处理

故障出现后，由于刚好台站功率计探头损坏，无法直接测试系统各个关键点的功率，所以考虑采用排除法来逐一排查故障元器件。

通过报警信息可以得知有发射机功率方面的报警,因而首先检查发射机,RDA 冷启动后,查看 3A1 面板发现人工线电压指针能正常偏转至 4600 V 左右,并且能听到速调管正常的标定声音和加高压声音,因而判断发射机和 3A12 调制组件基本正常。由于发射机有高压,说明接频率源 4A1 已送出 9.6 MHz 主时钟信号到信号处理器,即信号处理器工作时序正常。用示波器检查 5A16 测量接口板几个关键点波形,测得各类触发信号均正常,基本排除信号处理器故障可能。根据信号流程,通过关键点测试,在依次排除掉发射机高频链路、发射机调制器、信号处理器等因素后,把排障重点放在接收通道。

用 RDASOT 做动态测试发现动态范围宽度只有 1 dB,但由于接收机动态测试还存在逐个 dB 的衰减过程,所以可初步排除了 RF 数控衰减器的故障可能。根据以往经验,如果是四位开关或者二位开关的故障,动态曲线图应该是比正常值分别衰减 3~4 dB 和 2 dB 左右,但动态曲线的曲率不会发生变化,所以也可排除四位开关和二位开关的故障可能。接下来,为了判断是否为天线部分故障,用一根 SMA 射频线短接二位开关输出至预选滤波器前段的定向耦合器输入,即短接图 5.8 中的虚线框内部分(屏蔽了接收机保护器、无源限幅器和低噪声放大器),再做动态范围测试,动态范围测试结果仍旧只有 1 dB 左右,由此可推断天线部分的接收机保护器、无源限幅器和低噪声放大器应该为正常。由于预选滤波器的故障率极低,所以剩下的可能故障元件就剩下混频前中和频率源。在故障定位后迅速联系厂家,厂家携带了频率源、混频前中以及功率计探头到站维修,利用功率计测试原频率源的 J1、J2、J3、J4 输出分别为 −27.1 dBm、−18.4 dBm、−25.5 dBm、+12.3 dBm,J1、J2、J3 输出均不在正常阈值之内,检查频率源供电未发现异常,印证了之前的判断正确,基本确定为频率源故障。在更换新的频率源后,测得频率源的 J1、J2、J3、J4 输出分别为 +12.4 dBm、+16.2 dBm、+22.9 dBm、+12.5 dBm,均在合理范围之内。调整雷达系统的适配参数,开机运行,测得接收机动态范围宽度为 92 dB,雷达接收机通道恢复正常,同时发射机和接收机所有报警消失,雷达强度和速度产品恢复正常。

(4)诊断方法

在缺乏功率计探头的特殊情况下,利用上面的排除法虽然解决了本次故障,但由于本次故障报警信息多,涉及组件多,逐个排除起来耗费时间太长,不利于雷达业务运行质量的保证。那么,是否还有其他办法提高此次故障的排查效率呢?

回过头来分析,此次故障涉及三个通道,分别是接收机主通道、测试通道以及发射机放大链。本次故障出现的所有报警信息均与这三条通路有关。发射机放大链、接收机主通道和接收机测试通道同时出现故障的可能性较小,这几个通道的公共源头都是频率源 4A1,那么在三条链路上均有报警的情况下很有可能是频率源问题所致。频率源是天气雷达的核心部件,它提供了整个雷达工作所需的时钟信号和基准信号,包括主时钟信号、中频相参信号、射频激励信号、稳定本振信号以及射频测试信号。如果频率源输出的信号阈值不达标或无输出,将导致信号处理器、发射机和接收机都不能正常工作。因此,此次故障排查首先就应该检查频率源,如此一来,定位故障时间大大缩短,提高了雷达可用性与排障效率。从报警信息上也能分析得通,频率源 J1 无射频激励信号输出导致了发射机功率相关的报警,J2 无 STALO 本振信号输出导致雷达产品无回波,J3 无 CW 信号输出导致接收机线性通道报警。

根据故障报警信息,结合上述分析和处理方法,总结出此类故障诊断流程,即:在发射机高压正常情况下无回波故障的诊断流程（如图 5.9 所示）。依次从发射机高频链路、发射机调制器、信号处理器以及接收通道等 4 个方面分析。首先分析报警内容，如果既有发射机又有接收机报警，应先检查接收机主通道、测试通道与 RF 射频链路公共源头 4A1；在确认 4A1 正常的前提下，如有发射机报警，先检查发射机高频链路、发射机调制器；如果正常，则继续检查信号处理器，若 5A16 面板各类触发均正常则说明信号处理正常；确认发射机和信号处理器正常后，重点检查接收机主通道和测试通道，这里主要采用 RDASOT 软件分步隔离动态测试法逐步缩小故障范围。

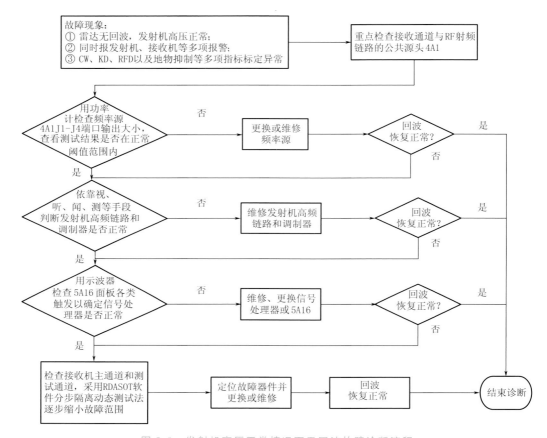

图 5.9　发射机高压正常情况下无回波故障诊断流程

上面两种方法中，第一种方法在列举几种故障原因的基础上，利用 RDASOT 测试软件分步隔离动态测试法逐个排查故障元器件，在缺乏有效检测设备的特殊情况下，对设备的故障排查和诊断非常有用，但耗费时间较长。第二种方法通过对几条信号通路特点的分析，将排障时间大大缩短，快速高效定位此次故障。

# 第6章

## 雷达天伺系统维修技术与方法

## 6.1 天伺系统工作原理

天伺系统是天馈系统和伺服系统的简称,由伺服系统和天馈系统两大系统共同组成。

### 6.1.1 伺服系统工作原理

伺服系统是用来控制天线转动的,它能够按照 RDASC 计算机发布的位置命令使天线准确、快速地转动到指定的位置,亦能够按照 RDASC 计算机发布的速度命令精确地使天线匀速转动。

天线的运动或指向,由伺服系统完成。为了达到好的性能指标(稳定、误差小),采用负反馈闭环控制。反馈回路有三:位置、速度、加速度。其中位置回路在 RDASC 中闭环。为了实现反馈控制,位置反馈信息由编码器的结算单元给出,速度反馈信息由与驱动马达同轴的测速电机(直流数字伺服系统)获得,加速度反馈信息,由速度反馈信息微分后提供。天线控制命令,由 RDASC(通过 RS-232)发出,分两种工作模式:①速率模式,即发出的是速度控制命令,使天线按给定仰角、方位速率完成 VCP 扫描,用于雷达正常工作时;②位置模式,发出指向位置命令,伺服系统完成位置闭环,并控制天线到指定方向,用于测试、维修和开关机时。

### 6.1.2 天馈系统工作原理

天馈系统是天线面、馈源和馈线系统的简称,图 6.1 是抛物面天线的工作原理图。

天线面为直径 8.54 m 的标准抛物面,其焦径比为:$D/f=0.375$。抛物面是由标准抛物线($x^2=4fz$)绕对称轴旋转而成的,0 是抛物线的焦点,喇叭的相位中心必须置于此点,天馈系统的电气性能才能达到最佳。天线具有低副瓣电平、较高增益和低交叉电平等特点。

工作原理:天线是雷达系统的一个重要组成部分,天线从某种意义上讲,就是高频元件中传输的导行波和空间传输的电磁波之间的一种特殊变换器。天线一方面按一定的要求向空间辐射电磁波,

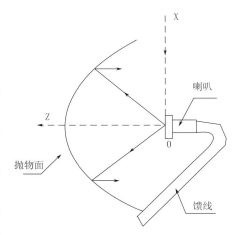

图 6.1 抛物面天线工作原理图

一方面把截获电磁波按一定的要求变成在馈线中传输的电磁波,送往接收机。雷达天线性能的好坏直接影响雷达天气数据的生成质量。

发射:从发射机输出的高功率信号,由馈线输入到喇叭中,再由喇叭以球面波的形式向抛物面辐射,经抛物面聚焦后变成平面波向空间辐射。

接收：接收是发射的逆过程，由抛物面接收到的信号聚焦到喇叭中，经由馈线进入接收机。

## 6.2　天伺系统组成

CINRAD/ SA 型雷达天伺系统主要由天线座组合 2A1、数字控制单元 5A6 、功率放大单元 5A7、三相电源变压器单元 98A10 和馈线系统组成。

天线座组合 2A1 主要由方位组合、俯仰组合、天线、天线座/馈源组合、接收机保护器、低噪声放大器、功率监视器、上光端机和十字定向耦合器组成，详见图 6.2，系统组成及高层代号详见表 6.1。它是一个俯仰轴在方位轴上面的座架，能驱动和定位直径为 8.54 m 的

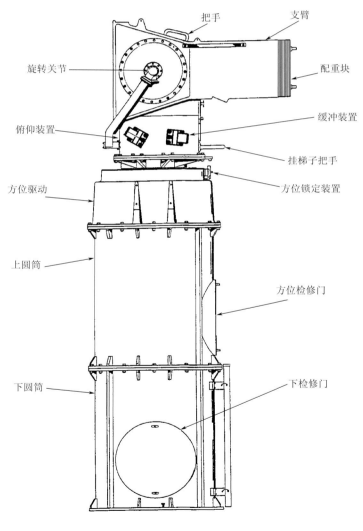

图 6.2　天线座装置 2A1

抛物面天线。在正常位置模式下，天线方位轴能以 $36°/s$ 最高转速连续转动；而俯仰轴最高转速也为 $36°/s$，但只能在－$1.2°$ 至 $90.2°$ 区间内转动。在正常工作时，方位轴连续转动，而俯仰轴以方位轴每转动一周向上抬起一个体扫，从 $0.48°$ 到 $19.51°$ 转动。两轴都有超速防护装置。天线座由 RDASC 计算机发出的命令来驱动，这个命令经 RS-232C 数据链送到数字控制单元，然后送到功率放大单元，该单元提供足够的功率以驱动方位和俯仰电机。

表 6.1　天线座组合 2A1 组成明细表

| 单元名称 | 高层代号 |
| --- | --- |
| 天线 | 2A1 |
| 俯仰组合 | 2A1A1 |
| 手动装置 | 2A1A1A1 |
| 互锁开关 | 2A1A1A1S1 |
| 减速箱 | 2A1A1A3 |
| 轴承组 | 2A1A1A6 |
| 液位传感器 | 2A1A1RT1 |
| 互锁开关 | 2A1A1A1S1/S2 |
| 伺服电机 | 2A1B1 |
| 汇流环 | 2A1A2 |
| 方位传动组合 | 2A1A3 |
| 手动装置 | 2A1A3A1 |
| 互锁开关 | 2A1A3A1S1 |
| 减速箱 | 2A1A3A3 |
| 耦合器 | 2A1A3A4 |
| 轴承 | 2A1A3A6 |
| 同步箱 | 2A1A3A7 |
| 电机 | 2A1A3B1 |
| 液位传感器 | 2A1A3RT1 |
| 油阀 | 2A1A3RT2 |
| 互锁开关 | 2A1A3S2 |
| 开关 | 2A1A3S5 |
| AZ 旋转关节 | 2A1A4 |
| EL 旋转关节 | 2A1A5 |
| 天线座/馈源组合 | 2A2 |
| 馈源 | 2A2A1 |

续表

| 单元名称 | 高层代号 |
|---|---|
| 同步箱 | 2A2A1A7 |
| 电机 | 2A2A1B1 |
| 扇形反射面 | 2A2MP1-MP18 |
| 波导 | 2A2WG2 |
| 接收机保护器 | 2A3 |
| 低噪声放大器 | 2A4 |
| 功率监视器 | 2A5 |
| 上光端机 | 2A20 |
| 上光端机电源板 | 2A20A1 |
| 6dB 同轴衰减器 | 2AT1 |
| 十字定向耦合器 | 2DC1 |

　　馈线系统主要由馈源、直波导、弯波导、软波导、方位旋转关节、俯仰旋转关节、波导开关、耦合器、假负载和空气压缩机等组成。馈线系统组成详见图 6.3，馈线系统关键微波器件损耗值如图 6.4 所示。

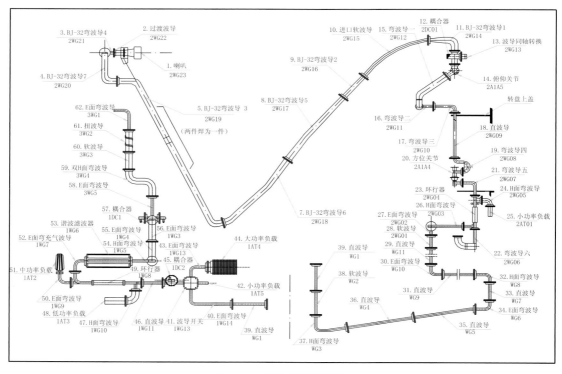

图 6.3　馈线系统组成图

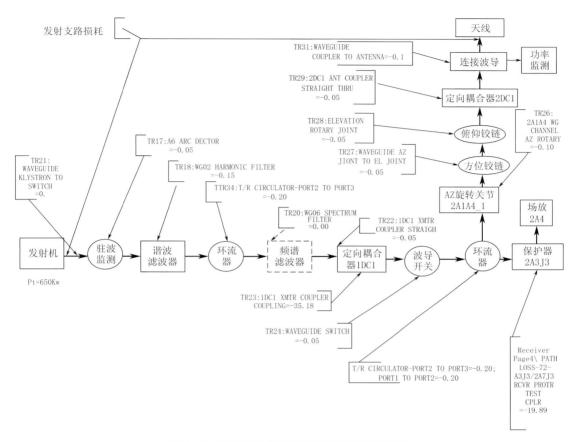

图 6.4　馈线系统关键微波器件损耗值参考图

## 6.3　天伺系统信号流程

数字控制单元 DCU 接收来自雷达控制(RDASC)计算机的工作/待机和位置/速度命令(6字节),并转换为所需的位置/速度值,并与采集的天线当前的状态数据(位置、速度)一起,经过处理后,控制功率放大单元,再由功率放大单元控制伺服电机驱动天线运转。数字控制单元同时将天线的位置、速度数据以及伺服故障检测、九种天线状态连锁数据(天线仰角两个预限位、天线仰角两个终限位、仰角手轮正常/啮合、俯仰锁定装置、方位手轮正常/啮合、方位锁定、天线座联锁)BIT 数据通过串口传输给 RDASC 计算机。天伺系统信号流程如图 6.5 所示。

与天线有关的信号通道主要有 3 条,分别为气象信息、天线座状态信息和天线座驱动控制信息。气象信息由天馈系统采集后通过天馈线和环流器进入接收机前端(位于天线座第一层),再通过射频电缆向接收机传输。天线座状态信息主要是光纤通信,由上光端机向下光端机传输,并进入数据采集单元 DAU,分别进入数字控制单元 DCU 和 RDA 计算机中。天线座方位及俯仰状态信息是通过下光纤板和 DAU 底板,在 DAU 底板上进行数据跳线直

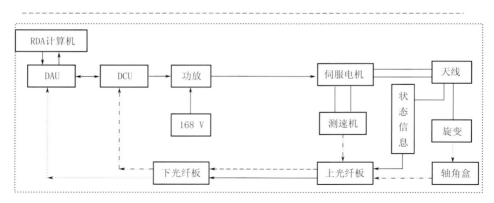

图 6.5　天伺系统信号流程图

接进入 DCU 对天线转动进行控制，不用经过 DAU 模拟板和数字板；天线罩温度、天线功率、天线座电源的状态信号则是通过 DAU 组合中的模拟板、数字板后向 RDA 计算机处理器输送并且被进行数据处理。天线座驱动控制信号由 DCU 单元根据天线座的状态信息（如方位、俯仰、转速信息）和 RDA 计算机发送天线座运行命令，通过控制功率放大器输出给天线座运行机构。

## 6.4　关键组件原理与维修

### 6.4.1　方位组合

方位组合如图 6.6 所示。方位驱动链由方位电机、减速箱和方位大齿轮组成。电机轴带动减速箱输入轴转动，减速箱输出齿轮和方位大齿轮啮合使天线绕方位轴转动。方位大齿轮在大油池中转动，在大油池的底部和减速箱上都装有光电油位传感器，以对大油池和减速箱油位进行监视，同时在方位壳体上设有观察孔，可以直接观察到大油池润滑油油面的位置。在方位大油池的上面安装有盖板，以防止灰尘及其他的杂物进入润滑油池内。减速箱上安装有出气阀、溢油阀等。

转动方位手轮驱动装置就可以驱动方位轴使天线转动。手轮驱动装置中装有安全互锁开关，在手动驱动天线时必须把安全互锁销从"工作"孔中取出并插到"啮合"孔中，此时方位手轮驱动装置中的微动开关发送一个状态信号到 DCU 以关断电机电源。

方位角码链路由方位同步箱、旋转变压器或光电码盘和轴角盒组成。方位同步箱齿轮和方位大齿轮啮合，方位大齿轮转动时带动方位同步箱齿轮转动，在方位同步箱上装有测角元件旋转变压器或光电码盘，早期的 SA 型雷达是直流伺服系统，测角元件使用旋转变压器，后期进行技术升级后，使用交流伺服系统，测角元件使用光电码盘。旋转变压器或光电码盘将角码数据送到轴角编码器盒经转换得到与方位轴转角相对应的 13 位二进制码，通过上光端机将角码数据传输到下光纤板，再传输到数字控制单元，数字控制单元分成两路，一路经过 DAU 传给 RDA 计算机，用于 RDASC 软件显示角码数据；一路用于数字控制单元数码管显示角码数据。

（a）

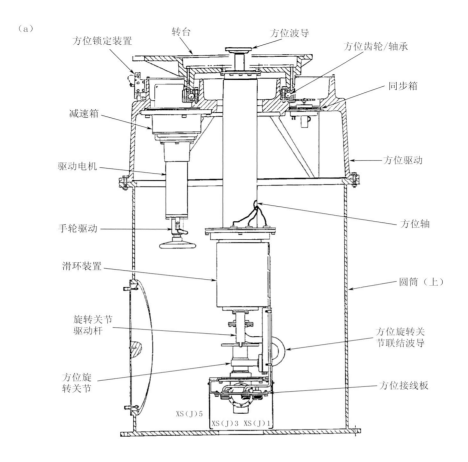

方位锁定装置　转台　方位波导　方位齿轮/轴承　同步箱　减速箱　驱动电机　手轮驱动　滑环装置　旋转关节驱动杆　方位旋转关节　方位驱动　方位轴　圆筒（上）　方位旋转关节联结波导　方位接线板　XS（J）5　XS（J）3　XS（J）1

（b）

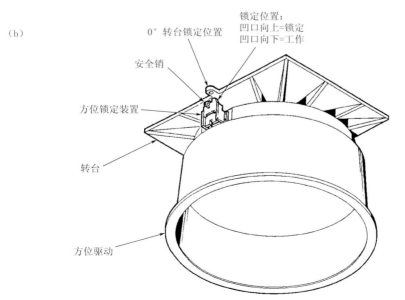

锁定位置：
凹口向上=锁定
凹口向下=工作

0° 转台锁定位置　安全销　方位锁定装置　转台　方位驱动

图 6.6　方位传动装置整体(a)与部分(b)

### 6.4.2　俯仰组合

俯仰组合如图 6.7 所示。俯仰驱动链由俯仰电机、减速箱和俯仰左轴承/大齿轮组成。电机轴带动减速箱输入轴转动，减速箱输出齿轮和俯仰左轴承/大齿轮啮合使天线绕俯仰轴转动。左轴承/大齿轮是四点角接触球轴承，具有极强的抗倾覆能力和高效的承载能力。驱动力直接由左轴承/大齿轮传递给左轮毂，并且由俯仰轴传递给右轮毂，从而使天线绕俯仰轴转动。在俯仰箱的上部装有润滑装置，由导管通到两轴承的内圈上，用润滑脂润滑俯仰左轴承/大齿轮和右轴承。俯仰箱两侧装有盖板，防止灰尘及其他的杂物进入。减速箱上安装有出气阀、溢油阀等。

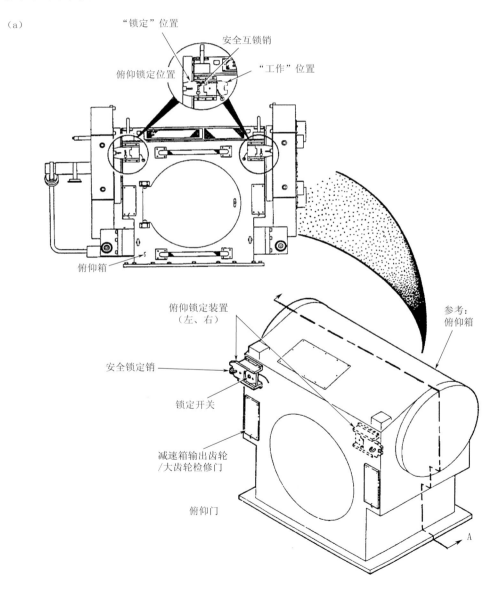

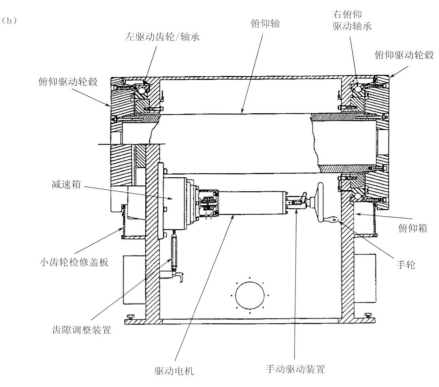

（b）

左驱动齿轮/轴承　俯仰轴　右俯仰驱动轴承

俯仰驱动轮毂

俯仰驱动轮毂

减速箱

小齿轮检修盖板

俯仰箱

手轮

齿隙调整装置

驱动电机　手动驱动装置

图 6.7　俯仰箱(a)及剖面图(b)

　　当天线仰角位于 0～90°之间任意位置时,转动俯仰手轮驱动装置就可以使天线绕俯仰轴转动。手轮驱动装置中装有安全互锁开关,在手动驱动天线时必须把安全互锁销从"工作"孔中取出并插到"啮合"孔中,此时俯仰手轮驱动装置中的微动开关发送一个状态信号到 DCU 以关断电机电源。俯仰手轮驱动与安全销孔如图 6.8 所示。

　　俯仰角码链路由俯仰同步箱、旋转变压器或光电码盘、汇流环和轴角盒组成。俯仰同步箱齿轮和俯仰大齿轮啮合,俯仰大齿轮转动时带动俯仰同步箱齿轮转动,在俯仰同步箱上装有测角元件旋转变压器或光电码盘,旋转变压器或光电码盘将角码数据通过方位仓中的汇流环送到轴角编码器盒经转换得到与俯仰轴转角相对应的 13 位二进制码,通过上光端机将角码数据传输到下光纤板,再传输到数字控制单元。数字控制单元分成两路:一路经过 DAU 传给 RDA 计算机,用于 RDASC 软件显示角码数据;一路用于数字控制单元数码管显示角码数据。

　　在俯仰箱的上部装有两个锁定装置,可以在 0°、90°锁定天线。在俯仰锁定装置中也安装有安全互锁销,从"锁定"位置切换到"工作"位置时必须取下安全互锁销。当安全互锁销取下时,俯仰锁定装置中的微动开关发送一个状态信号到 DCU 以关断电机电源。翻转"翻板",使凹口卡住左右支臂上的锁定销,再插上安全互锁开关,就可以锁定俯仰轴。

　　俯仰的各种电信号传递需要通过位于方位圆筒中的汇流环。

　　在俯仰箱上安装有两个预限位开关和两个死区限位开关。当安装在俯仰轴上的撞块压

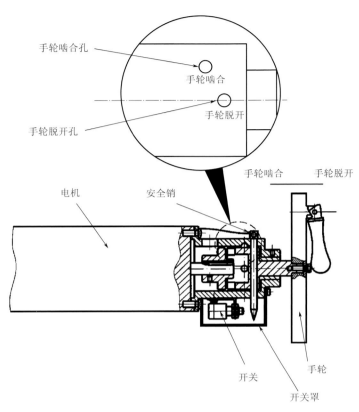

图 6.8　俯仰手轮驱动与安全销孔图

下预限位开关触头时,预限位开关就会发出一个状态信号到 DCU,DCU 将阻止电机继续向前转动但不阻止电机向相反方向转动。一旦安装在俯仰轴上的撞块压下死区限位开关触头时,死区限位开关就会发出一个状态信号到 DCU,DCU 将使俯仰功率放大器无输出,使电机不能转动。如果天线转动角度超过俯仰死区限位的角度,则装在俯仰箱两侧的两个机械缓冲装置就会吸收天线转动的动能,以保护天线座系统的安全。这些限位开关的限位角度在出厂时已调整好,其值如表 6.2 所示。

表 6.2　限位开关及限位角度值

| 序号 | 限位开关 | 限位角度值 |
|---|---|---|
| 1 | 预限位（＋） | $90.2°±0.2°$ |
| 2 | 死区限位（＋） | $94.0°±0.2°$ |
| 3 | 机械限位（＋） | $95.0°$ |
| 4 | 预限位（－） | $-1.2°±0.2°$ |
| 5 | 死区限位（－） | $-2.0°±0.2°$ |
| 6 | 机械限位（－） | $-3.0°$ |

### 6.4.3　数字控制单元

数字控制单元(DCU)5A6 经 RS-232C 数据链与 RDASC 信息处理器进行通信。数字控制单元通过 5W1 电缆和 5W2 电缆与功率放大单元 5A7 相连,为伺服放大器提供控制信号并且监视功率放大器和天线座组合单元 2A1 的工作状态,以确保接收正确的位置和速度数据。

数字控制单元(DCU)5A6 共有五块印制板:AP1 模拟板,AP2 数字板,AP3 电源板,AP4 二进制和状态显示板和 AP5 十进制显示板,其中 AP3 电源板通过支撑件固定在底板上,AP1 模拟板通过支撑件固定在 AP3 上,AP2 数字板通过支撑件固定在 AP1 上。为了测试方便 AP2 板可翻转。

AP1 模拟板与 AP2 数字板通过总线及控制线相连。AP1 模拟板装有模拟伺服电路为定位天线座方位轴和俯仰轴而用。在 AP1 模拟板上还装有凹口滤波器用来抑制天线座的结构谐振。数字板 AP2 利用 8031 单片机作微处理器。AP3 电源板上装有一块 AC/DC 转换模块,把 220 V AC 转换成 +300 V DC,还装有 5 块 DC/DC 转换模块,把 +300 V 分别转换成 +5 V、+5 V、+15 V、+28 V 和 −15 V,其中一种 +5 V 专供显示用。AP4 显示天线的二进制位置数据和天线各种报警信息。AP5 十进制显示板用来显示天线的十进制位置数据。

数字控制单元包含为处理来自 RDASC 单元命令所必需的电路并经功率放大单元对天线座组合提供定位命令。天线座组合和功率放大器单元的工作状态被监控,这些状态信号都要送到数字控制单元,以便进行处理和状态显示。状态信号表明了天线定位系统的工作状况,例如速度和位置,故障状态例如过温、过流和油位低等等。设备出现故障通常导致禁止工作,以保护技术人员和设备的安全。状态信号也送到 RDASC,RDASC 也要对设备的工作状态进行监控。

RDASC 处理器通过 RS-232C 串行通信链并以 19.2K 波特率来控制数字控制单元 DCU。串行通信设置奇校验,一位起始位,一位停止位和 8 位数据位。RDASC 向 DCU 发送 6 个字节,其中前两个字节为命令字节而后四个字节为数据字节。

数字控制单元 DCU 有两种正常工作模式,由 RDASC 处理器进行选择控制。正常模式有速率模式和位置模式。速率模式是方位轴每转动一周(360°)俯仰轴向上阶跃一个角度,而且每次阶跃角度都不一样。位置模式主要用于测试和检修。根据命令,所选择的轴(方位或者俯仰)将转到命令所要求的位置上。

自检模式:自检模式完成输入/输出测试及通信接口的检查,即把 DCU 收到的数据再返回到 RDASC 处理器。

#### 6.4.3.1　模拟板

速度环由该板上的运放和模拟开关构成的 PID 电路实现,对于方位或俯仰任一支路而言,模拟板都是根据数字板传来的速度设定和电机的测速机信号反馈,使用板上本支路的速度环对天线进行定速。并且,本支路速度环作为后级电路加入数字板程序中开辟的本支路位置环,与数字板可构成本支路的完整位置环,对天线进行定位。速度环使用完整的 PID 控制方式,其核心是具有消静差功能的积分电路。速度环会以速度误差(速度设定和实际速度的差值）作为推动天线的依据，自动迫使天线运动速度趋向于设定要求，而只有达到设定后，误差为零，调节作用才自动终止。模拟板上只有完整的速度环。

位置环的起始部分位于数字板上的程序中，模拟板上的硬件速度环与数字板上的程序部分共同构成了位置环。速度环是位置环的后半部分。在速率模式即体扫时，速度误差由RDA 计算机完成后，通过 232 串口发送给 DUC 数字板，DCU 数字板将收到的速度误差数据发送到模拟板的 DA 转换器；在位置模式时，位置误差由 DCU 数字板中的单片机来完成。位置比较是把计算机输出的位置命令与轴角编码器的二进制进行相减运算，运算要满足伺服系统的差值运算规则，即天线以最短途径运动到命令所规定的位置。

加速度环抑制速度调节中的超调现象。速度环引入微分前馈环节，即 PID 电路的微分部分，也就是俗称的加速度环，但从严格意义上说，加速度环不可称其为"环"。电机不可能保持一个固定的非 0 加速度运转，因而所谓加速度环并不能独立成为控制环，它是通过对速度反馈进行一阶微分后，对速度进行前馈控制。这种留有提前量的控制方式，既可以避免速度变化时的超调甚至是超调引起的速度震荡，又可以在需要速度稳定时，在速度发生微小偏离的情况下就及早矫正，避免出现偏差过大后才开始调节的情况。

模拟板上放置的是方位和俯仰两个支路的模拟环路元件。

（1）方位

U2、U3 为方位支路的 NOTCH 电路，它们是用来消除抑制数字采样频率对环路的影响，其中心频率为 22 Hz。N6、N7、N8、N11～N15 构成方位支路另一个 NOTCH 电路，是为了抑制天线座谐振频率对方位伺服环路的影响，其中心频率为 12.5 Hz 和 15 Hz。方位测速机信号经 N9 平波衰减，形成速度环反馈信号送至速度环。速度环反馈信号经微分电路 N10 形成加速度环反馈信号送至加速度环。R106～R109、V7～V10 构成限幅电路，它把输出限制在 ±10 V 的范围内，印制板上其他的此类电路，都具有相同的限幅作用。

（2）俯仰

U24、U25 为俯仰支路的 NOTCH 电路，它们是用来消除抑制数字采样频率对环路的影响，其中心频率为 22 Hz。N27～N30、N33～N37 构成俯仰支路另一个 NOTCH 电路，是为了抑制天线座谐振频率对俯仰伺服环路的影响，其中心频率为 12.5 Hz 和 15 Hz。俯仰测速机信号经 N31 波衰减，形成速度环反馈信号。速度环反馈信号经微分电路 N32 形成加速度环反馈信号。

天线控制精度定标误差的调整在模拟板上进行。控制精度分别用 12 个不同方位角（0～360°）和俯仰角（0～60°）上的实测值与预置值之间差值的均方根误差来表征。方位角、俯仰角的控制精度均要求≤0.1°。

首先进行方位控制精度检查，通过 RDASOT 软件进入天线人工控制与显示模式，输入指定方位角度后，天线伺服功率驱动天线转动到指定位置，数控单元显示位置与输入指定方位存在误差。多次输入不同指定方位重复操作得到均方根误差超过 0.1°时，进行方位控制精度调整。在数控单元 DCU 中的模拟板上进行调整天线方位控制精度，放大器（N6）输入信号为来自天线方位码信号（AZ notch out），输出信号被送往速率环，电位器 RP3、R27 等组成放大器的调零电路，稳压管 V1、V2 实现放大器输出电压嵌位。在数控单元位置模式工作的情况下，调节 RP3 改变调零电路电压，即改变了放大器 N6 输入电压，实现对天线方位控制精度的调整。同理,俯仰控制精度的调整通过数控单元 DCU 的模拟板 AP1 上电位器 RP11 进行调整。

### 6.4.3.2　数字板

数字板是数字控制单元 DCU 的核心部件,使用智能数字处理芯片进行整个系统的管理,根据上位机发来的指令向模拟板(UD5A6-AP1)发送速度命令或闭环该模拟板的位置环,获取天线座单元(UD2)和功放单元(UD5A7)的各种报警信息并作出相应的保护动作,获取天线的位置信息和速度信息,将所采集到的各种数据上传给 RDASC 并在 DCU 的前面板上进行显示。

(1)与 RDA 计算机通信

由 RDASC 获得工作模式的设定,即决定 DCU 工作于正常模式,BIT 模式还是通信闭环自测模式。在正常模式下,该数字板根据 RDASC 的指令向模拟板上方位俯仰两个支路发送数字化的速度命令或位置误差信号,在模拟板上经模数变换并经速度环和加速度环变送后,发往功放单元,控制天线电机动作。同时,还要将天线的实际角度位置信息和转动速度信息上传给 RDASC,DCU 与 RDASC 的数据交换频率固定为每 45 ms 一次(大部分),通信速率为 19.2 kB/s。BIT 模式除了包含正常工作模式的全部内容,还要将天线座和功放的各种报警信息上传给 RDASC。雷达在日常体扫运行时交替工作于正常模式和 BIT 模式,大约每 3 s 切入一次 BIT 模式以便 RDASC 向 DCU 查询天线座和功放的相关报警信息,而后再切回正常模式,如此循环往复,周而复始。至于通信闭环自测模式,顾名思义,是为了测试 RDASC 与 DCU 之间的通信链路是否正常,此时 DCU 仅仅将 RDASC 发来的指令原样回传给 RDASC,而不会据此产生实际的控制动作。

执行速度命令和位置命令:对于方位或俯仰任何一支路,如果 DCU 的数字板从 RDA 计算机那边接收到的是速度命令,那么数字板将此命令直接发往模拟板,经过模数转换后作为该支路速度环输入端的速度设定。如果收到位置命令,则与天线传来的轴角数据进行位置闭环,使用软件计算出位置误差作为速度设定发往模拟板,经数模转换后加载到该支路速度环的输入端。

(2)获取报警信息并作出相应的保护动作

该板接收由天线座单元和功放单元传来的报警信号,并对模拟板和功放单元进行开关量控制,具体控制逻辑如下:

1)无论是 RDASC 发来待机命令还是出现了天线座锁定的情况,由 DCU 发出的 SER-VO ON 信号都会失效,以关闭功放单元的强电电源。

2)当方位和俯仰任一支路出现销钉锁定或手轮啮合的情况时,由 DCU 发出禁止该支路功放工作的信号,而俯仰进入死区限位时,俯仰功放的工作也会被禁止。

3)方位功放被禁止时,方位积分去除信号同时有效,俯仰功放被禁止时,俯仰积分去除信号同时有效,而 SERVO ON 信号失效时,不论方位俯仰的功放是否被禁止,这两个支路的积分去除信号均有效。

(3)数字板有微处理器及外围控制电路

1)微处理器

伺服监控的微处理器选用 8031 单片机。8031 内部包含一个 8 位的微处理器、128 个字节的 RAM、21 个特殊功能寄存器、4 个 8 位并行口、一个全双工串行口和两个 16 位定时器，是一个完整的计算机。

2）程序存贮器（EPROM）的扩展

8031 单片机内没有程序存贮器，必须外接 EPROM 电路作为程序存贮器。单片机的 EA 脚接地，CPU 就执行外部 EPROM 中的固化程序。由于单片机的 PO 口是分时复用的地址/数据总线，因此在进行程序存贮器扩展时，必须利用地址锁存器将地址信号从地址/数据总线中分离出来。通常地址锁存器使用带三态缓冲输出的 8 位三态锁存器 74LS573，地址锁存信号为 ALE。

3）外部数据存贮器的扩展

8031 单片机内部有 128 个字节的 RAM 存贮器，CPU 对内部 RAM 具有丰富的操作指令，但在用于实时数据采集和处理时，仅靠片内提供的 128 个字节数据存贮器是远远不够的，因此利用 MCS-51 的扩展功能，来扩展外部数据存贮器。

数据存贮器只使用 WR、RD 控制线，而不用 psen，所以数据存贮器和程序存贮器的地址可以完全重叠，但数据存贮器与 I/O 口及外围设备是统一编址的，即任何扩展的 I/O 口及外围设备均占有数据存贮器地址。

4）数/模（D/A）转换器

数/模（D/A）转换器电路将速度数字信号及位置误差数字信号转换为模拟电信号。

5）模/数（A/D）转换及状态检测与故障定位

伺服监控要对天线座、PWM 功率放大器，电机等部件进行状态检测与故障定位，定位到最小可更换单元，其间被测对象既有开关量，又有模拟量（如电压、速度等）。对于开关量，8255A 可编程输入输出接口芯片，通过编程可以改变其工作方式，使用灵活方便，通用性强，是单片机与外围设备连接时的中间接口电路。对于模拟量，需要将检测到的连续变化的信号，通过模/数电路转换成数字量，然后输入到微处理器进行处理，将处理后的数据汇同开关量的状态按要求以 Bit 的形式上报 RDASC 信息处理机。

6）串行通信接口

CINRAD 伺服监控与 RDASC 信息处理机，通信接口采用 EIARS-232C 美国电子工业协会正式颁布的串行总线标准，采用负逻辑：

逻辑"1"：−5 V～−15 V

逻辑"0"：+5 V～+15 V

（4）天线波束空间指向定标

由于天线旋转抛物面的几何图形不完全对称，天线的馈源不是非常精确地在天线的焦点上，以及馈源波导支架的遮挡作用，使得天线抛物面的几何指向和天线电轴之间存在着微小的差异，雷达发射和接收信号是以天线的电轴为基准，并且由于雷达天线及其驱动系统的机械磨损、变形、松动，会使天线电轴逐渐发生偏移，所以必须对天线的电轴进行标校。用太阳法进行雷达天线电轴的标校能够充分地保证雷达天线电轴的精度，每月至少完成一次太阳法标校雷达天线的电轴精度。

标校原理：地球与太阳的相对运动情况，天文学上早已有精确的计算方法。由地球上观测点的经纬度、当天太阳的视赤纬和观测当时的真太阳时，可以用天文测量学的方法精确地计算出太阳的高度角和方位角。根据求出的太阳轨迹数据指引雷达天线在此区域进行方位和俯仰±6°的两维搜索;待全部搜索完成后,记录下接收机输出太阳的热噪声功率最大时的时间和即时雷达天线指向的方位或仰角,再与该时刻的太阳轨迹位置相比较,经过简单的运算,得出雷达天线的电轴指向和实际太阳的位置间的误差。如果误差偏大,应计算出误差并通过对 DCU 单元数字板 AP2 俯仰码位开关 SA3、SA4 和方位码位开关 SA1、SA2 调整,并重新进行天线波束指向定标检查,直到满足技术要求。

前提条件:天线基座水平度达到要求(≤50");校对 RDA 计算机时钟,误差应在 10 秒以内(可以拨打 01012117 对时);核对 RDASOT 软件中雷达天线的经纬度,精确到秒。最好是测试当天天气相对晴朗,有太阳,无回波遮挡,且太阳高度在 8°～50°范围,(20°～45°时最佳)即太阳高度较低但又不能太低的时段(以防水汽影响)。

### 6.4.3.3 电源板

板中 U1 将 220 V AC 转换成 308 V DC;U2、U3、U4 和 U5 分别将 308 V DC 转换成＋28 V DC、＋5 V DC、＋15 V DC、−15 V DC。

220 V 交流电由 5A6 机箱后面板上安装的 XS(J)4 输入并由此转接到 XT2,再由 XT2 转接到轴流风机 M1、电源板 AP3 上的 XS(J)15 和在 5A6 机箱后面板上安装的 XS(J)5。直流电压由 XS(J)15 送到接线排 XT1 和 XT2。由接线排 XT1 送出＋5 V、＋5 V、＋15 V 和−15 V 通过 XS(J)14 加到数字板 AP2。其中一组＋5 V 由 XS(J)20 转接到显示板 AP4 上的 XS(J)17,再由 XS(J)18 转接到显示板 AP5 上的 XS(J)19,这组＋5 V 电压专供显示用。由接线排 XT2 送出的＋28 V 和由 XT1 送出的＋5 V、＋15 V 和−15 V 通过后面板上安装的 XS3 加到 5A7 供功率放大器使用。由 XT2 送出的＋28 V 电压也送到 XS(J)14。＋5 V、＋15 V、−15 V 和＋28 V 电压由 XS(J)14 转到 XS(J)10,再由 XS(J)10 转到在后面板上安装的插座 XS1,供 RDASC 检测用。由 XT1 送出的＋5 V、＋15 V 和−15 V 电压由 XS(J)6 送到 AP1。

### 6.4.3.4 二进制和状态显示板

数字化的天线角度数据进入 DCU 后,经过 DCU 内置处理程序进行解码,减去零点等运算后的二进制数据将被发往本电路板进行显示。SA 交流伺服系统方位和俯仰每一支路的角度分辨率为 14bit 位,最高位 MSB 权重 180°,最低位 LSB 权重 0.022°。对于上述所有 LED,灯亮表示对应的角度二进制位数值为 1,灯灭表示为 0。

AP4 除了显示天线方位和俯仰角度的二进制数值以外,还要显示各种报警信息和保护/控制动作信息总共 26 个。天线座状态报警信息 15 个,功放状态报警信息 8 个,DCU 保护/控制动作信息 3 个。

### 6.4.3.5 数字控制单元常见故障汇总表

检修数字控制单元 DCU,首先要关断三相电源,再进行诊断。数字控制单元常见故障及修复方法如表 6.3 所示。

## 6.4.4 功率放大单元

功率放大单元(PAU)UD5A7 由 2 个功率放大器和直流电源(含过压欠压保护)组成。

表 6.3　数字控制单元常见故障修复方法

| 故障迹象 | 可能原因 | 诊断过程 | 修复过程 |
|---|---|---|---|
| 没有直流电压输出 | 电源模块 GB1 损坏 | 更换电源模块 GB1 | |
| 与 RDASC 通信接口 I/O 错误 | 电缆或者插头没接好或有损坏 | 检查 W6 电缆和 AP2 数字板的插头 XP（P）10 | 电缆和插头接触牢固；如有损坏，应进行修理或更换。电缆和插头正常，再进行下一步 |
| | 电源模块 | 用万用表测量 DCU 机箱底板接线排上的直流工作电压：XT1-1(2)＝+5.2V±10% XT1-5(6)＝+15 V±10% XT1-7(8)＝−15 V±10% | 电压只要有一路不对，都要对电源模块进行修理或者更换。电压正常，再进行下一步检查 |
| | 串行接口芯片已坏 AP2 板 | 用示波器检查 AP2 数字板的 D2 芯片的 4 脚和 5 脚，信号波形应符合负逻辑：逻辑"1"：−5 V～−15 V 逻辑"0"：+5 V～+15 V | 任何一脚的波形不对，都要修理或更换 AP2 板 |
| 方位支路不能准确定位，不能作体扫，天线运行不正常 | 电源模块 | 用万用表测量ＤＣＵ机箱底板接线排上的直流工作电压：XT1-1(2)＝+5.2 V±10% XT1-5(6)＝+15 V±10% XT1-7(8)＝−15 V±10% | 电压只要有一路不对，都要对电源模块进行修理或者更换。电压正常，再进行下一步检查 |
| | AP1 模拟板的 D/A | 运行模拟程序，用万用表测量 AP1 板 N2 的 6 脚，应满足：最大正速度：+9.5～+10 V 最大负速度：−9.5～−10 V | 电压信号不对，应修理或者更换 AP1 模拟板 |
| 俯仰支路不能准确定位，天线运行不正常 | 电源模块 | 用万用表测量 DCU 机箱底板接线排上的直流工作电压：XT1−1(2)＝+5.2 V±10% XT1−5(6)＝+15 V±10% XT1−7(8)＝−15 V±10% | 电压只要有一路不对，都要对电源模块进行修理或者更换。电压正常，再进行下一步检查 |
| | API 模拟板的 D/A | 运行模拟程序，用万用表测量 AP1 板 N14 的 6 脚，应满足：最大正速度：+9.5～+10 V 最大负速度：−9.5～−10 V | 电压信号不对，应修理或者更换 AP1 模拟板 |
| 系统状态或者某监测位显示不正常 | 状态显示板 AP4 或者电源模块 | 检查 AP2 数字板 XP（P）20 和 AP4 板 XP（P）17 插头接触是否牢固；用万用表检查 AP4 板上 XS（J）17-9 脚的电压，应为：+5.2 V±10%；用万用表测量 DCU 机箱底板上接线排 XT1-11 脚的电压，应为：+5 V±10% | 若没有接好，可将其接好。若插头没问题，接着进行以下步骤。若电压不正常，要进行下面检查。如果电压不对，说明电源模块已坏，需更换 AP1 板，否则，AP4 板已坏，须修理或者更换 |

续表

| 故障迹象 | 可能原因 | 诊断过程 | 修复过程 |
|---|---|---|---|
| 方位轴角显示不正常 | 轴角显示板 AP4 或者电源模块 GB1 或者轴角编码器 | 检查 AP4 状态显示板 XP(P)18 和 AP5 板 XP(P)19 插头接触是否牢固;用万用表检查 AP5 板上 XS(J)19-9 脚的电压,应为:+5 V±10%;用万用表测量 DCU 机箱底板上接线排 XT1-11 脚的电压,应为:+5 V±10%;手轮转动天线,用示波器监测 AP2 板 D5-3 脚的数据波形 | 若没有接好,可将其接好。若插头没问题,接着进行以下步骤。若电压不正常,说明电源模块 GB1 已坏,须更换。如果电压正常,要进行下面检测。波形无变化或无规律变化,说明方位轴角编码器已坏,须修理或更换编码器单元。若方位轴角编码器波形有规律变化,则 AP5 板已坏,须进行修理或者更换。 |
| 俯仰轴角显示不正常 | 轴角显示板 AP4 或者电源模块 GB1 或者轴角编码器 | 检查 AP4 状态显示板 XP(P)18 和 AP5 板 XP(P)19 插头接触是否牢固;用万用表检查 AP5 板上 XS(J)9-9 脚的电压,应为:+5 V.2±10% 用万用表测量 DCU 机箱底板上,接线排 XT1-11 脚的电压,应为:+5 V±10% 手轮转动天线,用示波器监测 AP2 板 D5-5 脚的数据波形 | 如若没有接好,可将其接好。若插头没问题,接着进行以下步骤。若电压不正常,说明电源模块 GB1 已坏,须更换。如果电压正常,要进行下面检测。如果波形无变化或无规律变化,说明俯仰轴角编码器坏,须修理或更换编码器单元。若俯仰轴角编码器波形有规律变化,则 AP4 板已坏,须进行修理或者更换。 |

功率放大器,一个用在俯仰支路,一个用在方位支路,分别用来驱动各自支路的电机,它们受控于来自数字控制单元的控制信号。每个伺服功率放大器最大功率为 9 kW。功率放大器由方位伺服放大器和俯仰伺服放大器、带有瞬变防护装置的高压电源和装在伺服放大器输出端的滤波电感所组成。

(1)加电

当把天线座上的安全开关置于"工作"位置,并且 RDASC 通过数字控制单元 DCU 的 XS1－J2 送出一个低电平信号时(SERVO ON),则 DCU AP2 印制板上的 D33 输出低电平,使 5A7AP1 印制板上的 K1 固态继电器接通。这样,220 V AC 加到交流接触器 KA1 的线包上,KA1 吸合,使三相电源变压器输出的三相 68 V AC 加到三相全桥 VC1 上;同时三相 68 V AC 分别加到变压器 T1、T2 和 T3 上;T1、T2 和 T3 输出的 12 V AC 分别加到指示灯 HL1、HL2 和 HL3 上。三相全桥输出的 165 V DC 电压加到接线排 XT1 上,由 XT1 转接到 R1、R2、C1、AP1 印制板(高低压监测)XS5(Az 功率放大器)和 XS7(E1 功率放大器)插座。

（2）方位和俯仰功率放大器 A1 和 A2

A1 和 A2 都是脉冲宽度被调制（PWM）的双向功率放大器。每一个放大器都能提供高达 45 A 的峰值电流以驱动天线座组合电机。XS5-1 和 XS7-1 为高压的正端，而 XS5-2 和 XS7-2 为高压的负端。

（3）高压泄漏电路

为了可靠的保护功率放大器，采用双套高压泄漏电路。该电路安装在 5A7AP1 印制板上，由 N2、N3 和 V1（隔离栅双极性晶体管）等元器件组成一套高压泄漏电路；而由 N4、N5 和 V2（隔离栅双极性晶体管）组成另一套高压泄漏电路。当高压低于 193 V DC 时，N3 和 N5 输出 $-5$ V DC 电压使 V1 和 V2 关闭。当高压大于 193 V DC 时，比较器 N2 和 N4 输出 $+13$ V DC 电压经跟随器加至 V1 和 V2 的栅极，使 V1 和 V2 导通，高压得到泄漏，从而使加到功率放大器上的高压不会超过 193 V DC，有效地保护了功率放大器。

（4）轴流风机

在功率放大器单元 5A7 的前、后面板各装有一个轴流风机。冷空气从前面板上安装的轴流风机进入，经过发热元件，热空气从后面板上安装的轴流风机排出。机箱的上盖板开有多个长孔，机箱内的热空气也可由此排出。

（5）高低压监测电路

高低压监测电路安装在 5A7AP1 印制板上。高低压监测电路监视高压电源过压（$\geqslant 200$ V DC）和欠压（$\leqslant 140$ V DC）状态。当高压电源过压或者欠压时，该电路输出报警信号，报警信号为低电平。正常情况下，高压电源输出 $+165$ V DC，高低压监测电路输出为高电平。

1）过压

由 R1、R2、R3、R4、R5、RP1 和 N1A 组成高压过压监测电路。N1A 工作在比较器状态。当把高压电源输出调到 200 V DC 时，调整 RP1，使 N1A 的输入电压 $U_3 = U_2$。当高压电源输出小于 200 V DC 时，$U_3 > U_2$，NIA 输出为高电平，即 $U_1 \approx 5$ V DC，不报警。当高压电源输出高于 200 V DC 时，$U_2 > U_3$，比较器 N1A 输出为低电平，即 $U_1 \approx 0$ V DC，表明高压电源输出过压。

2）欠压

由 R6、R7、R8、R9、R10、RP2 和 NIB 组成高压欠压监测电路。NIB 也工作于比较器状态。当把高压电源输出调到 140 V DC 时，调整 RP2，使 NIB 的输入电压 $U_5 = U_6$。当高压电源输出大于 140 V DC 时，$U_5 > U_6$，NIB 输出为高电平，即 $U_7 \approx 5$ V DC，不报警。当高压电源输出低于 140 V DC 时，$U_6 > U_5$，比较器 NIB 输出为低电平，即 $U_7 \approx 0$ V DC，表明高压电源输出欠压。

（6）自动关电电路

天线在体扫时，其方位转速在不断变化。当天线转速由高变低时，电机反电势要向高压电源馈电，使高压电源输出电压增加。当高压电源输出电压超过 193 V DC 时，V1 和 V2 就会导通，高压得到泄漏，高压就不会继续增加。在这种情况下，V1 和 V2 导通的时间是短暂的。当 V1 或者 V2 被击穿时，V1 或者 V2 就始终处于导通状态。当电网电压升高以致使高压电源输出超过 193 V DC 时,V1 和 V2 也都始终处于导通状态,不仅会将 R1 和 R2 烧坏,而且还会将与其相连接的导线烧焦,甚至会产生更严重的后果。因此,设计了自动关电电路。

自动关电电路装在 5A7AP1 印制板上。自动关电电路由 V5、V6、N6A、N6B、N7A、N7B、D1A、D1B、D1C、D2C 和 K1 等组成。在伺服正常工作时,V1 和 V2 都不导通或者只是瞬间导通。N6A 和 N7A 输出为高电平,电容 C5 和 C6 上的电压接近+5 V DC,这样 D1B 的输出也就是 D2C 的输入 9 脚为高电平,D1C 的输入 10 脚为高电平,于是 D1C 的输出为低电平,K1 维持导通。

以 V1 已导通为例来说明自动关电电路的工作原理。V1 导通后,二极管 V5 导通,C5 通过 R29 和 N6A 放电,如果高压电源输出一直高于+193 V DC 或者 V1 被击穿,则经 20 秒左右,电容 C5 上的电压将降至逻辑"0",这将导致 D2C 输出也就是 D1C 输入 9 脚为低电平(D2C 的 10 脚已为低电平),D1C 输出为高电平,K1 节点断开,交流接触器不工作,高压电源无输出,这样就不会导致事故发生。如果 V1 不导通,而是 V2 导通,或者 V1 和 V2 同时导通,与 V1 导通时的工作原理相同。

由 D3A、D3B、D3E、N8A、N8B、R36 和 C7 组成电路的作用是保证在 3-DISABLE 变为低电平后伺服强电能加上,使高压电源工作。因为在交流接触器 KA1 没吸合前高压无输出,二极管 V5 和 V6 处于导通状态,使 D2C9 脚为低电平。如果 D2C10 脚也为低电平,则 3-DISABLE 变为低电平后,D1C10 脚为高电玉,但 D1C9 脚却为低电平,因此,K1 和 KA1 都不工作,强电加不上。因此,一开始必须设置 D2C10 脚为高电平,但它不能一直保持为高电平,否则自动关电电路将不起作用。D2C10 脚必须在 D2C9 脚变为高电平后再过几秒钟才能变为低电平。D2C10 脚保持高电平的时间(从 3-DISABLE 变为低电平时算起)是由 R36 和 C7 之积来决定的。必须使 R36×C7>R29×C5。只有这样,才能既保证自动关电电路起作用又能维持 KA1 的吸合。

(7)扼流圈

为了使加至天线座上驱动电机两端的电压平滑、纹波小,在 Az 和 El 功率放大器输出端都加了滤波电感。

(8)功率放大单元常见故障

功率放大单元常见故障及修复方法如表 6.4 所示。

表 6.4　功率放大单元常见故障修复方法

| 故障迹象 | 可能原因 | 诊断操作 | 维修操作 |
| --- | --- | --- | --- |
| 轴流风机不工作 | 没有输入电压 | 步骤 1:用万用表检验下面的电压读数 XT2-7 到 XT2-10＝220 V AC±10% | 电压不正确→检查 5A6 机箱保险丝;5A6 机箱和 5A7 机箱连接电缆及连接器电压正确→进行步骤 2 |
| | | 步骤 2:检查轴流风机到 XT2-7 到 XT2-10 的接线 | 接线不好→重新接线良好→更换轴流风机 |

| 故障迹象 | 可能原因 | 诊断操作 | 维修操作 |
|---|---|---|---|
| 功率放大器指示灯不亮 | 没有输入电压 | 步骤 1—用万用表检验下面的电压读数：<br>K1-A1 到 T1-2＝96 V AC±10%<br>K1-B1 到 T1-2＝96 V AC±10%<br>K1-C1 到 T1-2＝96 V AC±10% | 电压不正确→检查三相电源变压器及其接线电压正确→进行步骤 2 |
| | | 步骤 2—用万用表检查下面的电压读数：<br>K1-A2 到 T1-2＝96 V AC±10%<br>K1-B2 到 T1-2＝96 V AC±10%<br>K1-C2 到 T1-2＝96 V AC±10% | 电压不正确→更换已损坏的 K1 电压正确→进行步骤 3 |
| | | 步骤 3—用万用表检查下面的电压读数：<br>T1-1 到 T1-2＝96 V AC±10%<br>T2-1 到 T2-2＝96 V AC±10%<br>T3-1 到 T3-2＝96 V AC±10% | 电压不正确→检查接线电压正确→进行步骤 4 |
| | | 步骤 4—用万用表检查下面的电压读数：<br>T1-3 到 T1-4＝12 V AC±10%<br>T2-3 到 T2-4＝12 V AC±10%<br>T3-3 到 T3-4＝12 V AC±10% | 电压不正确→更换已损坏的变压器电压正确→更换已损坏的指示灯 |
| 由 RDA 计算机检测出方位功率放大器有故障 | 方位功率放大器已损坏 | 确定哪些类型的故障由 RDA 计算机来指明 | 更换方位功率放大器 A1 |
| 由 RDA 计算机检测出俯仰功率放大器有故障 | 俯仰功率放大器已损坏 | 确定哪些类型的故障由 RDA 计算机来指明 | 更换俯仰功率放大器 A2 |
| 方位或者俯仰功率放大器没有功率输出 | 高压电源损坏或功率放大器可能损坏 | 步骤 1—用万用表检查下面的电压读数：<br>K1-A2 到 T1-2＝96 V AC±10%<br>K1-B2 到 T1-2＝96 V AC±10%<br>K1-C2 到 T1-2＝96 V AC±10%<br>T1-1 到 T1-2＝96 V AC±10%<br>T2-1 到 T2-2＝96 V AC±10%<br>T3-1 到 T3-2＝96 V AC±10% | 电压不正确→更换已损坏的 K1 电压正确→进行步骤 2 |
| | | 步骤 2—观察 5A6 面板上的状态指示灯：E 手轮啮合，A 手轮啮合，A 轴锁定，E 轴锁定和 E 死区限位 | 通过手动操作，把步骤 2 的状态去掉后，方位或者俯仰功率放大器仍然无输出，可能要更换方位或者俯仰功率放大器 |

### 6.4.5　变压器单元

变压器为三相变压器,它将 380 V AC 线电压输入转换成 69.4 V AC 输出,该电压经三相全桥 VC1 全波整流后变为＋165 V DC 作为 Az 和 El 功率放大器高压电源。

W418 电缆接三相电源与变压器三相输入端,W5 电缆接 5A7 后面板上安装的插座 XS(J)1 和变压器三相输出端。

### 6.4.6　轴角编码器单元

轴角编码器由旋变激磁信号发生器、RDC 模/数转换器、PLD 可编程逻辑器件以及控制脉冲组成。

(1)旋变激磁信号发生器

旋变激磁信号发生器由晶体振荡器、分频电路、选频电路和功率放大电路等组成。晶体振荡器电路产生 4MC 的信号源,经过计数器分频电路得到 400C 的方波信号,选频电路将前极输出的 400C 方波信号,转换为同频率的正弦波。在功率放大电路中,用输出变压器来提高激磁信号的幅度,它的作用主要是隔离前级电路输出信号中的直流分量以保护旋转变压器,提升前级电路输出信号的幅度,降低前级放大电路输出信号的幅度,有利于提高信号质量且能减少设备的电源种类。

(2)RDC 模/数转换器

RDC 大规模集成电路是旋变信号变换电路,它的作用是将旋转变压器,粗精两个通道输出的交流信号分别转换为可直接读取的数字信息,作为 PLD 可编程逻辑器件的输入信号。

(3)PLD 可编程逻辑器件

PLD 可编逻辑器件,可灵活地编程实现各种逻辑功能。在此要完成三个功能,第一,将粗、精两通道的数字量进行组合粗码取前 5 位,精码取前 8 位,组合成 13 位的轴角数据;第二,因为粗、精通道存在着相位差,因此,对组合好的轴角数据要进行纠错处理;第三,将并行数据变换成串行数据,在置位脉冲与移位脉冲信号的控制作用下,将 13 位串行轴角数据输出到光纤电缆上。

### 6.4.7　旋转变压器

SA 型雷达伺服系统早期采用直流伺服系统,测角元件采用旋转变压器。后期经过技术升级后,采用更加稳定的交流伺服系统,测角元件采用光电码盘。以旋转变压器为例讲述其工作原理。

在方位/俯仰同步传动装置上装有旋转变压器,它输出两路电压信号,一路电压信号与天线转角正弦成比例,另一路电压信号与天线转角余弦成比例。这两路电压信号都送到轴角编码器盒经转换得到与方位/俯仰轴转角相对应的 13 位二进制码。同步箱是传递和控制天线运转角度器件。

旋转变压器有 12 个引脚,其中 8 个数据输出脚 D1～8,4 个激磁电压输入脚 Z1、Z2、Z5、Z6,Z1 与 Z5 短接,Z2 与 Z6 短接。引脚定义及信号特性如表 6.5 所示。

表 6.5　引脚定义及信号特性

| 引脚定义 | 信号特性 | 引脚定义 | 信号特性 | 引脚定义 | 信号特性 |
|---|---|---|---|---|---|
| D1 | 粗机正弦信号 | D5 | 精机正弦信号 | Z1 | 激磁电压 |
| D2 | 地 | D6 | 地 | Z2 | 激磁电压地 |
| D3 | 粗机余弦信号 | D7 | 精机余弦信号 | Z5 | 激磁电压 |
| D4 | 地 | D8 | 地 | Z6 | 激磁电压地 |

旋转变压器引脚用螺丝固定,容易松动。其与电缆的连接采用直接焊接,没有接插件的保护、固定,单股的电缆线又较细,容易断裂。如 Z1、Z2 接触不良,将使旋转变压器输出为 0。数据线接触不良,如固定螺丝松动就会使输入到轴角解码电路的天线位置数据发生错误。怀疑旋转变压器内部故障时,可用万用表测量各绕组阻值。各绕组参考阻值（为某站实测数据）如表 6.6 所示。

表 6.6　各绕组参考阻值

| 测量点 | 阻值（Ω） | 测量点 | 阻值（Ω） | 测量点 | 阻值（Ω） |
|---|---|---|---|---|---|
| RZ1、Z2 | 109 | RD1、D2 | 331 | RD3、D4 | 331 |
| RD5、D6 | 489 | RD7、D8 | 490 | | |

### 6.4.8　汇流环（2A1A2）

汇流环将雷达旋转部分与固定部分的电路连接起来。俯仰伺服电机、俯仰旋转变压器和安装在天线座上部测量天线端发射功率的功率头以及各种锁定、限位开关等器件的电源及数据信号都通过汇流环进行传输。

汇流环由碳刷、环道、绝缘材料、粘结材料、组合支架、精密轴承、防尘罩及其他辅助件等组成。汇流环性能将直接影响伺服系统的可靠性。汇流环采用碳刷为定触点,环道为动触点,碳刷与环道直接接触传输信号,碳刷上压有弹簧,调节弹簧螺丝可改变碳刷压力。要求保证碳刷伸缩灵活,无卡滞现象。汇流环的环道分为宽窄两种,宽的为动力环,传输 4 路 50 Hz、380 V 的俯仰电机电源信号。

SA 型新一代天气雷达伺服系统分为直流伺服系统和交流伺服系统,早期建设的都是直流伺服系统,汇流环电缆连接如表 6.7 所示。后期建设的为交流伺服系统,汇流环电缆连接如表 6.8 所示。

表 6.7　直流伺服系统汇流环电缆连接表

| 插座及型号 | 信号 | 插座管脚号 | 汇流环环号 |
|---|---|---|---|
| XS1/XS2<br>（Y16P-2404ZK） | 俯仰电机（+） | 1 | 1 |
| | 俯仰电机（-） | 2 | 2 |
| | 俯仰电机（+） | 1 | 3 |
| | 屏蔽层 | 4 | 4 |
| | 俯仰电机（-） | 2 | 5 |

续表

| 插座及型号 | 信号 | 插座管脚号 | 汇流环环号 |
|---|---|---|---|
| XS3/XS4（Y50X-2041ZK10） | 备份 | 10 | 6 |
| | +5 V | 19 | 7 |
| | +5 V RTN | 16 | 8 |
| | +5 V | 19 | 9 |
| | +5 V RTN | 16 | 10 |
| | 俯仰锁定 | 41 | 11 |
| | 俯仰手轮 | 39 | 12 |
| | 俯仰锁定 | 41 | 13 |
| | 俯仰手轮 | 39 | 14 |
| | 俯仰电机过温 | 38 | 15 |
| | 俯仰减速箱油位 | 37 | 16 |
| | 俯仰电机过温 | 38 | 17 |
| | 俯仰减速箱油位 | 37 | 18 |
| | 俯仰预限位（一） | 35 | 19 |
| | 俯仰终限位（一） | 34 | 20 |
| | 俯仰预限位（一） | 35 | 21 |
| | 俯仰终限位（一） | 34 | 22 |
| | 俯仰预限位（＋） | 33 | 23 |
| | 俯仰终限位（＋） | 31 | 24 |
| | 俯仰预限位（＋） | 33 | 25 |
| | 俯仰终限位（＋） | 31 | 26 |
| | 地 | 7 | 27 |
| | 俯仰减速机（＋） | 22 | 28 |
| | 俯仰减速机（一） | 2 | 29 |
| | 俯仰减速机（＋） | 22 | 30 |
| | 俯仰减速机（一） | 2 | 31 |
| | 屏蔽 | 3 | 32 |
| | A1B1RX-D1 | 24 | 33 |
| | A1B1RX-D2、D4、D6、D8 | 5 | 34 |
| | A1B1RX-D1 | 24 | 35 |
| | A1B1RX-D3 | 26 | 36 |
| | A1B1RX-D2、D4、D6、D8 | 8 | 37 |
| | A1B1RX-D3 | 26 | 38 |
| | A1B1RX-D5 | 28 | 39 |
| | A1B1RX-D7 | 30 | 40 |

| 插座及型号 | 信号 | 插座管脚号 | 汇流环环号 |
|---|---|---|---|
| XS3/XS4<br>（Y50X-2041ZK10） | A1B1RX-D5 | 28 | 41 |
| | A1B1RX-D7 | 30 | 42 |
| | A1B1RX-S1 | 32 | 43 |
| | A1B1RX-S2 | 17 | 44 |
| | A1B1RX-S1 | 32 | 45 |
| | A1B1RX-S2 | 17 | 46 |
| | 备份 | 13 | 47 |
| XS5/XS6<br>（Y50X1412ZK10） | +15 V | 9 | 48 |
| | +15 V RTN | 10 | 49 |
| | +15 V | 9 | 50 |
| | +15 V RTN | 10 | 51 |
| | −15 V | 11 | 52 |
| | 功率电压调零 | 7 | 53 |
| | −15 V | 11 | 54 |
| | 功率电压调零 | 7 | 55 |
| | 功率电压输出（一） | 8 | 56 |
| | 功率电压输出（＋） | 1 | 57 |
| | 功率电压输出（一） | 8 | 58 |
| | 功率电压输出（＋） | 1 | 59 |

表 6.8　交流伺服系统汇流环电缆连接表

| 插座及型号 | 信号 | 插座管脚号 | 汇流环环号 |
|---|---|---|---|
| XS1/XS2<br>（Y16S-2404ZK14） | 电机(U) | 1 | 1 |
| | 电机(V) | 2 | 2 |
| | 电机(W) | 3 | 3 |
| | 屏蔽层 | 4 | 4 |
| | | | 5 |
| XS3/XS4<br>（Y50X-2041ZK10） | 电机 RLGS | 1 | 6 |
| | 电机 RLGT | 2 | 7 |
| | 电机 RLGS | 1 | 8 |
| | 电机 RLGT | 2 | 9 |
| | 电机 RLGR | 3 | 10 |
| | 测速 T | 17 | 11 |
| | 电机 RLGR | 3 | 12 |
| | 测速 T | 17 | 13 |

续表

| 插座及型号 | 信号 | 插座管脚号 | 汇流环环号 |
|---|---|---|---|
| | 测速 R | 18 | 14 |
| | 测速 S | 19 | 15 |
| | 测速 R | 18 | 16 |
| | 测速 S | 19 | 17 |
| | 测速 MP | 20 | 18 |
| | （一）预限位 | 13 | 19 |
| | 测速 MP | 20 | 20 |
| | （一）死区限位 | 14 | 21 |
| | （＋）预限位 | 36 | 22 |
| | （＋）死区限位 | 37 | 23 |
| | 油位传感器 | 38 | 24 |
| | 轴锁定 | 39 | 25 |
| | PTC1 | 15 | 26 |
| | PTC2 | 16 | 27 |
| | 测速机屏蔽 | 5 | 28 |
| | P15 | 34 | 29 |
| XS3/XS4<br>（Y50X-2041ZK10） | 俯仰手轮 | 6 | 30 |
| | M15 | 40 | 31 |
| | ＋5 V | 35 | 32 |
| | ＋5 V RTN | 23 | 33 |
| | ＋5 V | 35 | 34 |
| | EL DATA＋ | 7 | 35 |
| | EL DATA－ | 8 | 36 |
| | EL DATA＋ | 7 | 37 |
| | EL DATA－ | 8 | 38 |
| | SHIFT＋ | 9 | 39 |
| | SHIFT－ | 10 | 40 |
| | SHIFT＋ | 9 | 41 |
| | SHIFT－ | 10 | 42 |
| | UPDATE＋ | 11 | 43 |
| | UPDATE－ | 12 | 44 |
| | UPDATE＋ | 11 | 45 |
| | UPDATE－ | 12 | 46 |
| | 备份 | 4 | 47 |

续表

| 插座及型号 | 信号 | 插座管脚号 | 汇流环环号 |
|---|---|---|---|
| | +15 V | 9 | 48 |
| | +15 V RTN | 10 | 49 |
| | +15 V | 9 | 50 |
| | +15 V RTN | 10 | 51 |
| | −15 V | 11 | 52 |
| XS5/XS6 | PWR ZERO | 7 | 53 |
| (Y50X-1412ZK10) | −15 V | 11 | 54 |
| | PWR ZERO | 7 | 55 |
| | (c)P H | 8 | 56 |
| | (N)P H | 1 | 57 |
| | (c)P H | 8 | 58 |
| | (N)P H | 1 | 59 |

### 6.4.9 光纤链路

光纤链路的功能是将塔/天线座所有的数字和模拟信号，经变换后通过光缆传输到RDA 监控机柜，然后将这些信号还原后，传送到相应的控制单元；传送天线控制命令（如保护器命令）到天线端。光纤链路由上光端机电路、下光端机电路及光缆组成。

上光端机电路，采集天线罩温度传感器、天线功率监视器、天线转速表（方位和俯仰）输出的 4 路模拟信号，将这 4 路模拟信号进行 12 位的 A/D 转换；采集塔/天线座的 16 个数字信号及 2 组天线角度信号（方位和俯仰角度）、时序控制电路，将这些信号通过光缆传输到RDA 监控机柜的下光端机电路；将下光端机电路的接收机保护器命令信号传送给接收机保护器。下光端机电路，接收上光端机的所有信号，将其中 4 路模拟信号进行 12 位的 D/A 转换。时序控制电路，将这些信号分别传送给 DAU、DCU；将接收机保护器的输出信号传送给计算机。上下光纤板传输信号如表 6.9 所示。

表 6.9   上下光纤板传输信号

| 下光纤板-光收发器 | 信号 | 上光纤板-光收发器 |
|---|---|---|
| U9 | 数据 | U7 |
| U17 | 同步信号 | U11 |
| U16 | 时钟 | U12 |
| U15 | 保护器命令 | U14 |
| U14 | 保护器响应 | U13 |

光纤，使用 6 根（有一根为备用）62.5 $\mu m$/125 $\mu m$ 的多模室外用光缆。光缆两端各伸出 0.5 m 长的跳线，每根跳线外接一工业标准的 ST 插头。

## 6.5 伺服系统调整方法

SA雷达天线状态信息(数字信号和模拟信号)经变换后通过光缆传输到伺服系统DCU。天线状态信息包括:天线转速表(方位和俯仰)输出的四路模拟信号;16个天线状态数字信号和2组天线角度信号。另外,还要传输天线罩温度传感器、天线功率监视器;传送和接收接收机保护器命令和响应信号。

自检1,在RDA计算机和伺服系统间进行数据闭环测试,测试RDA计算机和伺服系统间的RS-232串行通信连接装置。即RDA计算机向天线座发出自检要求指令,随后将64组不同的数据发送到伺服系统再让伺服系统将相同的数据转送回来,子测试2对发送和返回的数据进行比较。如果一致,则数据有效,RS-232串行接口无故障。否则,RS-232串行接口发生故障。

自检2,是对天线座内部线路的一系列检测,它确定故障范围,识别故障的最小可替换单元(LRU)。只要伺服的俯仰不在终限位,启动时均会进行检测。在进行自检2时,基座必须处于联锁状态。

伺服系统故障首先通过RDASC性能参数检查DAU电源及伺服电源是否正常,正常后,依次自检1检查串口通信情况,自检2检查天线BIT,以及检查FC文件信息,是否存在天线状态命令传输不正常状况。在保证串口通信正常情况下,一般根据故障现象从三个方面进行分析判断:①伺服控制器无法加电;②在伺服控制器加电正常下,天线无法控制;③天线转速不均匀,有停顿、跳码现象,或天线摆动大、控制精度差。

如果自检1没通过,说明串口传输通道有问题,雷达运行天线模拟和DAU模拟程序判断信号处理器是否正常,模拟正常说明信号处理器正常,否则伺服有问题,则要检查从5A16经DAU到伺服系统DCU的串口线路,找出问题器件。对于第一种情况,应进行伺服供电检查,如果天线状态信息正常(天线不在死区限位、没有安全连锁),并且RDA计算机发出天线工作命令(SERVO ON)和DAU正常情况下,主要检查DCU数字板AP2和功率放大器5A7的加电控制继电器K1、交流接触器KA1及加电控制电路(直流数字伺服系统)。对于第二种情况,主要检查DCU模拟和数字板,如果模拟信号正常,应该是功率放大器或驱动电机,否则为数字板问题。第三种情况比较复杂,首先判断是信号处理器问题或是伺服本身问题,如果观测DCU的角码显示正常,无停顿及不均匀变化现象,说明RDA计算机或信号处理器问题,应通过更换信号处理器或者重装系统(操作系统、RDASC应用软件)及更换RDA计算机解决问题;如果DCU的角码显示有停顿、跳码、转速不均匀现象,或天线摆动大,这说明伺服本身故障。如果有跳码现象,应检查轴角编码器、上下光纤板和光纤传输线路、减速箱及机械传动部分,对于俯仰还应检查汇流环。

## 6.6 伺服系统故障代码及故障现象

### 6.6.1 与伺服系统相关性能参数有关的报警

与伺服系统相关性能参数有关的报警见表6.10。

表 6.10　伺服系统相关性能参数和可能产生的报警

| 项目名称 | 可能的状态 | 可能的报警 |
|---|---|---|
| PED+150 V(天线座+150 V) | OK/UNDRVOLT/OVRVOLT（正常/偏低/偏高） | |
| EL AMP(俯仰放大器) | OK/INHIBIT/SHT CKT/OVR TMP（正常/禁止/过流/超温） | INHIBIT/SHT CKT/OVR TMP→Alarm 300/301/302 |
| EL MOTOR(俯仰电机) | OK/OVR TMP(正常/超温) | |
| EL STOW PIN(俯仰锁定装置) | OPER/ENGAGE(正常运行/锁定) | ENGAGE→Alarm 306 |
| EL PCU PARITY(俯仰控制单元奇偶校验) | OK/FAIL(正常/故障) | |
| EL DEAD LIMIT(俯仰死限位) | OK/IN LIM(正常/限位) | IN LIM（94°度≤EL≤−2°）→Alarm 308 |
| EL+LIMIT(俯仰正预限位) | OK/IN LIM(正常/限位) | IN LIM(≥90.2°)→Alarm 310 |
| EL−LIMIT(俯仰负预限位) | OK/IN LIM(正常/限位) | IN LIM(≤−1.2°)→Alarm 311 |
| EL ENCODE LIGHT(方位编码器灯) | OK/FAIL(正常/故障) | |
| EL GEARBOX OIL(俯仰齿轮箱润滑油) | OK/LOW(正常/偏低) | |
| EL HANDWHEEL(俯仰手轮) | OPER/ENGAGE(正常运行/手轮啮合) | ENGAGE→Alarm 328 |
| EL AMP PS(俯仰放大器电源) | OK/FAIL(正常/故障) | |
| EL POS CORR(俯仰位置订正器) | ___．___Deg | / |
| SERVO(伺服) | ON/OFF(正常/关闭) | OFF→Alarm 341 |
| AZ AMP(方位放大器) | OK/INHIBIT/SHT CKT/OVR TMP UP-ON(正常/禁止/过流/超温) | INHIBIT/SHT CKT/OVR TMP→Alarm 315/316/317 |
| AZ MOTOR(方位电机) | OK/OVR TMP(正常/超温) | |
| AZ STOW PIN(方位锁定装置) | OPER/ENGAGE(正常/锁定) | ENGAGE→Alarm 321 |
| AZ PCU PARITY(俯仰控制单元奇偶校验) | OK/FAIL(正常/故障) | |
| AZ BULIGEAR OIL(方位大齿轮润滑油) | OK/LOW(正常/偏低) | |
| AZ ENCODE LIGHT(方位编码器灯) | OK/FAIL(正常/故障) | |
| AZ GEARBOX OIL(方位齿轮箱润滑油) | OK/FAIL(正常/故障) | |
| AZ HANDWHEEL(方位手轮) | OPER/ENGAGE(正常运行/手轮啮合) | ENGAGE→Alarm 329 |
| AZ AMP PS(方位放大器电源) | OK/FAIL(正常/故障) | |
| AZ POS CORR(方位位置订正器) | ___．___Deg | / |

| 项目名称 | 可能的状态 | 可能的报警 |
|---|---|---|
| +28 V PS<br>SB 型雷达为+24V | ___.___V | →Alarm 333 |
| +15 V PS | ___.___V | →Alarm 330 |
| +5 V PS | ___.___V | →Alarm 332 |
| −15 V PS | ___.___V | →Alarm 331 |
| SELF TST 1 STATUS(自检 1) | OK/FAIL(正常/故障) | FAIL→Alarm 604 |
| SELF TST 2 STATUS(自检 2) | OK/FAIL(正常/故障) | FAIL→Alarm 605 |
| SELF TST 1 DATA(自检 1 数据) | ___(HEX) | / |
| PED INTLK SWITCH(天线座联锁开关) | OPER/SAFE(正常运行/安全保护) | SAFE→Alarm337 |

### 6.6.2　与伺服系统相关的其他报警

(1)Alarm 701 CONTROL SEQ TIMOUT-RESTART INITIATED

如果在合理的时间内(<240 s)未检测到仰角扫描结束,设置 701 报警。导致 RDA 被迫停机的故障报警,一般最后都生成 701 报警,系统自动重启。而且,在系统重启后,大多能恢复正常。系统自动重启后,系统恢复到重启前的状态。

(2)Alarm 623 PED TASK PAUSED-RESTART INITIATED

天线座任务终止,系统重启。

(3)Alarm 151 RADOME ACCESS HATCH OPEN

打开天线罩门引起待机时报警,直接关闭伺服电源,不用先到 PARK。

(4)报警 383、396、397 可能和天线座、伺服控制、数据处理、时序等都有关系:

Alarm 383——径向线时间间隔错误;

Alarm 396——径向数据丢失;

Alarm 397——在一个仰角剖面,有过量的径向线(>400 条)。

### 6.6.3　与伺服系统使能信号及控制信号相关的报警

天线座的仰角使能信号(EASY I3)、方位使能信号(EASY I4)和伺服系统的"STBY/OP"控制信号传输通道中如果发生中断(如:发生光耦开路故障时),迫使雷达待机,系统监控程序 RDASC 也将报警:

Alarm 338 PEDESTAL STOPPED(IN)

扫描中如果天线位置连续 30s 不变,报警并待机。

Alarm 701 CONTROL SEQ TIMOUT-RESTART INITIATED

如在合理的时间(人为设定,但<240 s)未检测到扫描结束则报警:控制序列超时,并重新开始系统初始化。

Alarm 450 PEDESTAL INITIALIZATION ERROR(IN)

天线座伺服系统初始化失败。

Alarm 623 PED TASK PAUSED-RESTART INITIATED

天线座伺服系统工作暂停。

### 6.6.4　伺服系统故障现象汇总

伺服系统故障现象、可能原因和排除方法见表 6.11。

表 6.11　伺服系统故障现象、可能原因和排除方法

| 序号 | 故障现象 | 可能原因 | 排除方法 |
|---|---|---|---|
| 1 | 天线驱动无法开启 | 安全开关未接触上 | 检查安全开关更换或维修 |
|  |  | 断线或插头座接触不良 | 从伺服分机到天线座逐段检查线路,修复断线,扭紧插头或更换插头座 |
|  |  | 电源分机"工作"开关接触不良或"应急"开关闭锁常闭不通 | 更换"工作"或"应急"开关的接触组合头,互锁系统失去作用应更换全套开关 |
|  |  | 伺服分机"遥控"或"本控"的中间继电器 $K_1$ 线包不吸合或触点接触不良 | 在伺服分机上更换 $K_1$ |
| 2 | 方位无＋130 V 直流驱动电压 | 驱动分机,保险丝断,无交流电源 | 更换驱动分机变压器 $T_1$ 上面的保险丝 $FU_1$ |
|  |  | 可控硅无触发或触发不正常 | 方位驱动分机中控制器上 KC04 坏,更换 KC04;触发脉冲变压器坏,更换脉冲变压器 $T_1$;充电电容坏更换充电电容 $C_{17}$;慢起动电容 $C_{16}$ 漏电封锁触发,更换 $C_{16}$;并参照原理图及说明对照电路检查排除故障 |
| 3 | ＋130 V 输出过高或过低不稳 | 控制器上电位器 $PP_5$ 及 $RP_6$ 接触不良或损坏 | 控制器上电压调节电位器 $RP_5$ 及 $RP_6$ 坏调整不起作用,更换电位器 $RP_5$、$RP_6$ |
| 4 | 俯仰无＋100 V 直流驱动电压 | 原因与方位相同 | 排除方法按方位排除方法 |
| 5 | 俯仰＋100 V 过高或过低不稳 | 可能原因与方位相同 | 排除方法按方位排除方法 |
| 6 | 方位误差无输出 | 运算放大器损坏 无±15 V 电压 | 更换方位伺服放大器的运算放大器 LM124 ±15 V 保险丝熔断,更换保险丝 |
| 7 | 方位输入误差有正有负,伺服放大器输出只有正电压 | 方位伺服放大器 $K_3$ 常闭触点接触不良,触点虚焊 | 检查 $K_3$ 触点是否焊接良好,修复或更换继电器 $K_3$ |
| 8 | 方位输入误差有正有负伺服放大输出器只有负电压 | 方位伺服放大器 $K_4$ 常闭触点接触不良,触点虚焊 | 检查 $K_4$ 触点是否焊接良好,修复或更换继电器 $K_4$ |
| 9 | 方位手控时未转手轮有误差输出且极性不定调零不起作用 | 伺服放大器中 $K_2$ 动合触点接触不良造成阻尼信号或手控信号未接上,使运放开路 | 检查继电器动合触点是否焊接良好,修复或更换继电器 $K_2$ |

续表

| 序号 | 故障现象 | 可能原因 | 排除方法 |
|---|---|---|---|
| 10 | 方位数控无误差输入但伺服放大器有误差输出且极性不定,调零不起作用,天线快速运转 | 伺服放大器中继电器 $K_1$、$K_2$ 常闭触点接触不良 | 检查 $K_1$、$K_2$ 触点焊接是否良好,修复或更换继电器 $K_1$ 或 $K_2$ |
| 11 | 俯仰误差有正有负伺服放大器输出只有正电压 | 原因与方位相同(第7项) | 排除方法与方位相同(第7项) |
| 12 | 俯仰输入误差有正有负,伺服放大器输出只有正电压 | 原因与方位相同(第8项) | 排除方法与方位相同(第8项) |
| 13 | 俯仰手控时未转手轮有误差输出且极性不定调零不起作用 | 可能原因与方位相同(第9项) | 排除方法与方位相同(第9项) |
| 14 | 俯仰数控无误差输入,但伺服放大器有误差输出且极性不定,调零不起作用 | 可能原因与方位同(第10项) | 排除方法与方位相同(第10项) |
| 15 | 俯仰数控时不受控 | 同步机无激磁 | 信号处理柜上交流110 V保险丝断更换保险丝 |
| | | 俯仰发送器上同步机坏 | 更换同步机 |
| | | 同步机三相中少相 | 天线座上汇流环接触不良,清洗汇流环,插头座接触不良更换插头座,焊点松动补焊或断线应修复断线 |
| | | 方位角码变换器失效 | 更换角码变换器 |
| | | 操作软件不正常 | 重新装软件 |
| | | 伺服放大器不正常 | 按排除方法中的第7,8,9,10项排除 |
| | | 伺服接口板有故障 | 伺服放大器故障<br>在信号处理中的主控分机上按该分机的故障排除方法排除故障 |
| 16 | 方位数控时不受控 | 可能原因参照俯仰第15项 | 排除方法参加俯仰第15项 |
| 17 | 方位无误差信号输入天线自转 | 方位伺服放大器中调零电位器 $RP_3$ 接触不良使输出不为0 | 更换电位器 $RP_3$ |
| | | 零误差时在脉宽调制器上的动力润滑方波不对称,$RP_3$ 及 $RP_4$ 可能接触不良或虚焊 | 检查焊点,修复更换 $RP_3$、$RP_4$ 然后调节 $RP_3$、$RP_4$、$R_{18}$、$R_{20}$,上端检查方波应一致 $\leqslant 20\ \mu s$ |
| 18 | 俯仰无误差输入天线自转 | 可能原因与方位系统相同如17项 | 按方位系统排除方法排除故障第17项 |

续表

| 序号 | 故障现象 | 可能原因 | 排除方法 |
|---|---|---|---|
| 19 | 在数控时俯仰系统天线振荡 | 测速发电机无输出<br>汇流环接触不良 | 测速发电机坏更换电机和清洗测速发电机的集电环 |
| | | 测速信号时有时无可能断线,虚焊或插头座接触不良 | 清洗汇流环,松的压紧<br>修复断线,焊点,更换插头座 |
| | | 俯仰伺服放大器中阻尼调节电位器 $RP_8$ 接触不好 | 更换电位器 $RP_8$ |
| | | 俯仰伺服放大器中运算放大器第一级或第二级,反馈电阻开路,变质或焊点虚焊增益太高 | 更换电阻 $R_{15}$ 或 $R_{25}$<br>修补焊点 |
| | | 误差信号不稳定时大时小 | 微调伺服放大器中的增益电位器 $RP_5$<br>检查主控分机或控制系统软件 |
| 20 | 在数控时方位系统天线振荡 | 可能原因与俯仰系统第 19 项相同 | 按俯仰系统第 19 项的方法排除故障 |
| 21 | 数控时天线方位或俯仰小角度振荡次数增多至 5-6 次以上 | 减速器回差太大<br>系统增益太高,降低增益 | 检修减速器有无松动重新装好,固紧降低系统增益使系统稳定微调伺服放大器中 $RP_5$ |
| 22 | 方位有误差输出,直流驱动电源正常,驱动器无电压输出,天线不转(在出现这类故障时必须立即关掉驱动电源,放在手控下进行检查) | 脉宽调制器板上无三角波输出 | 检查运放 $N_1$-8 的三角波为对称三角波,频率 4～5 kHz;若无输出,更换 $N_1$ LM324(LM224);或检查其周围元器件电容、电阻有无损坏,损坏则更换 |
| | | 无四路控制脉冲或方波输出 | 检查 $N_2$-7 和 12 脚,有无方角波输出,无方角波输出则更换 $N_2$ |
| | | 四个驱动模块 $N_4$、$N_5$、$N_6$、$N_7$ 中直流 20 V 电源不正常(注意电源不接地) | 用示波器检查 $D_3$-2、4、6、10 脚的脉冲或方波(可在 $R_{18}$、$R_{19}$、$R_{20}$、$R_{21}$ 脚量)且 2 和 4 同相位,6 和 10 同相位,无输出则更换 $D_3$ HBF4050 驱动模块;$N_4$-$N_7$ 中 20 V 电源不正常则分别检查驱动模块 2 脚对 9 脚,应为 +20 V,调节三端可调稳压器的电位器,使其满足要求;还不正常,则应检查三端稳压器 RG1-RG4 或整流桥 U1-U4,更换三端稳压器或整流桥及滤波电容,若交流不正常,则应更换驱动分机中变压器 T1 |
| | | 驱动模块无输出 | 用示波器(不接地)检查驱动模块 3 对 6 脚应有脉冲或方波输出,若无输出,则是驱动模块损坏,更换驱动模块 EXB841 |

续表

| 序号 | 故障现象 | 可能原因 | 排除方法 |
|---|---|---|---|
| 23 | 俯仰有误差输出,直流驱动电压正常,无驱动电压输出天线不转 | 可能原因参照方位驱动第22项 | 按方位驱动第22项方法排除故障 |
| 24 | 方位驱动系统有驱动电压输出天线不转 | 连接电缆断线或插头座虚焊 | 修复断线及焊点 |
| | | 电机碳刷松动移位,集电环绝缘变差电机坏 | 清洗集电环,更换新碳刷更换电机 |
| 25 | 俯仰驱动系统有驱动电压输出天线不转 | 可能原因参照方位驱动系统第24项汇流环接触不良碳刷松动 | 按方位驱动系统第24项方法排除故障清洗汇流环,固定好电刷 |
| 26 | 方位或俯仰开驱动立即过流 | 功率模块 IGBT 被击穿 | 更换驱动模块 CM300DY-24H/CM200DY-24H |
| 27 | 发出"启动天线"命令但天线不转 | ①安全开关处于断开状态②伺服电源分机未处在"工作"状态③伺服分机未处于"遥控"状态 | ①检查,更换安全开关,分段检查是否断线②检查"工作""应急"开关状态,检查相应的继电器是否吸合③检查"遥控""本控"开关是否良好,更换相关的开关、继电器 |
| 28 | 无驱动电压 | ①保险丝断②无交流电输入③可控硅触发不正常 | ①更换保险丝②查找供电系统③参照原理图查找检修相关的变压器、电容、二极管等 |
| 29 | 驱动电压不稳 | 控制器上的可调电位器接触不良或损坏 | 参照原理图检查,更换相关的可调电位器 |
| 30 | 无误差电压输出 | ①无±15 V 电压②运放损坏 | ①检修±15 V 电源电路②更换运算放大器 |
| 31 | 误差电压输出正常但是天线只能单向运转(向上或向下;正转或者反转) | 相关的继电器触点脏,接触不良,或者有虚焊点 | 参照原理图检修、更换相关继电器 |
| 32 | "手控"状态时,未转动手轮天线就开始运转,但极性不定,"调零"不起作用 | ①运放开路,阻尼信号未加上②调零电位器坏 | ①对照原理图找查阻尼信号是否加到运算放大器上,可更换相关继电器,电位器,直至运放②更换电位器 |
| 33 | "数控"状态下,未给出期望值,即误差电压为"0"时,天线仍在转动,且极性不定"调零"不起作用 | ①伺服放大器中相关继电器接触不良②调零电位器坏 | ①参照原理图检修更换相关继电器②更换调零电位器 |

| 序号 | 故障现象 | 可能原因 | 排除方法 |
|---|---|---|---|
| 34 | "数控"状态下天线不受控 | ①自整角机无励磁<br>②自整角机损坏<br>③自整角机缺相<br>④伺服放大器故障<br>⑤操作软件运行不正常<br>⑥角码变换器失效 | ①信号处理机柜中交流 110 V 保险丝断开，更换之<br>②更换自整角机<br>③汇流环脏，清洗之；插头座接触不良或断线<br>④参照原理图维修伺服分机<br>⑤重装实时处理程序<br>⑥更换角码变换器 |
| 35 | "数控"状态下停天线时天线追摆次数太多或震荡不停 | ①测速电机损坏或连线有断点<br>②汇流环不洁<br>③阻尼电位器接触不良或失效<br>④伺服放大器运算放大器周边有虚焊点<br>⑤增益调整不当<br>⑥误差信号不稳，时大时小 | ①更换测速电机或修复断线<br>②清洗汇流环<br>③更换阻尼电位器<br>④检查维修之<br>⑤微调伺服放大器中的增益电位器<br>⑥检查主控分机相关元器件 |
| 36 | 方位驱动输出正常但天线不转 | ①电缆断线或插头座接触不良<br>②方位驱动电机损坏<br>③天线转台损坏此时天线转动时有啸叫声 | ①将方位驱动连接电缆（4xs403）与俯仰驱动连接电缆（4xs403）对调，判断是否是电缆问题<br>②更换方位驱动电机<br>③更换天线转台 |
| 37 | 俯仰驱动输出正常但天线不能做改变仰角的动作 | ①汇流环脏<br>②连接电缆问题<br>③俯仰驱动电机损坏 | ①清理汇流环<br>②对调方位、俯仰电缆试试<br>③更换俯仰驱动电机<br>（注：更换俯仰电机前，将天线抬到一定仰角，插好定位销） |
| 38 | 开驱动后立即过流 | 功率模块 IGBT 被击穿 | 更换 IGBT（注：IGBT 为贵重器件，更换时要放掉身上静电，禁止用手触摸 IGBT 的控制级 $G_1$、$G_2$、$G_3$、$G_4$，不能用万用表测量 IGBT，不能用电烙铁焊接，未用的新模块禁止取下短路环） |
| 39 | RHI 扫描时仰角范围＞30°使得做一次 RHI 扫描时间过长 | 实时处理程序中命令 RHI 扫描上限的语句出错 | ①更改程序语句，将其设定在 0°～30°<br>②临时措施可在 RHI 扫描状态控制的画面中将滑块拖至 30° |

## 6.7 天伺系统故障维修举例

**例1**

故障现象：空气压缩机频繁启动加压。

故障分析诊断：空压机频繁启动加压，说明空压机或波导某个地方存在漏气。一般安装好的波导不在外力的磕碰下是不会漏气的，只有旋转关节在不断运行中磨损较大容易产生漏气，应重点检查。

故障处理：首先将空气压缩机输出端的软管折弯后，观察空气压缩机的低压表是否可以上去。如果可以上去，说明空压机没有故障，是馈线系统漏气，重点检查方位旋转关节、俯仰旋转关节、馈源等位置。否则就是空气压缩机本身故障。

当馈线漏气很快时，在波导连接接头处涂抹肥皂水，查看有无气泡增大现象，可以很快找到漏气的具体位置。

当馈线漏气较慢时，进行分段查找，拆开波导并将一段用堵头堵住，观察是否漏气，若不漏气，说明漏气点在上一段中，继续按此方法分段找到，直到找到具体位置为止。

找到漏气的具体位置后，根据情况可用硅橡胶粘补或更换新的器件。

**例2**

故障现象：伺服关断后，总是停在一固定位置，天线实际位置与数字控制单元显示位置不一致。

故障分析诊断：天线实际位置与数字控制单元显示位置不一致，因此，判断角码数据传输故障。

故障处理：按照角码信号传输路径逐一排查，角码信号传输路径如图6.9所示。

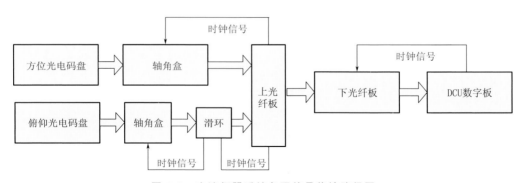

图6.9 交流伺服系统角码信号传输路径图

测量下光纤板的U19，观察是否收到来自DCU的时钟信号和锁存信号。如果无，则检查DCU与上光纤板的连线。如果连接正常更换DCU数字板。上步测试正常，测下光纤板的U10，观察有无角码波形；测上光纤板的U9，观察有无角码波形；可判断光纤传输是否有问题。上步测试中上、下光纤板都无数据，进入天线座测量上光端机的电源模块的电源输出是否都正常。测试上光纤板的U8是否给轴角盒发送锁存信号和时钟信号，无时钟或锁存信号，上光纤板损坏。上步正常，再测试轴角盒D5是否收到相应的锁存和时钟信号，D6是否将数据发出，如果无，更换轴角盒或光电码盘。

**例 3**

故障现象：天线定位不准确，或运行不稳定，或追摆严重。

故障判断与处理：首先测量 DCU 单元的电源模块的地电位是否有漂移，因其会导致正负电源对称度的变化，进而导致天线定位漂移明显。更换 DCU 模拟板（注意，新换的板子可能导致零点漂移，方位调节 RP3，俯仰调节 RP11 可以矫正）。检查或更换电机及其机械联动环节。

**例 4**

故障现象：方位、俯仰都不受控，天线不动作。

故障处理：用电压表测量固态继电器的输入输出端（相电压 165 V），判断 5A7 的三相供电是否正常；判断 5A7 中的固态继电器是否损坏；检查 5A6 的电源模块是否正常，如果正常，更换 DCU 模拟板。检查 DCU 数字板与 RDA 计算机的通信。

**例 5**

故障现象：方位或俯仰某支路不受控制，天线不动作。

故障处理：更换 DCU 模拟板。（注意，新换的板子可能导致零点漂移，方位调节 RP3，俯仰调节 RP11 可以矫正。）更换 5A7 中方位与俯仰的接线，观察是否是功放模块的问题。如果确定是功放模块有问题，则更换功放模块。检查电机及同步箱连轴节。

# 第①章

## 雷达RDASC软件和信号处理器维修技术与方法

## 7.1 RDASC 软件功能和信号处理器工作原理

### 7.1.1 信号处理器工作原理

信号处理系统由软件可编程信号处理器(PSP)和硬件信号处理器(HSP)组成。可编程信号处理器从 HSP 接收数字雷达数据,提取四个基本元素来产生气象数据并完成距离解模糊。硬件信号处理器由安装在 RDASC 计算机主机箱中的三个插件板组成,它们是硬件信号处理器(HSP),包括 DCB 和 HSP。这两个硬件信号处理器提供与接收机、伺服、发射机定时的接口。数据传输板(DCB)通过 PCI 在计算机和 HSP 之间下载控制参数并进行数据传输。PCI 接口在计算机和硬件信号处理子系统之间,最大传输速率为 133MB/s,用来给雷达发射机和接收机传输硬件控制命令和参数,并传输天气信号 I/Q 数据给计算机,以作进一步数据处理。

通过宽带通信传输的数据包括从 RPG 发给 RDA 的扫描属性数据、RDA 状态命令、控制台信息、闭合测试信息、请求数据信息、旁路图和杂波抑制区信息;从 RDA 发给 RPG 的数字雷达数据、状态数据、旁路图、闭合测试信息、性能数据和控制台信息。

HSP 提供杂波滤波和系统同步。HSP 存放着整个径向的杂波地图数据,还要处理每个距离元的数据并输出时间序列回波数据。

PSP 处理 HSP 来的时间序列数据并形成回波功率、反射率、速度和谱宽数据。这些数据被传送给 RDASC 处理器,在那里形成数据的基本格式。强点杂波检查和距离解模糊也在 PSP 中执行。PSP 利用监视波形获取的回波功率数据(它存于先前扫描的 RDASC 中,接着返回到 PSP)进行距离解模糊处理。根据系统初始化,PSP 接收下载命令下载自身只读存储器(ROM)的代码到它的随机存取存储器(RAM)。微码对所有阵列处理程序提供详细指令。PSP 还接收宏码指令组用于控制波形处理模式选择,包括同步和定时命令序列。命令宏码对每个径向都被下载,并存入 RAM 中。PSP 还接收在逐个径向基础上的杂波图数据,送给 HSP 供杂波抑制处理用。PSP 使用来自接收机各个内部监视点的信号采样并计算用于接收机校正所需的参数。信号处理器另外一个主要功能是给发射机、接收机以及信号处理器自身提供同步,使用 RDASC 处理器的控制数据和来自接收机中的主时钟的定时信号完成这个任务。

### 7.1.2 RDASC 软件功能

RDASC 处理器控制雷达工作,它为天线定位系统、发射机、接收机、HSP 和 PSP 产生控制信号,并监视其状态,该处理器还对由 PSP 接收的基数据格式化,并控制宽带通信链路与 RPG 处理器交换数据。

RDASC 处理功能由 RDASC 处理器和数据存储部件组成。本功能接收 RPG 来的扫描格式控制数据、控制天线位置、执行信号处理和控制状态及命令接口功能。它评估 RDA 的性能并格式化基本天气数据供传送给 RPG。提供一个维护终端用于 RDA 初始化和测试。存档 A 单元可被连接到 RDASC 处理器以记录基数据。RDASC 处理器是 RDA 的神经中枢，它是一个高档微机，借助于红帽 Linux 操作系统进行工作，在正常工作期间它运行 RDASC 应用程序，在脱机的系统性能参数测试（RDASOT）期间运行 RDA 诊断程序。

RDASC 程序和计算机之间的接口为红帽 Linux 操作系统和相关驱动及控制提供系统外围设备的所有接口。

RDASC 程序用来控制雷达系统硬件的实时运行，这些硬件包括信号处理器、伺服系统、发射机和接收机等；监视和评定 RDA 性能；初始化自动标定功能；进行雷达系统标定；向 RPG 报告 RDA 状态；将信号处理程序生成的反射率、平均径向速度和谱宽数据格式化；初始化向 RPG 的数据传输。

RDASC 程序分为以下几个功能：管理维护控制台；监视和标定 RDA；生成 RDA 数据；管理宽带通信；控制 RDA；控制信号处理器；控制伺服系统。

处理维护控制台功能：提供用户与程序的界面，使用户可以通过键盘、鼠标和显示器使用 RDASC。

监视和标定 RDA 功能：主要汇总 RDA 的状态和性能数据。这些数据包括传感器直接测量的数据和得自其他程序得数据；特别当不能在雷达正常观测时同时获取有关数据的情况下，此功能确定标定、状态和性能测试的执行顺序；计算标定参数；生成状态信息和报警等；并把数据传输给 RPG。

生成 RDA 数据功能：将基数据（反射率、平均径向速度和谱宽）加上数据头；准备其他在宽带上传输的数据；生成管理宽带通信功能所需的参数块；执行存档 A 功能。存档 A 保存基数据以及 RDA 简明状态数据。

管理宽带通信功能：控制宽带与 RPG 之间的接口；监视宽带状态并将其发送给监视 RDA 硬件功能；根据请求将专用接口测试发送给宽带硬件；发送给 RPG 的数据包括基数据、RDA 简明状态数据、RDA 状态报警、RDA 详细标定、性能和状态数据、闭合测试信息、控制台信息以及杂波滤波旁路图。RPG 发送给 RDA 的数据包括模式和 RDA 功能命令、体扫数据、杂波图和杂波抑制控制数据、闭合测试信息、控制台信息以及 RDA 状态请求。

控制 RDA 功能：控制 RDA 模式、配置和状态；协调其他 RDASC 程序功能工作；提供 RDA 粗略定时。而精确定时由 RDASC 控制下的信号处理器产生。根据用户在 RDASC 或 RPG 的命令，此功能设置 RDA 模式；选择在宽带上传输的基数据类型；定义存档设备 A 的数据；确定启动、重启动和关机的顺序以及电源恢复顺序。在低层控制中，此功能协调 RDA 的运行；确定体扫顺序；控制天线角度；定义信号处理控制和波形参数；在体扫切换之间加入标定和性能监视检查。

控制信号处理器功能：是 RDA 计算机与信号处理器的接口。此功能不进行任何处理，仅管理 RDA 计算机与信号处理器之间的数据传输。这些数据包括控制命令、参数及数据（基数据，机内测试（BIT）数据，标定和测试数据）。

控制伺服系统功能：提供数字接口和数字/模拟接口。数字接口通过数据通信板（DCB）

和硬件信号处理器（HSP）控制和显示天线、天线座位置。信号处理器功能：接收伺服系统的位置数据；向伺服系统发送天线运动命令，使天线按要求模式运动；执行高速伺服闭环测试；接收伺服系统的 BIT 数据；执行自检测试；数字/模拟接口监视天线 RF 功率；获取伺服系统测试数据以及天线/塔故障信号。

## 7.2　RDASC 程序接口关系和信号处理器信号流程

### 7.2.1　RDASC 程序接口关系

状态和命令接口功能是由 DAU 提供的。位于 UD5 里的 DAU 是带 RDASC 处理器的双向通信链路。它搜集发射机、天线定位电路、微波系统、接收机、RDA 环境传感器和 RDA 设施产生的故障告警和状态数据。该数据可能以下列 3 种形式之一出现：模拟形式，并行二进制码，或离散的状态位。所有这些数据以多路复用方式经过 RDA 计算机 RS-232 串行口发送到 RDASC。RDASC 也经同样 RS-232 串行口发送串行数据到 DAU。这个串行数据包括关于天线位置和速度命令，以及发射机和备用电子系统的模式命令。另外，RDASC 通过 5A16 串行口经 DAU 底板转接接收天伺系统的天线位置和速度状态信息。

RDASC 处理器具有与数据存储单元，宽带通信链路，可编程信号处理器，控制面板以及存档设备相连接的内部（总线）接口，它还有与 DAU、维修终端相接的外部接口。

数据获取单元 DAU（data acquisition unit）提供与维护面板、塔/市电（tower/utilities）以及发射机（transmitter）的接口；其物理及电气特征符合 RS-232 标准。通过 DAU 传输的数据包括发射机命令、状态及 BITE 数据；塔/市电命令、状态及 BITE 数据；维护面板数据。

通过宽带通信传输的数据包括从 RPG 发给 RDA 的扫描属性数据、RDA 状态命令、控制台信息、闭合测试信息、请求数据信息、旁路图和杂波抑制区信息；从 RDA 发给 RPG 的数字雷达数据、状态数据、旁路图、闭合测试信息、性能数据和控制台信息。

RDASC 程序和计算机之间的接口为红帽 Linux 操作系统和相关驱动及控制提供系统外围设备的所有接口。

软件系统也包括 RDA 系统操作测试（RDASOT）。这是一组用来测试、诊断和分析雷达系统的测试工具。详细功能参考 RDASOT 部分。RDASC 程序接口关系图如图 7.1 所示。

RDASC 工作文件路径如表 7.1 所示。

表 7.1　RDASC 工作文件路径列表

| 序号 | 路径 | 说明 |
|---|---|---|
| 1 | /opt/rda/bin | 可执行程序 |
| 2 | /opt/rda/iq | I/Q 可存档数据文件 |
| 3 | /opt/rda/config | 配置文件 |
| 4 | /opt/rda/bin/archive2 | 2 级基数据文件 |
| 5 | /opt/rda/log | 日志文件 |

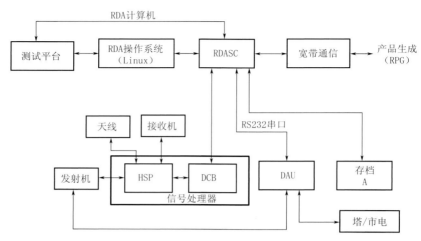

图 7.1    RDASC 程序接口关系图

RDASC 程序文件路径如表 7.2 所示。

表 7.2    RDASC 程序文件路径列表

| 序号 | 路径 | 说明 |
|------|------|------|
| 1 | bin/rcc | 雷达控制台程序 |
| 2 | bin/maina | 雷达信号控制程序 A |
| 3 | bin/mainb | 雷达信号控制程序 B |
| 4 | bin/ped | 天线控制程序 |
| 5 | bin/rcw | 雷达控制窗口程序 |
| 6 | bin/rdasot | RDASOT 程序 |
| 7 | bin/tsdump | 以文本方式显示 IQ 存档文件程序 |
| 8 | bin/dau | DAU 模拟器 |
| 9 | bin/rdad | RDASC 主程序 |
| 10 | bin/rtw | 天气实时显示程序 |
| 11 | config/ADAPTCUR. DAT | 当前版本适配数据文件 |
| 12 | config/ADAPT. DAT | 基础版本适配数据文件 |
| 13 | config/rdad. conf | 雷达配置文件 |
| 14 | config/rtr. sub. conf | 网络服务配置文件 |
| 15 | config/rtr. service. conf | 网络服务配置文件 |
| 16 | config/rtr. icebox. cConf | 网络服务配置文件 |
| 17 | config/rtr. pub. conf | 网络服务配置文件 |
| 18 | config/rcw. conf | 雷达控制窗口配置文件 |

### 7.2.2 信号处理器信号流程

信号处理器信号控制包括天线伺服、接收机接口、发射机以及来自数字中频的信号接收和打包、命令解析和转发、时序信号、串口收发、差分接收、电平转换等。信号处理器组成见图 7.2,信号处理器信号流程见图 7.3。

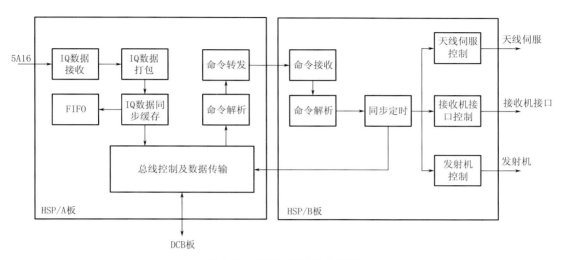

图 7.2 信号处理器组成框图

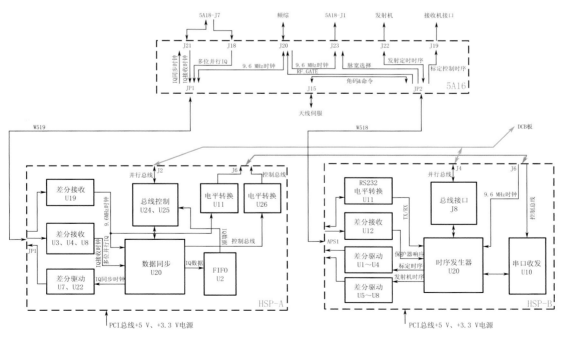

图 7.3 信号处理器信号流程图

## 7.3　信号处理器故障代码及故障现象

信号处理器故障和发射机相关的报警主要有发射机/DAU 接口故障，以及相关时序信号、保护器信号等；和接收机相关的故障有关的接收机时钟信号、控制信号等；和 DAU 相关故障报警主要有 DAU 状态数据读超时、DAU 命令超时、DAU 输入/输出状态错等。RDASC 和信号处理器主要报警信息见表 7.3。

表 7.3　RDASC 和信号处理器报警信息表

| 报警号 | 报警内容 | |
|---|---|---|
| 20 | RANGE RESOLUTION BEING CHANGED | 距离分辨率被改变 |
| 21 | TASK FILE LOAD FAIL | 任务文件加载失败 |
| 28 | PULSE WIDTH ERROR | 脉冲宽度错误 |
| 30 | CONFIG FILE LOAD FAIL | 配置文件加载失败 |
| 31 | TASK SCHEDULE FILE LOAD FAIL | 任务调度文件加载失败 |
| 690 | STATE FILE WRITE FAILED | 写状态文件失败 |
| 692 | RDASC CAL DATA FILE WRITE FAILED | 写 RDASC 标定数据文件失败 |
| 700 | INIT SEQ TIMEOUT-RESTART INITIATED | 初始化序列超时-重新初始化 |
| 701 | CONTROL SEQ TIMEOUT-RESTART INITIATED | 控制序列超时-重新初始化 |
| 756 | ARCHIVE A CAPACITY LOW | 存档设备容量低 |

## 7.4　信号处理器维修技术与方法

信号处理器维修主要通过两种方法进行，一是利用 RDASOT 测试平台进行故障隔离和诊断，二是通过关键点波形测量进行故障隔离和诊断。

（1）利用 RDASOT 测试平台进行故障隔离和诊断

利用 RDASOT 测试平台 PSP 诊断。PSP 诊断负责 PSP 内故障隔离。这包括从输入信号状况到输入/输出控制器（IOC）的所有 LRU。故障隔离通过端到端测试执行。预定的数据在前端注入，而检验从 PSP 接收的结果数据格式。通过数据中差错格式确定有故障的 LRU。根据检测到的错误信息，诊断系统通知操作员有故障的 LRU 或对故障有责任的 LRU 单元组。

HSP 诊断。HSP 诊断负责预量化器、杂波滤波器和组合器内等隔离故障。故障隔离通过在 HSP 内各个点上注入测试信号并且监视测试信号来实现。根据检测到的错误信息，诊断系统通知操作员有故障的 LRU 或对故障有责任的 LRUS 单元组。

复频谱测量。复频谱测量以表列数据对已知的测试目标的每根谱线显示其对数幅度和相位。复频谱测量是系统可信度测试而不是诊断。需要整理分析输出的数据以确定系统的可操作性。没有 LRU 被定为故障源。

诊断 DCB 和 HSP 之间通信问题的方法和步骤：

RDASOT 中"Signal Test"界面的第三个标签是"End Around"测试（图 7.4）。点击界面上测试按钮即可完成测试，测试结果在上方文字框内显示。"End Around"测试用于检验 DCB 和 HSP 之间的通信连接。如果环回测试失败，可能是 DCB 和 HSP 之间的连接线缆出现故障，或者 DCB/HSP 板损坏。

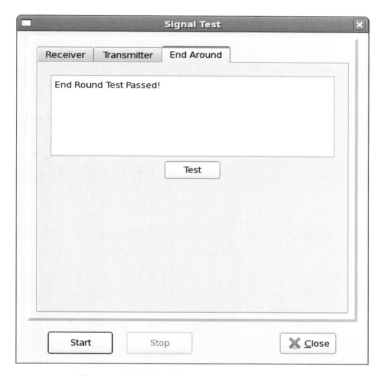

图 7.4　信号处理器 End Around 测试界面图

模拟 HSP 和模拟天线法进行故障隔离和诊断方法：

在适配参数中 DAU/Simulator 选 FIFO 和选 DCU Simulator、HSP Simulator，设置界面见图 7.5；

发射机关闭，然后运行 RCW 平台，如果终端画面天线正常运行，说明雷达 RDASC 软件和 RDA 计算机正常，否则故障在 RDA 计算机或 RDASC 软件。

（2）通过关键点波形测量进行故障隔离和诊断

首先检查主时钟是否正常。在 CINRAD/SA 雷达系统中，主钟由频率源提供，经 5A16 板送达 HSP 板。定主时钟频率为 9.6MHz，RS-422 电平标准，可通过示波器测量 5A16 的 JP6 的 12 脚来判断其是否正常。

如果主时钟正常，但接收机不正常，检查 IQ 同步时钟是否正常。IQ 同步时钟的 LIN_AD_CLK 频率为 9.6MHz，相邻两个 LIN_AD_CLK 之间应包含 4 个 LIN_SER_CLK 传输时钟，如在 5A16 上检测的信号不正常，则进一步断开负载 5A18（J21 和 J18 电缆），如恢复正常，则是 5A18 故障或连接电缆故障；如仍不正常，则是信号处理器或连接电缆问题。

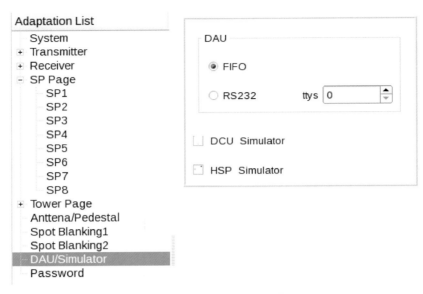

图 7.5　DAU/Simulator 设置界面图

　　如果主时钟正常，但发射机不正常，需要检查发射机时序信号。①检查保护器命令脉冲和保护器响应脉冲信号。当出现发射机时序无输出时应检测保护器时序是否正常，特别是保护器响应信号是否正常。如保护器命令信号正常但响应不正常，可能为接收机保护器故障，如果保护器命令信号不正常则为信号处理器故障。②检查发射机其他 5 种时序信号（充电、放电、校平、灯丝同步、高频激励）。如果在 5A16 上检测不正常，则为信号处理器故障，否则故障在发射机；3）检测 RF Pulse Start 信号：5A16 上用示波器检测雷达系统的 RF Pulse Start 同步信号，如果在 5A16 上检测 RF Pulse Start 不正常，则为信号处理器故障，可能信号处理器 B 板或 50 芯偏平电缆问题。

　　如果主时钟正常，但伺服串口通信不正常，出现天线不可控制或天线自检无法通过，一般是 HSP-B 板与天线伺服的通信接口故障。如果 5A16 上用示波器检测 JP9-RX 点，应观测到持续串行时序（天线回传角码），说明信号处理器 HSP-B 板故障；如果 JP9-TX 点信号正常，但 JP9-RX 无信号，说明伺服故障。

　　如果定位信号处理器故障，应检查 HSP-A、HSP-B、DCB 板间的排插电缆是否正常，50 芯电缆用于三块板子间的数据通信，包括天线命令和角度、定时控制参数和 IQ 数据帧；26 芯电缆用于 HSP-A 和 HSP-B 之间的定时时钟和同步信号的传输。如在 RDASC 上观测的回波图像出现较多"缺角"、中仰角出现回波错乱、动态范围测试出现异常跳点、定时时序脉冲错乱等情形时，重点排查以上电缆是否连接稳固，是否出现电缆插座针脚扭曲短路等问题，必要时更换电缆解决问题。

　　如果主时钟正常，但接收机不正常，需要检查接收机时序和控制信号。这些信号可以从 5A16 转接板中测量，包括：测试通道射频开关控制信号；测试通道数控衰减量控制信号；数字中频和频综控制信号。如果这些信号不正常，一般是信号处理器有问题，否则为接收机问题。

信号处理器故障时,终端一般会出现饼图、环状图、螺旋图、扇形图等,如图 7.6 所示。

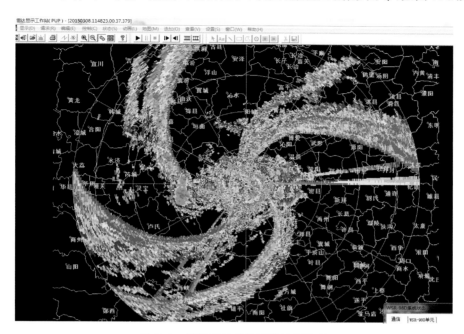

图 7.6　螺旋扇叶状故障雷达回波图

# 第8章

## 雷达监控系统（DAU）维修技术与方法

## 8.1　监控系统工作原理

雷达监控系统(DAU)负责雷达系统的状态监测和控制,它可以监测来自发射机、铁塔/供电系统、接收机及直流电源的 112 个数字信号和 48 个模拟信号。同时可以发送 4 种控制命令,包括发射机开高压命令、波导开关转换命令、底座操作命令和音频报警。

## 8.2　监控系统信号流程

### 8.2.1　综合监控机柜对外连接信号流程

监控机柜信号流程图如图 8.1 所示。

### 8.2.2　DAU 板信号流程

#### 8.2.2.1　DAU 模拟板

通过模拟接口电路,采集 48 个模拟量;模拟接口电路将各种模拟量(4～20 mA,0～1 V等)通过变换电路转换成 0～5 V 的标准电压,通过模拟开关提供给 A/D 转换器;采用一个 8 位 A/D 转换器,通过来自数字单元电路的时序控制信号,分别将 48 路模拟量进行 A/D 转换,然后将转换结果传输给数字单元电路(图 8.2)。

#### 8.2.2.2　DAU 数字板

产生 DAU 光纤链路组合所需的各种时序信号;通过 RS-232 串行接口电路,与 RDASC计算机进行通讯;通过数字信号监测接口电路,监测雷达系统的数字量状态信号;接收来自RDASC 计算机的五种控制命令,通过接口电路控制相应的外部设备(图 8.3)。

### 8.2.3　上下光纤板信号流程

#### 8.2.3.1　天线罩温度

上光端机 XS(J)3→上光纤板(运放、A/D)→光纤→下光纤板(D/A、运放)→模拟板(经运放、多路器给 A/D)→数字板(数据上传)→PC(RDASOT)

#### 8.2.3.2　天线功率

上光端机 XS(J)2→上光纤板(运放、A/D)→光纤→下光纤板(D/A、运放)→模拟板(经运放、多路器给 A/D)→数字板(数据上传)→PC(RDASOT)

#### 8.2.3.3　天线 BIT 信号

上光纤板(运放、A/D)→光纤→下光纤板(D/A、运放)→DAU(XS13)→5A6(XS2)→DCU

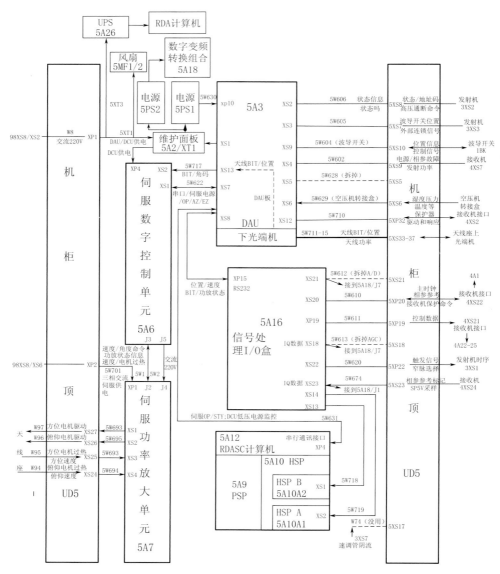

图 8.1　监控机柜信号流程图

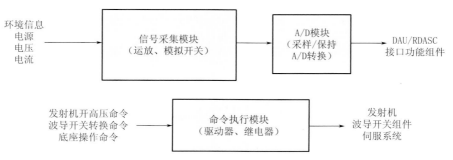

图 8.2　DAU 模拟板信号流程图

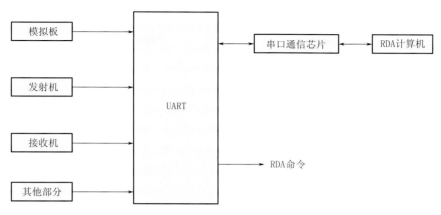

图8.3 DAU 数字板信号流程图

数字板→5A6（XS1）→DAU（XS7）→ DAU（XS8）→5A16 串口→HSP（B 板）

### 8.2.3.4 轴角盒角码信号

轴角盒→上光纤板（运放、A/D）→光纤→下光纤板（D/A、运放）→ DAU（XS13）→5A6（XS2）→DCU 数字板→5A6（XS1）→DAU（XS7）→ DAU（XS8）→5A16 串口→HSP（B 板）

### 8.2.3.5 接收机保护器命令和响应信号

命令：HSP（B 板）→5A16（J13）→4A32（J13）→4A32（J4）→DAU（J12）→光纤→上光端机→接收机保护器

响应：接收机保护器→上光端机→光纤→DAU→4A32（J4）→ 4A32（J13）→5A16（J20）→HSP（B 板）

保护器命令响应信号流程图如图 8.4 所示。

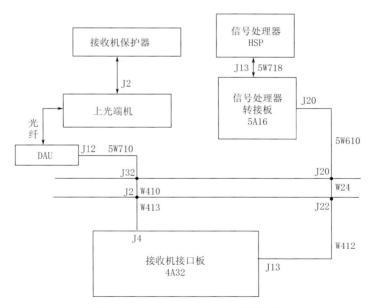

图8.4 保护器命令响应信号流程图

#### 8.2.3.6　天线罩门开关

（1）硬开关：RADOME ACCESS HATCH ♯1

天线罩门必须关闭，上光端机 XS（J）3 CD 针短路，对应门关，才能进行正常操作，如发射机开高压、波导切换、底座操作等。

（2）软开关：RADOME ACCESS HATCH ♯2

RDASOT 软件显示，XS(J)3 EF 针短路，软件显示门开。

#### 8.2.3.7　光纤接头信号对应关系

光纤接头信号对应情况如表 8.1 所示。

表 8.1　光纤接头信号对应表

| 下光纤板 | 信号名称 | 上光纤板 |
|---|---|---|
| U9 | data | U7 |
| U17 | synchronization | U11 |
| U16 | clk | U12 |
| U15 | rcvr proc cmd | U14 |
| U14 | rcvr proc rsp | U13 |

### 8.2.4　DAU 大底板(B 型)输入输出信号特征

（1）伺服 DCU/XS1 经 DAU/XS7 和 XS8 传输到 5A16 转接板。信号包括：

1）DCU 到 5A16 的串口信号 RS-232(1)（天线 BIT、位置和速度、伺服功放状态和报警故障）；

2）天线座连锁；

3）DCU 经 DAU/XS7 和 XS8 传输到 RDA 计算机串口信号（DCU 电源采样模拟信号；RDA 经 DAU 数字和模拟板、底板继电器到 DCU 伺服工作命令）；

4）来自 5A16 转接盒和 DAU 电源的采样模拟信号；

5）射频功率调零信号；

6）DAU 的音频报警。

这些信号经 DAU/XS1 到 DAU 模拟板，DAU/XS1 和 XS7 输入输出信号特征见图 8.5。

（2）发射机 3XS1 经 D21 电缆到综合机柜 5XS8，再经 5W606 电缆到 DAU/XS2。信号包括：

1）发射机信息码(8 位)；

2）接收信息地址码(3 位)；

3）发送发射机高压已关断；

4）发射机不可遥控/本控；

5）故障重复循环状态信息。

来自 DAU 数字板的外部连锁状态信息经 DAU 底板/XS3，通过 5W505 电缆到综合机柜 5XS7，再通过 W20 连接电缆到发射机 5XS3。信号包括：

1）环流器过温；

2）波导开关指向；

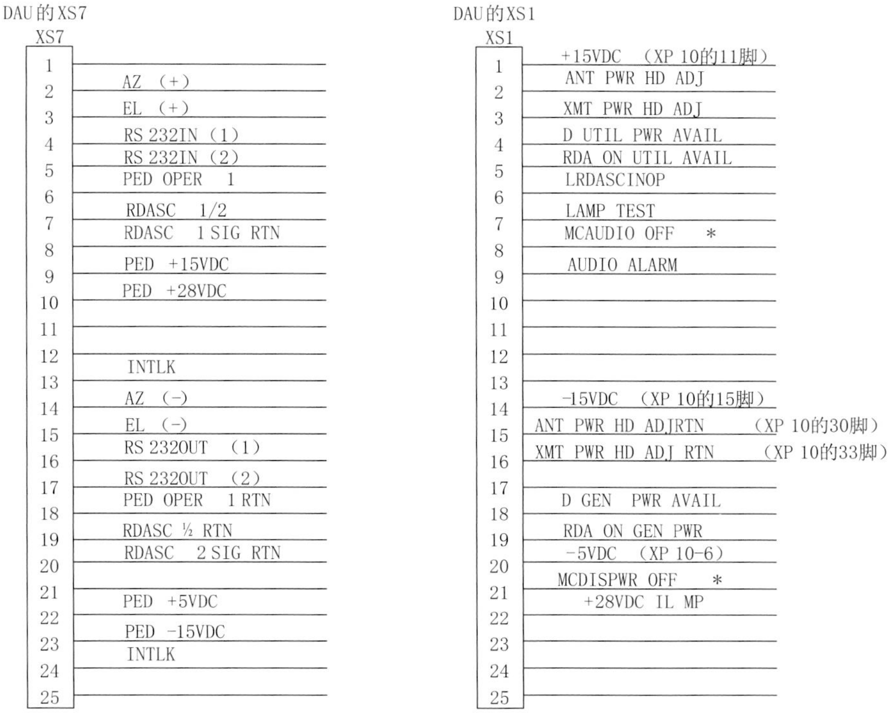

DAU 的 XS7

| XS7 | |
|---|---|
| 1 | |
| 2 | AZ （+） |
| 3 | EL （+） |
| 4 | RS 232IN （1） |
| 5 | RS 232IN （2） |
| | PED OPER　1 |
| 6 | |
| 7 | RDASC　1/2 |
| | RDASC　1 SIG RTN |
| 8 | PED　+15VDC |
| 9 | PED　+28VDC |
| 10 | |
| 11 | |
| 12 | INTLK |
| 13 | AZ （-） |
| 14 | EL （-） |
| 15 | RS 232OUT　（1） |
| 16 | RS 232OUT　（2） |
| 17 | PED OPER　1 RTN |
| 18 | |
| 19 | RDASC　½ RTN |
| | RDASC　2 SIG RTN |
| 20 | |
| 21 | PED　+5VDC |
| 22 | PED　-15VDC |
| 23 | INTLK |
| 24 | |
| 25 | |

DAU 的 XS1

| XS1 | |
|---|---|
| 1 | +15VDC　（XP 10的11脚） |
| 2 | ANT PWR HD ADJ |
| 3 | XMT PWR HD ADJ |
| 4 | D UTIL PWR AVAIL |
| 5 | RDA ON UTIL AVAIL |
| 6 | LRDASCINOP |
| 7 | LAMP TEST |
| | MCAUDIO OFF　　* |
| 8 | |
| 9 | AUDIO ALARM |
| 10 | |
| 11 | |
| 12 | |
| 13 | |
| 14 | -15VDC　（XP 10的15脚） |
| 15 | ANT PWR HD ADJRTN　　（XP 10的30脚） |
| 16 | XMT PWR HD ADJ RTN　　（XP 10的33脚） |
| 17 | D GEN　PWR AVAIL |
| 18 | |
| 19 | RDA ON GEN PWR |
| | -5VDC　（XP 10-6） |
| 20 | MCDISPWR OFF　　* |
| 21 | +28VDC IL MP |
| 22 | |
| 23 | |
| 24 | |
| 25 | |

图 8.5　DAU/XS1 和 XS7 输入输出信号特征图

3）波导开关暂态/稳态信息；

4）波导压力和湿度报警；

5）雷达连锁。

波导压力及波导湿度报警检测点在空压机，最后送到发射机主控板，然后发射机主控板经 DAU 数字板到 RDA 计算机；DAU/XS2 和 XS3 输入输出信号特征见图 8.6。

（3）DCU 经 DAU 模拟板、数字板到 RDA 计算机串口 DAU/R232，信号包括：

1）发射机温度、射频功率等；

2）接收机电源故障、相参故障等数字信号；

3）伺服 DCU（5A6）和维护台（MC）电源采样信号；

4）信号处理器+5V 电源模拟信号；

5）来自 RDA 转接盒（温度等）模拟信号。

DCU 到 5A16 的 R232（1）串口信号，信号包括：

1）DCU 经 DAU/XS7 通过 DAU 底板到 DAU/XS8［RS-232（1）］输出到 5A16 的天线 BIT、速度和位置数据、伺服功放状态和报警信息；

2）RDA 发出到 DCU 的速度和位置命令；

RDA 发出四种命令通过 DAU/R232（1）串口，经 DAU 数字板接收处理和模拟板输出到底板执行器件具体对天线底座、发射机高压开关、波导、音频报警进行操作，串口 R232（2）为空。DAU/XS8 和 XS9 输入输出信号特征见图 8.7。

DAU 的 XS2
XS2

| 脚 | 信号 |
|---|---|
| 1 | |
| 2 | TDS00+ |
| 3 | TDS01+ |
| 4 | TDS02+ |
| 5 | TDATA 00+ |
| 6 | TDATA 01+ |
| 7 | TDATA 02+ |
| 8 | TDATA 03+ |
| 9 | TDATA 04+ |
| 10 | TDATA 05+ |
| 11 | TDATA 06+ |
| 12 | TDATA 07+ |
| 13 | XMTR RECY+ |
| 14 | XMTR INOP+ |
| 15 | HV OFF+| |
| 16 | +5 VDC（XP10的6脚） |
| 17 | HV ON CMD |
| 18 | |
| 19 | |
| 20 | TDS00- |
| 21 | TDS01- |
| 22 | TDS02- |
| 23 | TDATA 00- |
| 24 | TDATA 01- |
| 25 | TDATA 02- |
| 26 | TDATA 03- |
| 27 | TDATA 04- |
| 28 | TDATA 05- |
| 29 | TDATA 06- |
| 30 | TDATA 07- |
| 31 | XMTR RECY- |
| 32 | XMTR INOP- |
| 33 | HV OFF- |
| 34 | RTN（XP10的30脚） |
| 35 | HV ON CMD RTN- |
| 36 | |
| 37 | |

DAU 的 XS3
XS3

| 脚 | 信号 |
|---|---|
| 1 | CIRC O T |
| 2 | ANT POS CMD |
| 3 | SPECTRUM F/P FAULT |
| 4 | PRES FAULT |
| 5 | W/G SW XMT I L |
| 6 | +28 VDC I LIM |
| 7 | RTN（XP10的20脚） |
| 8 | |
| 9 | |
| 10 | |
| 11 | |
| 12 | |
| 13 | |
| 14 | |
| 15 | |
| 16 | |
| 17 | |
| 18 | |
| 19 | |
| 20 | |
| 21 | |
| 22 | |
| 23 | |
| 24 | |
| 25 | |
| 26 | |
| 27 | |
| 28 | |
| 29 | |
| 30 | |
| 31 | |
| 32 | |
| 33 | |
| 34 | |
| 35 | |
| 36 | |
| 37 | |

图 8.6　DAU/XS2 和 XS3 输入输出信号特征图

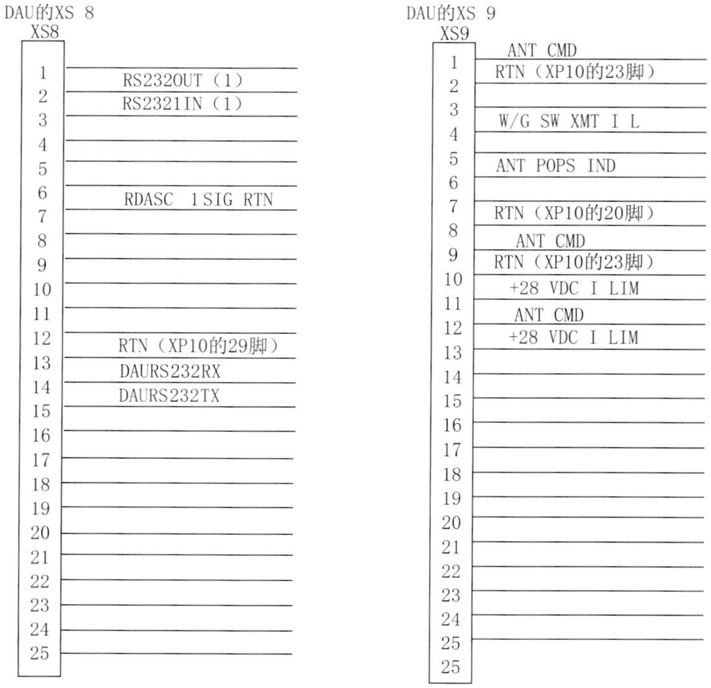

DAU的XS 8
XS8

| 脚 | 信号 |
|---|---|
| 1 | RS232OUT（1） |
| 2 | RS232 IN（1） |
| 3 | |
| 4 | |
| 5 | |
| 6 | RDASC 1 SIG RTN |
| 7 | |
| 8 | |
| 9 | |
| 10 | |
| 11 | |
| 12 | RTN（XP10的29脚） |
| 13 | DAURS232RX |
| 14 | DAURS232TX |
| 15 | |
| 16 | |
| 17 | |
| 18 | |
| 19 | |
| 20 | |
| 21 | |
| 22 | |
| 23 | |
| 24 | |
| 25 | |

DAU的XS 9
XS9

| 脚 | 信号 |
|---|---|
| 1 | ANT CMD |
| 2 | RTN（XP10的23脚） |
| 3 | |
| 4 | W/G SW XMT I L |
| 5 | |
| 6 | ANT POPS IND |
| 7 | |
| 8 | RTN（XP10的20脚） |
| 9 | ANT CMD |
| 10 | RTN（XP10的23脚） |
| 11 | +28 VDC I LIM |
| 12 | ANT CMD |
| 13 | +28 VDC I LIM |
| 14 | |
| 15 | |
| 16 | |
| 17 | |
| 18 | |
| 19 | |
| 20 | |
| 21 | |
| 22 | |
| 23 | |
| 24 | |
| 25 | |

图 8.7　DAU/XS8 和 XS9 输入输出信号特征

（4）经 DAU/XS4 输入到 DAU 数字板，信号包括：

1）接收机电源故障信号；

2）频综相参故障信号；

3）到模拟板的信号处理器+5 V 电源采样（5A16 经接收机输入）；

4）经下光纤板输入到模拟板的发射机射频、天线功率信号；

DAU 电压直流电源经 DAU/XP10 输入到 DAU 数字和模拟板；DAU/XS4 和 XS10 输入输出信号特征见图 8.8。

图 8.8　DAU/XS4 和 XS10 输入输出信号特征图

（5）DAU 模拟板输出天线座的接收机保护器命令和响应信号经上光纤板、下光纤板到 DAU/XS12 输出到 5A16；DAU/XS11 和 XS12 输入输出信号特征见图 8.9。

（6）RDA 转接盒信号包括：

1）监控信号，经 5XS6 到 DAU/XS6 输入到 DAU 模拟板；

2）波导压力、环流器温度、频谱滤波器压力外部连锁信号，经过 DAU 大底板转接通过 5XS7 输出到发射机。

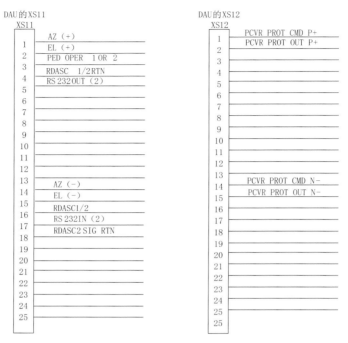

图 8.9　DAU/XS11 和 XS12 输入输出信号特征图

DAU/XS5 和 XS6 输入输出信号特征见图 8.10。

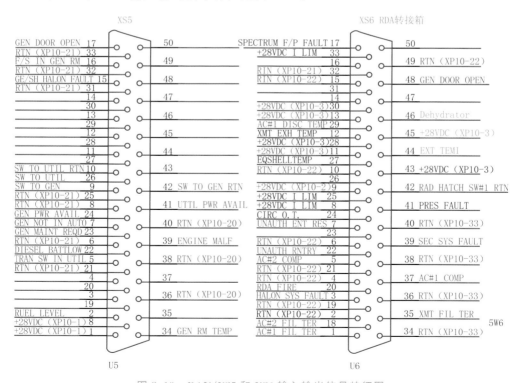

图 8.10　DAU/XS5 和 XS6 输入输出信号特征图

（7）天线 BIT、角码和速度、电机过热报警（直流数字伺服系统）信号由下光纤板经 DAU 的 XS13 到伺服 DCU/XS2。DAU/XS13 输入输出信号特征见图 8.11。

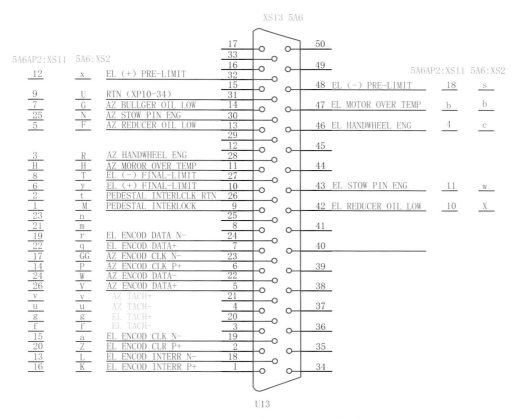

图 8.11　DAU/XS13 输入输出信号特征图

（8）DAU 底板上，可以测量保护器的命令和响应，CMD/RSP 差分信号。DAU 底板上基本没有可调节的东西，继电器也不容易损坏。

DAU 底板继电器信号特征见图 8.12。

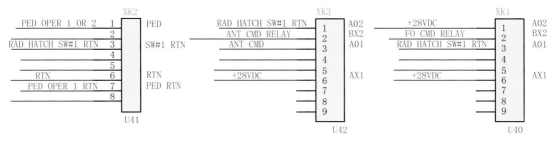

图 8.12　DAU 底板继电器信号特征图

XK1 为天线罩门开关，默认低电平闭合。当 RDA 经 DAU 发出 ANT CMD 命令时，XK3 动作，使波导开关打到天线侧。XK2 通过控制继电器发出伺服工作命令。

# 8.3 监控系统主要命令

DAU 串口命令如表 8.2 所示。

表 8.2　DAU 串口命令表

| 信号 | 命令数据 | | | | |
|---|---|---|---|---|---|
| | | Byte0 | Byte1 | Byte2 | Byte3 |
| RESET | 03 | | | | |
| | 0000-0011 | | | | |
| READ | 02 | | | | |
| | 0000-0010 | | | | |
| ALARM ON | 03 | 01 | 21 | 81 | 01 |
| | 0000-0011 | 0000-0001 | 0010-0001 | 1000-0001 | 0000-0001 |
| ALARM OFF | 03 | 01 | 01 | 01 | 01 |
| | 0000-0011 | 0000-0001 | 0000-0001 | 0000-0001 | 0000-0001 |
| PED OPER1 | 06 | 01 | 01 | 09 | 01 |
| | 0000-0110 | 0000-0001 | 0000-0001 | 0000-1001 | 0000-0001 |
| ANT CMD | 06 | 01 | 81 | 01 | 01 |
| | 0000-0110 | 0000-0001 | 1000-0001 | 0000-0001 | 0000-0001 |
| ANT CMD 2 | 06 | 01 | 01 | 21 | 01 |
| | 0000-0110 | 0000-0001 | 0000-0001 | 0010-0001 | 0000-0001 |
| HV ON | 06 | 01 | 41 | 01 | 01 |
| | 0000-0110 | 0000-0001 | 0100-0001 | 0000-0001 | 0000-0001 |
| CMD OFF | 06 | 01 | 01 | 01 | 01 |
| | 0000-0110 | 0000-0001 | 0000-0001 | 0000-0001 | 0000-0001 |

## 8.3.1　ANTENNA CMD

信号通路：

PC→数字板（解释命令）→模拟板（产生驱动电平）→DAU 底板（继电器，低电平起作用）→波导开关

注意：

1）天线罩门必须关闭；

2）如果天线罩门未关闭，RAD HATCH SW ♯1 RTN＝＋28 V，波导开关不可操作；

3）EF 短路，RDASOT 软件显示 RADOME ACCESS HATCH ♯2。

## 8.3.2　PED OPERATOR

信号通路：

PC→数字板（解释命令）→模拟板（产生驱动电平）→DAU 底板 XS7→DCU

注意：天线罩门必须关闭。

### 8.3.3 HV ON CMD

信号通路：

PC→数字板（解释命令）→DAU 底板 XS2(17＋/35-)→发射机

### 8.3.4 AUDIBLE ALARM

信号通路：

PC→数字板（解释命令）→DAU 底板→5A2 面板

## 8.4 监控系统主要技术指标

### 8.4.1 保护器驱动模块

BNC 输出脉冲＋5 V、-135 V，如图 8.13 所示。

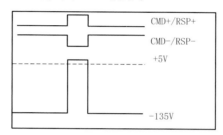

图 8.13 保护器驱动模块信号特征图

### 8.4.2 上光端机电源

上光端机电源电压范围如表 8.3 所示。

表 8.3 上光端机电源电压范围表

| 电源标称值 | 测量值范围 |
| --- | --- |
| ＋5 V | ＋5.0 V～＋5.5 V |
| ＋15 V | ＋15.0 V～＋15.5 V |
| −15 V | −15.0 V～−15.5 V |
| ＋18 V | ＋18.0 V～＋18.5 V |

## 8.5 监控系统故障代码及故障现象

### 8.5.1 关键参数检测报警

EQUIPMENT SHELTER TEMP EXTREME：室内温度过高。

TRANSMITTER LEAVING AIR TEMP EXTREME:发射机风道温度过高。

ANTENNA POWER BITE FAIL:天线功率监视失败。

TRANSMITTER POWER BITE FAIL:发射机功率监视失败。

TRANSMITTER HV SWITCH FAILUTE:发射机开高压失败。

XMTR/DAU INTERFACE FAILURE:DAU/发射机接口（发射机故障信息和状态信息）连接失败。

ELEVATION + NORMAL LIMIT:俯仰正预限位。

ELEVATION- NORMAL LIMIT:俯仰负预限位。

BULL GEAR OIL LEVEL LOW:大齿轮箱油位低。

PEDESTAL +5V POWER SUPPLY 1 FAIL:天线座+5V 电源供电失败。

PEDESTAL +15V POWER SUPPLY 1 FAIL:天线座+15V 电源供电失败。

PEDESTAL-15V POWER SUPPLY 1 FAIL:天线座-15V 电源供电失败。

PEDESTAL +28V POWER SUPPLY 1 FAIL:天线座+28V 电源供电失败。

MAINT CONSOLE +5V POWER SUPPLY FAIL:维护控制台+5V 电源供电失败。

MAINT CONSOLE +15V POWER SUPPLY FAIL:维护控制台+15V 电源供电失败。

MAINT CONSOLE +28V POWER SUPPLY FAIL:维护控制台+28V 电源供电失败。

MAINT CONSOLE-15V POWER SUPPLY FAIL:维护控制台-15V 电源供电失败。

PEDESTAL DYNAMIC FAULT:天线动态故障。

### 8.5.2　DAU 有关参数报警

DAU A/D LOW LEVEL OUT OF TOLERANCE;DAU A/D MID LEVEL OUT OF TOLERANCE;DAU A/D HIGH LEVEL OUT OF TOLERANCE:DAU A/D 转换器基准电平超出偏差范围。

ANTENNA POWER METER ZERO OUT OF LIMIT;ELEVATION POWER METER ZERO OUT OF LIMIT:功率调零超限。

### 8.5.3　与 DAU 命令数据、状态数据接口有关的报警信息

（1）如果与 DAU 或 RDA 维护终端通信时出现 I/O 差错,则发出相应的报警:Alarm 461 DAU I/O STATUS ERROR。

（2）如果在 5 分钟内出现三次 DAU I/O 差错,则报警:Alarm 465 MULT DAU I/O ERROR-RDA FORCED TO STBY。

（3）当 DAU 定期读入 RDASC 命令时,如果读命令发出后,DAU 没有在一个读循环中把有关数据返回,则报警:Alarm 400 DAU STATUS READ TIMED OUT。

（4）如果向 DAU 发送命令时,RDASC 程序指示暂停,则报警:Alarm 651 SEND DAU COMMAND TIMED OUT,并再一次发送该命令。

（5）如果 RDASC 程序指示连续三个命令暂停,则报警:Alarm 654 MULT DAU CMD TOUTS-RESTART INITIATED。

（6）当 DAU 和维护终端接口初始化之后,则根据初始化是否成功将 RDA 性能数据中

包含的 DAU 初始化状态和维护控制台状态设定为 OK 或 FAIL。如果在初始化过程中检测到初始化差错，则报警：Alarm 448 DAU INITIALIZATION ERROR。

（7）如果出现了 DAUINITIALIZATIONERROR 或 DAU I/O STATUS ERROR 报警，则在不超过 2 秒的时间间隔内定期地尝试接通维护控制台接口，直到接口初始化成功为止。如果出现以下任一种报警，则进行类似的不超过 2 秒的时间间隔内定期地尝试重新接通 DAU 接口：

Alarm 400DAU STATUS READ TIMEDOUT；

Alarm 448DAU INITIALIZATION ERROR；

Alarm 461 DAU I/O STATUS ERROR；

Alarm 465 MUL DAU I/O STATUS ERROR-RDA FORCED TO STBY。

如果维护控制台或 DAU 初始化功能不能在一个合理的时间间隔内（不超过 45 秒）完成，则报警：Alarm 700 INT SEQ TIMEDOUT-RESTART INITIATED。

（8）如果在 DAU 数据接收电路中检测奇偶差错或成帧差错，则报警：Alarm 100 DAU UART FAIL。

（9）如果 DAU 任务的运行过程因故障暂停或超时，则报警：Alarm 621DAU TASK PAUSED-RESTART INITIATED(DAU 的作业暂停—重新开始初始化)。

（10）DAU 的 A/D 转换低或中或高的电平超出容许偏差则报警：Alarm 266/267/268 DAU A/D LOW 或 MID 或 HIGH LEVEL OUT OF TOLERANCE。

## 8.6 监控系统故障诊断技术与方法

DAU 系统出现故障主有数字板和模拟板引起，一般体现在四个方面：

1）DAU 和发射机状态监控错误（自检）；

2）DAU 和 RDA 计算机串口错误（自检）；

3）DAU 故障导致监控参数报警；

4）DAU 故障导致控制命令异常。

数字板故障现象主要体现在通信自检和 I/O 故障，通信主要涉及 DAU 和 RDA 计算机串口，自检不过，DAU 输入/输出错误等，I/O 涉及发射机/DAU 接口，都有具体报警信息。

依据信号流程，主要从监控信息综合分析，如果多路都涉及电路的公共器件，一般通过更换故障器件解决问题；如果多路涉及器件比较多，则需要检查控制、时钟信号是否正常；对于模拟信号，如果只是单路监控参数报警，主要检查采集电路故障，如果多路监控参数报警，则需要检查模拟板公用的模拟开关、采样保持、A/D 转换等电路问题。比如对于射频功率测量出现问题，如果只是单一射频功率、天线功率或者发射机输出功率出现报警，在机外仪表检测正常的情况下，需要依据信号流程检查对应功率检测探头、上光纤板、下光纤板、模拟板运放器件是否有问题；如果是两个射频功率测量都有问题，只需检查公共部分的 DAU 模拟板 U9，如果还有 DCU＋28V 电源报警，那就需要检查模拟板 U07。

由于伺服到 5A16 串口信号是经过 DAU 大底板转接，伺服初始化序列超时时主要检查 DCU 数字板（5A6）收发串口。

综上所述，当雷达出现报警时，首先检查报警部分电路参数是否正常。在正常的情况下，则要检查与此参数相关的监控线路，重点检查发射功率探头、温度传感器等采集电路以及模拟参数的 A/D 变换电路；如果几种报警同时出现，就需要检查这几种信号的公共部分或监控线路公共部分；如果出现有关发射机/DAU 接口、RDASC/DAU 接口故障报警，说明发射机监控系统 3A3A1 和 DAU 之间及 RDASC 和 DAU 之间数据接口检测出错，或者 DAU 命令接口出错，在这种情况下一般需要关机后 3 分钟再重新开机即可解决问题。如果多次仍出错，就要检查 DAU 数字板、3A3A1、信号处理器及串口传输线，查出问题原因。监控系统故障诊断流程见图 8.14。

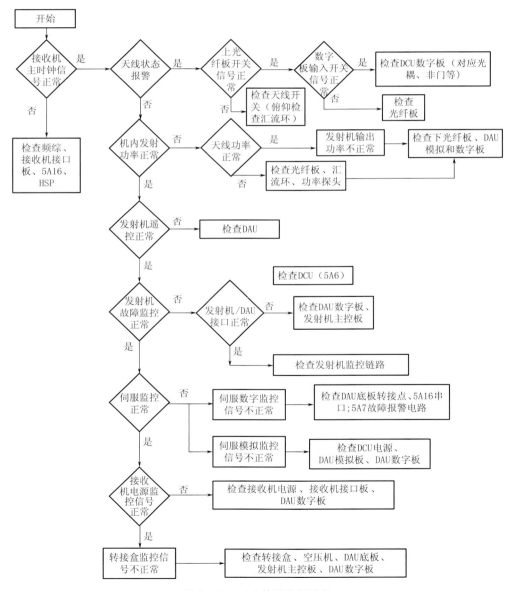

图 8.14　DAU 故障诊断流程

# 第⑨章
# 新一代天气雷达（CINRAD/SA）故障个例

## 9.1　发射机故障个例

➤ **案例 1**：3A10 故障导致发射机无高压输出。

故障现象：发射机无高压输出。

故障原因及处理方法：检查 5A16 时序信号输出正常，查 3A10 中 ZP1 无信号，检查 N3 芯片输出无信号，输入差分信号正常，更换 N3 芯片后雷达恢复正常。

➤ **案例 2**：钛泵电源欠压导致发射机不能工作。

故障现象：钛泵电源欠压，发射机不能工作。

故障原因及处理方法：原因是钛泵电源(3PS8)控制板中的整流电容击穿，更换后正常。

➤ **案例 3**：灯丝电源 3PS1 无输出。

故障现象：灯丝电源 3PS1 无输出。

故障原因及处理方法：更换 3PS1 的同步 D3 芯片后正常。

➤ **案例 4**：灯丝电源 3PS1 无输出。

故障现象：发射机－15 V 电源(3PS5)报警导致灯丝电源(3PS1)无输出。

故障原因及处理方法：调整－15 V 电源门限，去掉灯丝电源(3PS1)同步芯片 74LS123。

➤ **案例 5**：灯丝电源和发射机同时过流报警。

故障现象：发射机过流，灯丝电源过流报警。

故障原因及处理方法：低压状态维修灯丝电源过流故障，故障原因为灯丝电源控制板驱动信号无死区，导致 V3、V6、V7 击穿，R7、R9 烧坏，更换损坏元件并调整灯丝电源电流门限后正常。

➤ **案例 6**：开高压状态下突然停电导致系列报警。

故障现象：雷达在正常运行过程中遭到突然停电，通电后多处报警：天线波导连锁及波导压力报警，DCU 上指示天线锁定，＋28 V 电源故障，灯丝电源电流双灯告警，速调管真空泵电流故障，发射机/DAU 接口故障，触发器故障等。

故障原因及处理方法：故障是突遭停电引起，考虑由于在开高压状态下断电造成瞬间电流过高而烧毁元件，经查 5PS1、＋28 V 电源、－15 V 电源及触发器中 1.5 A 保险管烧毁。更换 5PS1、＋28 V 电源、－15 V 电源和及触发器中的保险管后触发器仍无输出，再次检查触发器发现 26LS33 芯片烧坏，更换 26LS33 芯片后正常。

➤ **案例 7**：钛泵电压检测电路故障造成钛泵电压报警。

故障现象：钛泵电压告警。

故障原因及处理方法：发射机面板表头有 3 kV 电压，说明钛泵电源输出正常，经查 3A1A2 测量接口板 N2 光耦有问题，由于雷达站无替代芯片，将其芯片的第 7 脚悬空后正常。

➤ **案例 8**：开关组件和调制器关联故障。

故障现象：发射机控制面板上相继出现"发射机过流""调制器过流"报警指示。RDA 终端监控器上有"TRANSMITTER OVERCURRENT""MODDULATOR OVERLOAD""TRANSMITTER HV SWITCH FAILURE""FLYBACK CHARGE FAILURE""MODULATOR INVERSE CURRENT FAIL""MODULATOR SWITCH FAILURE""TRANSMITTER INOPERATIVE"等报警信息。发射机高压被强制关闭，雷达停止运行。

故障原因及处理方法：

(1)根据报警信息，初步判断故障位于发射机的脉冲调制器部分。

(2)首先手动"故障复位"，发现发射机控制面板上"过流"报警清除。

(3)试图"加高压"试验结果失败，且报警再次出现，由于手动复位能将过流清除，说明过流只是瞬间的，发射机保护电路迅速自保。

(4)甩开高压 3A12 组件报警消除，初步怀疑 3A12 组件电路可能有短路存在。

(5)检测 3A12 组件发现串联在一起的 4 只大功率二极管 3A12A3 全部被击穿，同时接入工线充电回路高压端的 14 号线有明显的打火痕迹。

(6)更换反峰二极管和高压线，再次"加高压"试验，发射机面板上出现"回授过流"报警信息，3A10 中 V6 灯继续点亮，并且甩开 3A12 组件报警不能消除，说明故障与 3A12 组件无关。

(7)检测发现 3A10 的 ZP2 输出不稳定(脉冲方波波形左右移动)，测其 ZP1 充电脉冲出现两次充电现象。

(8)更换发射机主控板 A 板上的 D31、D32 和 3A10 的 N15 芯片后 ZP1 两次充电现象消除，"加高压"又出现高压输出时有时无现象。

(9)仔细排查发现 3A10 中 D10 芯片抗干扰能力差，处于不稳定状态，更换之。为了更好地提高抗干扰能力，同时在 3A10 组件充电支路中 V21、V22 二极管的输出端并入 1000P 滤波电容。

(10)此后拷机 48 小时系统稳定。

➤ **案例 9**：多次出现灯丝电源关闭。

故障现象：雷达多次出现灯丝电源关闭，强制待机。

故障原因及处理方法：灯丝电流下降；调高灯丝电流值后恢复。

➤ **案例 10**：电弧报警导致强制待机。

故障现象：电弧报警，强制待机。

故障原因及处理方法：30dB 衰减器坏，更换后恢复。

➤ **案例 11**：发射机和天线峰值功率均出现大幅度变化。

故障现象：发射机峰值功率不稳，变化幅度较大，天线峰值功率也不稳。

故障原因及处理方法：经测试人工线电压稳定，3A5 正常，发射机输出信号包络有变化。经观察，磁场电流变化和发射机输出变化同步，判断故障点在磁场电源，更换磁场电源，调整磁场电流报警门限，恢复正常。

➤ **案例 12**：3PS7(+40 V)电源不稳定导致发射机报警。

故障现象：FILAMENT POWER SUPPLY OFF 灯丝电源关闭。STANDBY FORCED

BY INOP ALARM 不可操作报警强制系统待机。XMTR ＋45 V DC POWER SUPPLY 7 FAIl 发射机 7 号电源故障：＋45 V DC。TRANSMITTER RECYCLING 发射机循环。重启 RDASC 后，雷达进入正常工作状态，但工作一段时间后，偶尔又会出现上述现象，并且时间上无规律，有时几天后才出现。

故障原因及处理方法：

（1）根据告警信息，应该是灯丝电源过流过压或欠流欠压。但当雷达不可操作报警强制系统待机后，发射机并无任何告警指示灯亮，发射机电源指示也全部正常。

（2）告警信息中涉及发射机 3PS7＋40 V 电源，用万用表测试为 39.2 V，也正常。又感觉像灯丝电源出了问题。

（3）在运行状态监测 3PS7＋40 V 输出。发现 STANDBY 时为 39.2 V，但 OPERRATE 时，电压变成＋36～＋37 V 不等，并且在高重复频率时，电压下降为＋35 V。

（4）可以看出，3PS7 电源不稳，并随负载大小而变化，判断为稳压特性变坏，负载能力差。

（5）3PS7 输出＋40 V，为 3A4 固态放大器供电。

（6）断开负载，打开 3PS7，调整采样电位器 RP1，电压不能进行调整，判断是基准采样电路故障。

（7）更换 3PS7，在运行状态监测输出电压，一直保持在＋40 V，连续观察，故障消除。

➤ **案例 13**：开关组件充电异常。

故障现象：发现雷达性能下降，特别是 XMTR PK PWR 项（发射机峰值功率），只有 510 kW 左右，与雷达要求的＞650kW 相比，相差较大。发现产品无回波，RDA 告警，分别为：TRANSMITTER POWER BITE FAIL 发射机功率机内测试设备错误；ANTNNA POWER BITE FAIL 天线功率机内测试设备错误；检查发现，RDA 计算机上无回波产生，产品亦无回波。发射机面板无其他报警，各个组件也无异常，但听不到发射机正常加高压时所发出的吱吱声。

故障原因及处理方法：

（1）把发射机设为本控，打开发射机测试程序，人工加高压，故障现象依旧。

（2）查看发射机面板报警指示灯，未发现任何指示灯亮；各个组件的指示灯指示是否正常，特别是开关组件、触发器。在平常发射机 STBY 或 READY 时，开关组件的第二个灯为长亮，而一加高压，则熄灭。在这次检查中，未发现异常情况。

（3）由以上现象，可以初步判定为当程序加高压时，充电开关组件 3A10 没有真正地把 510 V 的高压加载到油箱中充电变压器上，自然无正常加高压时发出的吱吱响声，也无高压馈给到调制组件，从而使得发射机、天线两功率机内测试设备错误报警，无回波。

（4）检查整个发射机主控板，查看其产生主要脉冲波形，发现一切正常。接着检查充电开关组件，先检查从触发器过来的电源＋20 V 及本身电源，一切正常。对照回扫充电控制板电路图，检查电路，特别是信号主通道。

（5）结果，我们发现主通道前端的一个电磁开关芯片 4504 较其他芯片烫手，用示波器测量其波形，发现在其输入端 N4 的第 3 脚有正常的输入脉冲波形，而其第 2 脚输出脚则无波形。

（6）正常情况下，此芯片在主通道中就当作一个电磁开关，输出波形和输入波形相当。由此可以判定此芯片存在问题。

（7）由于主通道 N4（4504）的输出端无波形，导致后面的电路无信号输入，后面的两个驱动模块根本发挥不了其驱动作用，无法将脉冲信号进行驱动放大。也导致开关组件无法将 510 V 高压加载到油箱充电变压器上。充电开关组件与充电变压器组成回扫充电电路，给调制器组件中的人工线充电。

（8）由于无法将 510 V 高压加载到充电变压器上，故无法给调制器中的人工线充电，两功率机内测试设备错误报警，无正常充放电时调制器发出的吱吱响声。

➢ **案例 14**：测量接口板 26LS33 芯片坏导致人工线表满档。

故障现象：人工线表满档。

故障原因及处理方法：更换测量接口板上差分接收 26LS33 芯片后恢复正常。

➢ **案例 15**：3A5 至衰减器射频电缆性能不稳定导致发射机功率偶尔出现突然下降。

故障现象：发射机功率突然下降，伴随包络顶内凹或包络幅度整体下降。

故障原因及处理方法：

（1）怀疑速调管腔体和激励信号功率未调整好，多次调整未解决。

（2）怀疑衰减器性能不稳定，更换性能稳定的新型衰减器，未解决。

（3）在雷达体扫中，无疑发现机外功率突然下降，在雷达体扫运行情况下测试衰减器前功率（以免在转换发射机本控模式时现象消失），发现不稳定，直接测量 3A5 输出端功率，稳定；怀疑射频电缆性能不稳定，更换后发射机输出功率恢复正常。

➢ **案例 16**：油箱接口 E1 电缆与聚焦线圈壳壁打火导致 3A10 中 IGBT 爆裂。

故障现象：开始体扫时，3A10 中 IGBT 爆裂。

故障原因及处理方法：

（1）彻底检查调制器内部，有无打火或器件损坏痕迹，发现调制器内部正常，说明打火或短路在调制器外部。

（2）重点检查 E1 高压线，发现 E1 高压线有一处微型裂痕，且紧挨着聚焦线圈壳壁，用刀将微型裂痕处剥开后发现明显烧灼痕迹，确定为打火点。

（3）更换 E1 高压线和 3A10，并重新进行 E1 布线，恢复正常。

➢ **案例 17**：3A5 窄脉宽驱动模块故障导致脉宽和功率不稳。

故障现象：一段时间以来，V21 模式发射机调制脉宽一直不稳，发射机功率亦时大时小，每次维护机器，均需手动调整脉宽。

故障原因及处理方法：怀疑发射机 3A5 窄脉宽驱动器件坏，更换发射机 3A5 窄脉宽驱动模块，故障排除。

➢ **案例 18**：3A10 充电控制板故障导致无高压。

故障现象：发射机功率机内测试设备错误"和"天线功率机内测试设备错误"，发射机发射功率为零，A10 开关组件的 IGBT 过流指示灯亮；天线正常工作，生成的产品显示无回波。

故障原因及处理方法：根据故障现象把故障定位在 3A10 开关组件后，运行发射机测试平台，发射机本控，用示波器检测充电触发信号，工作正常。当脉冲重复频率（PRF）选择 322 时，输出充电使能信号正常，但选择更高的 PRF 时，则没有了输出充电使能信号；更换

3A10A1 回扫充电控制板恢复正常。

> **案例 19**：3A11 的差分接收 26LS33 损坏导致无回波及射频电缆问题导致报警。

故障现象：雷达正常体扫，但报发射机人工线过压报警后无回波。报警天线功率和发射机功率测试失败。发射机修复后，又出现 RFD1 参数不对，射频测试信号报警。

故障原因及处理方法：先测试接收机保护器命令和响应，波形正常。测试 3A4/3A5/速调管输入波形正常，测试 3A10 正常，怀疑 3A11 有问题，随后更换 3A11 差分接收芯片 26LS33，测试发射机有高压输出，机外功率 672kW。用 RDASC 软件运行，报警：线性通道测试信号变坏。参看机内标定参数，发现 RDF1 差值较大，查找原因，怀疑有微波泄漏问题。经仔细查找，发现 3A4－3A5、3A5－可变衰减器高频刚性电缆均有开焊处，焊好后，雷达工作正常。

## 9.2　接收机故障个例

> **案例 20**：保护器模块故障导致保护器响应输出异常。

故障现象：5A16 无充放电脉冲输出。保护器响应信号波形变窄，且后沿抖动。

故障原因及处理方法：

(1)由于保护器响应信号不正常，必然导致 5A16 无充放电脉冲输出。

(2)检测保护器响应信号波形宽度仅有正常的一半，测上光端机中 U9 的 11 脚及保护输出波形与前述相同，测接收机保护器模块输出波形依然。为进一步孤立故障部位，去掉 UD4 接收机顶座上的 W401 电缆，将 1 和 2,20 和 21 短接，即将保护器甩开后，测试波形正常，证明接收机保护器模块坏，导致保护器命令响应输出不正常。更换接收机保护器模块后恢复正常。

> **案例 21**：无系统噪声温度。

故障现象：无系统噪声温度。

故障原因及处理方法：接收机噪声源坏，更换后正常。

> **案例 22**：频综输出功率小导致标定报警和回波弱。

故障现象：线性通道射频驱动测试信号降低，标定数据中 CW、RFD、KD 值错误，发射机/天线功率比变坏，发射机峰值功率仅有 237 kW，PUP 产品显示回波强度较正常时弱 15 dBZ 左右。

故障原因及处理方法：

(1)检查发射机高频脉冲输出包络、3A4、3A5 输出信号很弱，几乎看不见。

(2)测量频综 J1、J3 输出功率都比正常值偏少 13 dBm，断定频综故障。

(3)更换后调整适配参数，雷达恢复正常。

> **案例 23**：接收机保护器性能变差导致场放烧毁。

故障现象：无回波显示，RDA 计算机报警，噪声温度超限，线性通道定标常数变坏，地杂波抑制变坏等。

故障原因及处理方法：

(1)检查性能参数，噪声温度已大到无法显示。

（2）测量接收机场放增益,已呈现断路状态,更换场放。

（3）雷达运行 5 小时后,又出现了同样的故障现象,说明由于接收机保护器性能变差导致发射机发射期间漏功率过大烧毁场放。

（4）为了根除故障隐患,更新接收机保护器基础上,在场放前增加一级限幅器,雷达运转正常。

➤ **案例 24**:方位旋转关节与波导磨损造成驻波比大,烧坏无源限幅器。

故障现象:雷达维护后重新开机后雷达参数出现异常,雷达常数超标 10,噪声温度无法测量。

故障原因及处理方法:

（1）更换无源限幅器后参数恢复正常。

（2）调整适配参数,各项指标恢复正常,检查发现方位旋转关节与波导磨损较严重,造成驻波比大,烧坏无源限幅器,需要更换。

（3）更换方位旋转关节。

➤ **案例 25**:低噪声放大器性能异常造成系统噪声温度逐渐升高。

故障现象:系统噪声温度逐渐升高,从 200 K 上升到 600 K 左右,系统报噪声温度超限,并且 0.5° 及 1.5° 仰角的反射率图出现较大杂波,形成"大饼"。

故障原因及处理方法:首先调整了相关适配参数,能够解决产品杂波问题,但系统噪声温度仍然浮动较大,怀疑是硬件问题。

（1）首先短接了 4A8,系统噪声仍然没有下降,故可以判定是低噪声放大器引起的噪声温度持续上升。

（2）更换低噪声放大器后,适当调整了适配参数,经过拷机,系统噪声温度在正常范围内,回波图也恢复正常。

➤ **案例 26**:3A5 故障导致无回波。

故障现象:雷达体扫正常,但是无地物和回波;报警发射机功率为零,天线功率为零,KD 报错。

故障原因及处理方法:

（1）检查参数,RFD 数据测量值和理论值差较大,CW 正常,怀疑是 3A5 故障。

（2）测试发射机 3A4 有正常波形输出,测试 3A5 无波形输出,确定是 3A5 坏。

（3）由于无备份件,又有天气系统过境,临时将 3A5 跳开,将 3A4 输出 8.5 $\mu s$ 射频信号直接送入衰减器,降低人工线电压后,开雷达可以观察降水回波。

（4）更换 3A5,经反复调试和修改相关的适配参数,无法做到发射包络和放电脉冲时间配合,随后将脉宽调到 1.3 $\mu s$ 后雷达暂时工作。

（5）经过热机调整脉宽和延时以及修改相关适配参数后,雷达各项指标均符合要求。雷达恢复正常工作。

➤ **案例 27**:4PS1 电源故障导致接收机主通道异常。

故障现象:线性通道标定变差、地物抑制比变坏、I/Q 通道偏差超限等等。同时通过性能参数发现雷达的系统噪声温度不稳定,越来越大。

故障原因及处理方法:

（1）针对接收机系统频繁告警，首先查看设备性能和状态信息，发现接收通道的反射率、速度、谱宽、均不正常，滤波前、滤波后数值变坏，特别是噪声温度一次体扫比一次体扫大，直线飙升；性能参数中接收机直流供电±9 V、+5 V、±28 V 均显示为 OK。

（2）接着对接收机主通道和辅助通道进行全面检查。保护器的两支二极管正常；短接中频数控衰减器（4A8）后，故障依旧；做了几组相噪、地物抑制比定标，数值极不理想，接收机动态范围除低端有点差外，总的来看也有 70 dB 以上，看样子是接收机通道出问题了。

（3）对频综 J2、J3、J4 输出用小功率计测量（加 20 dB 衰减），发现频综输出参数基本正常，可以排除频综故障原因可能，保护命令和保护响应波形也正常。

（4）卸开接收机电源 4PS1 的接线挡板，测量各组直流供电输出，果然发现 +18 V 输出异常，只有 +16 V 左右。+18 V 是接收机主要的供电电源，各个部件均需 +18 V 供电，额定电流为 10 A，负载能力较大，其中频综为主要负载，电流在 5A 左右。看 4PS1 的 +18 V 过流指示灯，并未变红告警，所以在检查时只看性能状态指示为 OK，以为没问题，忽略了具体的测量。

（5）电源本身问题还是负载问题需进一步判断。断开频综供电，+18 V 恢复正常，断开任意两个以上负载，+18 V 恢复正常，看样子是电源本身问题。为了进一步准确判断，经过简单计算，用 2500 W 的电烧壶做假负载（假负载接近额定功率但不能超过），发现 +18 V 明显下降，可以确定是 +18 V 电源能力下降所致。

（6）打开 4PS1 电源，检查发现 +18 V 电源输出滤波电容（4700 UF/50 V）有一只有轻微的电解液流出痕迹，拆下测量，其充放电能力失效。因汛期，雷达要马上开机，作为应急，临时将 +5 V 同型号的一只滤波电容换至 +18 V 电容处，+5 V 滤波留一只，开机，电压正常，告警基本消失，仅有 KD 报警，适当调整设配参数选项，无任何报警，雷达一切正常。

（7）电源正常工作时，+18 V 两只滤波电容离 +18 调整管的散热板最近，而 +18 V 的功耗又最大，发热严重，再加上时值高温季节，电容的外壳温度较高，导致电容绝缘性能下降，直到最后爆裂。找到了原因，我们采取了调整措施，将电容位置移至离散热板较远的地方，同时在散热板和电容间加隔热片。经过夏季连续高温运行，雷达再没出现类似故障。

➤ **案例 28**：无主时钟信号导致控制序列超时报警。

故障现象：雷达在运行过程中，突然出现 CONTROL SEQ TIMEOUT（控制序列超时）的报警，RDA 不断重启，雷达无法开机。

故障原因及处理方法：

（1）引起雷达控制序列超时的原因很多，有可能是 RDA 计算机通信出现问题，标定时无保护响应或无保护命令发出，或者无 9.6 MHz 主时钟信号等。在很多情况下，一般重启 RDA 可以得到恢复，但本例 RDA 不断重启，雷达无法开机，应该在某个环节出现了硬故障，需要进行测试排查。

（2）检查 4PS1、4PS2、4PS3 各电源组件，各路输出电源均正常，排除了电源不正常引起的可能。

（3）测试 5A16（信号转接板）。首先用示波器对 RDA 机柜后 5A16 信号转接板上的有关测试点进行测试，测试结果发现 +5V 电压正常。说明从 RDA 计算机送出的 +5V→PSP →5A16→4A32（接收机接口）这一路供电正常。

（4）测 RC PT RSPS(保护器响应)端,无反应,说明有问题。测 9.6 MHz COLOK(主时钟信号)端,无反应,说明有问题。

（5）根据测试结果,看出无 9.6 MHz COLOK(主时钟信号)是导致故障的原因(无主时钟信号,信号处理器就会无保护器命令和响应信号)。

（6）测试 4A32(接收机接口板)。接收机接口板把接收机与信号处理器之间的信号、控制数据、数据等连接起来,但是接收机接口板把接收机与信号处理器的直流电源要互相隔离开,地线也互相隔离。其中,9.6 MHz 的主时钟信号由 4A32 的 J7、J13 输入输出,用示波器测 J13 的 32 脚、J7 的 20 脚,没有测到 9.6 MHz 的主时钟信号,可以基本排除 4A32 故障的可能性。

（7）用小功率计(加 20dBm 的衰减)测频综输出端 J1、J2、J3、J4,J1 为－5.4＋20 dBm,J2 为－2.7＋20 dBm,J3 为＋4.9＋20 dBm,J4 为＋6.9＋20 dBm。均正常,说明频综的工作状态基本正常。

（8）测试频综(4A1)。频综的输出信号正常,不代表 9.6 MHz 的主时钟信号正常,进一步用示波器测试 4A1 的 J5 的 37 脚,无 9.6 MHz 主时钟信号。

（9）9.6 MHz 的主时钟信号由 57.55 MHz 的 6 分频得到,继续用示波器测试 J4 的 57.55 MHz 的 COHO 信号,发现正常。由此可以断定是频综内部的 6 分频器故障。

➤ **案例 29**:保护器故障导致系列标定报警。

故障现象:线性通道测试信号失败,线性通道杂波抑制变坏,系统噪声温度变坏,速度/谱宽检查失败,RF 测试信号失败。

故障原因及处理方法:

（1）反复标定,故障依旧。短接二位开关输出到混频器输入端进行标定,报警消除,断定为天线座上面保护器、场放、无源限幅故障。

（2）检查天线座上面保护器、场放、无源限幅,发现驱动模块电缆头接触不良。

➤ **案例 30**:频综 J1 无输出导致无回波并有报警。

故障现象:雷达产品没有回波,性能参数严重超标,报警信息有天线功率失败、线性通道 RF 测试信号变坏、I/Q 相位幅度平衡报警。

故障原因及处理方法:

根椐故障现象与报警信息,分析雷达接收机频综 4A1 可能无射频激励信号输出。用波器测频综的 RF 输出端(4J1)没有 RF 的输出波形,J4 有 57.55MHZ 的波形,从而确定频综(4A1)损坏。更换频综故障排除。

➤ **案例 31**:噪声电平高导致回波出现圆环。

故障现象:回波出现圆环。

故障原因及处理方法:数字噪声电平太高,更换 A/D 变换器、噪声源、四位开关后恢复正常。

➤ **案例 32**:接收机保护器衰减大造成定标异常及报警。

故障现象:LIN CHAN GAIN CAL CONSTANT DEGRADED；LIN CHAN KLY OUT TESTSIGNAL EGRADED；TRANSMITTER POWER BITE FAIL；ANTENA POWER BITE FAIL。噪声温度超 400 K,地物抑制能力前后只有 30 多,SYSCAL 超过 21；另外,KD2、KD3 测量值和期望值偏差大。

故障原因及处理方法：检查发射包络正常后，重点排查接收通道故障。由频综到接收通道前端（天线座内），检测发现接收机保护器衰减过大，多衰减了 3 dB。更换后，恢复正常。

## 9.3　天伺系统故障个例

➤ **案例 33**：5A6 数字控制单元电缆插头接触不良导致天线座动态报警及无法 PARK。

故障现象：天线座动态故障报警，天线无法停在其 PARK 位置，RDASC 在 OPERA-TION 状态下，5A7 功率放大器三指示灯不亮，波导开关由天线位置又回到假负载位置。

故障原因及处理方法：

（1）检查 5PS1 各电源输出正常。

（2）用 RDASOT 命令检查天线的运转情况，听到数控单元 5A6 中继电器声音异常，5A7 三指示灯时亮时灭。

（3）测 5A6 各电源正常。将 5A6 中所有电缆重新插拔一次，并清洗后正常。

（4）此次故障系 5A6 数字控制单元电缆插头由于氧化或其他原因造成电源接触不良。

➤ **案例 34**：波导湿度大导致波导开关打火。

故障现象：波导开关打火，波导湿度报警。

故障原因及处理方法：调波导空气压缩机气压，使波导气压表指示由原来的 0.018 上升为 0.024，报警解除。

➤ **案例 35**：滑环油污导致天线仰角出现闪码。

故障现象：天线仰角角码出现跳变现象。

故障原因及处理方法：怀疑天线座渗油造成干扰所致，更换油嘴、清洗滑环及电机碳刷后正常。

➤ **案例 36**：方位啮合手轮脱落导致天线报警停转。

故障现象：天线出现较强的震动，然后天线异常停止运转，数控单元角码显示天线位置为方位角 239.76°、仰角 5.66°。同时出现方位啮合手轮、天线座无法停在 PARK 位置、功放禁止等多个报警。

故障原因及处理方法：

（1）重启 RDASC 程序和采用 RDASOT 强制天线到 PARK 位置无效，关机进入天线罩发现方位啮合手轮脱落。

（2）可能是方位啮合手轮上的插销插错位置，雷达正常工作时，插销应在脱开位置，此时天线转动，而啮合手轮不转，如果插销位置错误，天线转动时巨大的力量造成啮合手轮快速转动而脱落。

（3）此次故障由于方位啮合手轮的脱落，造成行程开关连线拉断。

（4）加固方位、俯仰电机连轴节，更换方位行程开关。

➤ **案例 37**：方位电机损坏导致方位推动困难。

故障现象：天线座动态故障报警，启动 RDASOT 操作平台，天线俯仰系统能被控制，方位不但不能控制，而且出现过温报警，进入天线罩推动天线做方位转动困难，并伴有震动。

故障原因及处理方法：

（1）检查方位电机，当给电机加电时无反应，测其电机绕组电阻 H-I 阻值为∞，取下电机上的 4 个碳刷，其中有两个碳刷的弹簧已被烧断。

（2）测电机碳刷的相对一组 A-B 阻值也为无穷大，证明电机内部线圈被烧，更换方位电机及连轴节后恢复正常。

➤ **案例 38**：滑环短路造成天线俯仰闪码和冲顶。

故障现象：雷达出现仰角值乱码及天线冲顶故障，雷达在体扫过程中天线每抬升一个仰角时，方位转速正常，而俯仰先出现仰角乱码现象后稳定，且出现天线动态故障报警。关机重启，问题得不到解决，上天线罩，发现天线冲顶，采用 RADSOT 平台也不能使天线回到 PARK 正常位置，采用俯仰手轮强行将天线摇到 PARK 位置，再次开机天线又出现冲顶现象。

故障原因及处理方法：

（1）首先怀疑是数据传输出现问题，更换上、下光纤板，问题未得到解决。

（2）检查 5A6、轴角盒及俯仰电机正常，检查从机柜到天线座的线缆，未发现有虚接及脱接现象。

（3）检查俯仰预限位（＋）XS(J)8-34 俯仰 I/O 信号、限位开关、行程开关、PED 中 A1 俯仰单元和 DCU 中 AP2R46（＋）预限位电阻正常。

（4）检查减速箱自由旋转正常，最后断定问题可能出现在滑环上，因为俯仰的各种电信号传递需要通过位于方位圆筒中的滑环，通过对滑环、碳刷仔细检查，发现粘在碳刷上的油渍造成汇流环第 36 和 37 环短路。清理汇流环第 36 和 37 环及碳刷上的油渍后，雷达系统恢复正常。

➤ **案例 39**：方位测速机信号干扰造成方位转速不稳。

故障现象：天线方位转速不稳，有剧烈抖动，导致整个楼有震感。

故障原因及处理方法：

（1）观察到转动时方位测速机信号上加载了很多干扰信号。

（2）更换方位电机后方位测速机信号变平滑，抖动现象消失。

（3）更换方位减速箱油嘴和俯仰电机，雷达正常运行。

➤ **案例 40**：光纤板故障导致天线系列报警和故障。

故障现象：仰角-限位-正常限位 ELEVATION-NORMAL LIMIT；天线座动态出错 PEDESTAL DYNAMIC FAULT；不可操作报警强制系统待机 STANDBY FORCED BY INOP ALARM；天线座无法停在停放位置 PEDESTAL UNABLE TO PARK；重新启动 RDASC 后，雷达正常运行，但故障在时间上无规律不断出现。

故障原因及处理方法：

（1）首先对雷达的电机碳刷、滑环进行清洗维护，故障依旧。

（2）用手动推动天线转动，没有发现机械问题。

（3）用 RDASOT 软件测试，以不同的速度进行方位和仰角连续转动，会出现错误报告，并且仰角有时会出现抖动和角码闪烁现象，方位正常。判断是仰角出了问题。

（4）进一步清洗仰角电机碳刷，用万用表测试测速电机绕组电阻值，H、I 在 0.9 Ω 左右，A、B 在 20 Ω 左右，正常。

（5）用示波器测试 5A6 的模拟板的 R166 电阻端波形，此波形为仰角测速环反馈信号波形，当天线转动出现抖动时，波形有明显的干扰现象。

（6）比较方位支路，R63 端波形正常，表现为较直电平。

（7）R166 两端的波形有寄生震荡，说明仰角支路确实有问题。

（8）结合仰角限位报警，进一步查看出现故障时刻的 FC 文件，发现出现故障时刻都是从高仰角向下冲时，怀疑天线过冲造成。

（9）试着更换 5A6 数字板和模拟板，但故障依旧。

（10）上、下光纤用来通信天线座的各类伺服信号和天线状态信号，其中包括角码和测速信号。共有六路，当其传输过程中碰到干扰或在规定时间内采样丢失，此串行数据即为失败一次，就有可能报告天线动态出错。根据以上分析，决定换上、下光纤板和光纤。

（11）更换上、下光纤板和光纤，雷达开机进行观察，故障至今没有再出现，测 5A6 模拟板的测速反馈波形亦正常。

➢ **案例 41**：天线方位电机问题导致停机。

故障现象：天线停止运行，不可操作报警，强制待机。

故障原因及处理方法：用天线测试程序测试，发现仰角可以控制转动，方位不受控制，经查，连线及插卡没有问题；手推天线显示数值正常，确定方位转动有问题，更换电机碳刷片，开机测试，雷达正常运行。

➢ **案例 42**：汇流环短路导致伺服俯仰功放报警停机。

故障现象：报警信息" ELEVATION AMPLIFIER CURRENT LIMIT ELEVA-TION—NORMAL LIMIT"，天线/伺服系统故障指示灯"俯仰功放短路"亮，天线无法停到正常位置。

故障原因及处理方法：检查发现汇流环动力环 2、3 环之间的绝缘体被烧，碳化短路。互换方位和俯仰功放，确认俯仰功放正常，检查确认俯仰电机正常，更换汇流环后，恢复正常。

➢ **案例 43**：5A6 数字板的电源工作不稳定导致 RDASC 程序退出。

故障现象：频繁出现"天线座输入/输出状态错误"的故障报警，导致 RDASC 程序退出。

故障原因及处理方法：更换 DAU 板，故障仍不能排除。经公司人员检查发现，数控单元数字板＋5 V 电源工作不稳定，对数字板的电源插头、插座部分重新上焊锡加固，故障排除。故障排除后对天线座的 PARK 位置进行了调整。

➢ **案例 44**：俯仰旋变同步机损坏导致天线无法到达指定位置。

故障现象：PG LINK INITIALIZATION ERROR；LIN CHAN CLUTTER REJEC-TION DEGRADED；RPG LOOP TEST TIMED OUT ELEVATION IN DEAD LIMIT；ELEVATION AMPLIFIER INHIBIT LIN CHAN KLY OUT TEST SIGNAL DEGRAD-ED。雷达不能运行至俯仰 0.5°，最低显示 2.5°就报负限位，死限位报警，天伺系统无法正常运行。

故障原因及处理方法：天线不能停在正常位置，检查天伺系统，确定俯仰旋变同步机损坏。54 所送来备件，安装新的俯仰旋变同步机，重新对天线进行太阳法标定后，雷达正常。

➢ **案例 45**：同步箱双片齿轮组件故障导致方位角码异常。

故障现象:天线实际方位位置与 5A6 数字单元上角码显示不一致,且用 RDASOT 程序以 10°/s 的速度旋转方位角时,天线转动忽快忽慢,且有时会停止转动,不能正常运转。

故障原因及处理方法:同步箱双片消隙齿轮打滑。放掉方位齿轮箱的油,然后更换同步箱双片齿轮组件。

➤ **案例 46**:方位旋转变压器连轴节顶丝滑扣导致天线位置与角码显示不一致。

故障现象:5A6 数字单元上方位角码为 PARK 位,但是上面天线实际方位不是在 PARK 位置。

故障原因及处理方法:方位旋转变压器连轴节顶丝滑扣,方位旋变旋转不灵活,更换旋转变压器后恢复正常。

➤ **案例 47**:空压机漏气导致报警。

故障现象:雷达报警,波导湿度压力故障。发射机面板湿度/压力故障灯亮,空压机故障亮,检查波导压力表指示,均低于正常值。

故障原因及处理方法:为了区分是波导管漏气还是空压机本身故障,将空压机通往波导管加压的管路进行阻断,发现空压机高低压指示仍然不正常,说明空压机本身故障。检查空压机,发现压缩机温度高,在四通阀处有漏气声,仔细检查发现四通阀高压保险破裂,应急处理的办法是暂时堵住高压漏气口,经过一小时运行检查,空压机运行到规定的压力自停。

## 9.4 监控及软件系统故障个例

➤ **案例 48**:杂波抑制问题导致数据残缺。

故障现象:采用 VCP31 体扫,当天线仰角<2.5°时雷达出现丢失基数据现象,在雷达终端 PUP 上表现为缺少 0.5°、1.5°的基本速度产品。但采用其他模式(VCP21、VCP11)扫描时,雷达正常。

故障原因及处理方法:

(1)鉴于只是采用 VCP31 体扫,在仰角<2.5°时,天线没有按照连续多普勒 CD 方式采集基数据,而采用降水方式扫描时产品正常,说明雷达 RDA 硬件及天伺系统正常,问题可能出在信号处理子系统 PSP 的数据处理上。

(2)由于雷达在高仰角时,没有出现丢失基本产品现象,问题仅仅出在低仰角上。干扰低仰角数据最多的就是杂波抑制问题,所以首先在 RDA 中删除 RDACULT. DAT 文件,然后做 bypass 杂波旁路图,问题得到解决。

➤ **案例 49**:DAU 模拟板有故障导致天线不转。

故障现象:无法控制雷达天线运转。

故障原因及处理方法:检查 RDASC 运行中无角码信号,运行模拟天线、模拟 DAU,RDASC 运行正常,雷达 DAU 板有问题,更换模拟 DAU 板后机器正常。

➤ **案例 50**:DAU 模拟板有故障导致波导开关无法转换。

故障现象:波导开关报警,发射机停止工作。

故障原因及处理方法:运行 RDASOT 测试软件(或 A104M1 软件),发出波导开关转换命令,听 DAU 底板波导开关转换继电器 U31 无吸合声,更换 DAU 模拟板后恢复正常。

➤ **案例 51**：操作系统不稳定导致雷达频繁死机。

故障现象：雷达频繁死机。

故障原因及处理方法：RDA 计算机操作系统不稳定。重装操作系统，故障排除。

➤ **案例 52**：DAU 数字板故障导致频繁出现 I/O 状态报警。

故障现象：频繁出现 I/O 状态报警，雷达自动停机，RDASC 退出。

故障原因及处理方法：更换 DAU 数字板，恢复正常。

# 参考文献

敖振浪,2008.CINRAD/SA 雷达使用维修手册[M].北京:中国计量出版社.

北京敏视达雷达有限公司,2001.中国新一代多普勒天气雷达用户手册[Z].北京:北京敏视达雷达有限公司.

北京敏视达雷达有限公司,2001.中国新一代天气雷达手册[Z].北京:北京敏视达雷达有限公司.

蔡宏,高玉春,秦建峰,等,2011.新一代天气雷达接收系统噪声温度不稳定性分析[J].气象科技,39(1):70-72.

柴秀梅,2011a.新一代天气雷达故障诊断与处理[M].北京:气象出版社.

柴秀梅,2011b.新一代天气雷达回波强度异常分析和处理办法[J].气象,37(3):379-384.

陈忠用,2013.CINRAD/SA 充电开关控制板工作原理及应用维护[J].气象科技,41(2):250-253.

陈忠用,王宏记,周若,2012.CINRAD 发射机后充电校平器 3A8 工作原理及维修[J].气象科技,40(4):563-566.

郭泽勇,梁国锋,曾广宇,2015.CINRAD/SA 雷达业务技术指导手册[M].北京:气象出版社.

黄裔诚,黄殷,郭泽勇,2017.一次 CINRAD/SA 天气雷达频率源故障的分析与处理[J].气象与环境科学,40(2):
    127-132.

潘新民,2017.新一代天气雷达故障诊断技术与方法[M].北京:气象出版社.

潘新民,柴秀梅,申安喜,等,2009.新一代天气雷达(CINRAD/SB)技术特点和维护、维修方法[M].北京:气象出版社.

潘新民,王全周,崔炳俭,等,2013.CINRAD/SB 型新一代天气雷达故障快速定位方法[J].气象与环境科学,36(1):71-75.

潘新民,王全周,熊毅,等,2009.回波强度测量的误差因素分析及解决方法[J].气象环境与科学,32(4):74-79.

姚文,刘志邦,王浩宇,等,2013.CINRAD/SA 雷达接收机故障个例分析与处理[J].气象水文海洋仪器(3):91-97.

# 附录 A

# 新一代天气雷达（CINRAD/SA）报警信息解释及报警点

| 代码 | 状态 | 类型 | 设备 | 英文报警信息 | 中文报警信息 | 备注 |
|---|---|---|---|---|---|---|
| 141 | MM | ED | RSP | A/D +5V POWER SUPPLY 2 FAIL | 2 号电源故障 | |
| 140 | MM | ED | RSP | A/D±15V POWER SUPPLY 8 FAIL | 8 号电源故障 | |
| 143 | MM | ED | RSP | A/D-5.2V POWER SUPPLY 7 FAIL | 7 号电源故障 | |
| 120 | MM | ED | UTL | AC UNIT ♯ 1 COMPRESSOR SHUTOFF | 1 号空调压缩机关闭 | 不用 |
| 172 | MM | ED | UTL | AC UNIT ♯ 1 DISCHARGE TEP EXTREME | 1 号空调出口温度过高 | 不用 |
| 152 | MR | ED | UTL | AC UNIT ♯ 1 FILTER DIRTY | 1 号空调滤网脏 | 不用 |
| 121 | MM | ED | UTL | AC UNIT ♯ 2 COMPRESSOR SHUTOFF | 2 号空调压缩机关闭 | 不用 |
| 184 | MM | ED | UTL | AC UNIT ♯ 2 DISCHARGE TEMP EXTREME | 2 号空调出口温度过高 | 不用 |
| 153 | MR | ED | UTL | AC UNIT ♯ 2 FILTER DIRTY | 2 号空调滤网脏 | 不用 |
| 130 | MM | ED | UTL | AIRCRAFT HAZARD LIGHTING FAILURE | 航警灯故障 | |
| 205 | MM | ED | XMT | ANTENNA PEAK POWER HIGH | 天线峰值功率高 | |
| 204 | MM | ED | XMT | ANTENNA PEAK POWER LOW | 天线峰值功率低 | |
| 210 | MM | ED | CTR | ANTENNA POWER BITE FAIL | 天线功率机内测试设备错误 | |
| 207 | MM | ED | CTR | ANTENNA POWER METER ZERO OUT OF LIMIT | 天线功率计零点超限 | |
| 752 | N/A | OC | ARCH | ARCH A ALLOCATION/MEDIA FULL ERROR | 存档设备 A 定位/介质满错误 | |
| 756 | N/A | OC | ARCH | ARCH A CAPACITY LOW | 存档设备 A 容量低 | |
| 755 | N/A | OC | ARCH | ARCH A PLAYBCK VOLUME SCAN NOT FOUND | 未找到存档设备 A 回放体扫 | |
| 625 | N/A | OC | N/A | ARCH A TASK PAUSED-RESTART INITIATED | | / |
| 753 | N/A | OC | ARCH | ARCHIVE A FILE MANAGEMENT ERROR | 存档设备 A 文件管理错误 | |
| 751 | N/A | OC | ARCH | ARCHIVE A I/O ERROR | 存档设备 A 输入输出错 | |
| 754 | N/A | OC | ARCH | ARCHIVE A LOAD ERROR | 存档设备 A 载入错误 | |
| 582 | N/A | FO | N/A | AU0 PARITY ERROR | 0 号算术单元奇偶校验错 | 不用 |
| 583 | N/A | FO | N/A | AU1 PARITY ERROR | 1 号算术单元奇偶校验错 | 不用 |
| 584 | N/A | FO | N/A | AU2 PARITY ERROR | 2 号算术单元奇偶校验错 | 不用 |
| 334 | MM | ED | PED | AZIMUTH AMP POWER SUPPLY FAIL | 方位放大器电源故障 | |
| 316 | MM | ED | PED | AZIMUTH AMPLIFIER CURRENT LIMIT | 方位放大器过流 | |
| 315 | IN | ED | PED | AZIMUTH AMPLIFIER INHIBIT | 方位放大器禁用 | |
| 317 | MM | ED | PED | AZIMUTH AMPLIFIER OVERTEMP | 方位放大器过温 | |
| 324 | MM | ED | PED | AZIMUTH ENCODER LIGHT FAILURE | 方位编码灯故障 | |
| 325 | MM | ED | PED | AZIMUTH GEARBOX OIL LEVER LOW | 方位齿轮箱油位低 | |
| 329 | IN | ED | PED | AZIMUTH HANDWHEEL ENGAGED | 方位手轮啮合 | |
| 320 | MM | ED | PED | AZIMUTH MOTOR OVERTEMP | 方位电机过温 | |
| 322 | MM | ED | PED | AZIMUTH PCU DATA PARITY FAULT | 方位天线座控制单元数据奇偶校验错 | |

| 代码 | 状态 | 类型 | 设备 | 英文报警信息 | 中文报警信息 | 备注 |
|---|---|---|---|---|---|---|
| 321 | IN | ED | PED | AZIMUTH STOW PIN ENGAGED | 方位装载销啮合 | |
| 326 | MM | ED | PED | BULL GEAR OIL LEVEL LOW | 大齿轮油位低 | |
| 441 | MM | ED | CRT | BYPASS MAP FILE READ FAILED | 读旁路图文件失败 | |
| 691 | N/A | OC | N/A | BYPASS MAP FILE WRITE FAILED | 写旁路图文件失败 | |
| 689 | N/A | OC | N/A | CENSOR ZONE FILE WRITE FAILED | 读杂波区文件失败 | |
| 444 | MR | ED | CRT | CENSOR ZONE FILEREAD FAILED | 写杂波区文件失败 | |
| 553 | N/A | OC | N/A | CHAN ALREADY CONTROLLING-CMD REJ | 通道已为控制-拒绝执行此命令 | 不用 |
| 554 | N/A | OC | N/A | CHAN ALREADY NON-CONTROLING-CMD REJ | 通道已为非控制-拒绝执行此命令 | 不用 |
| 56 | MM | ED | MM | CIRCULATOR OVERTEMP | 环流器过温 | |
| 588 | N/A | FO | RSP | CLUTTER FILTER PARITY ERROR | 杂波滤波器奇偶校验错 | |
| 555 | N/A | OC | N/A | CMD NOT VALID FROM CHANNEL 1-CMD REJ | 通道1命令无效-拒绝执行 | 不用 |
| 99 | MM | ED | RSP | COHO/CLOCK FAILURE | 相参振荡器/时钟故障 | |
| 701 | N/A | OC | N/A | CONTROL SEQ TIMEOUT-RESTART INITIATED | 控制序列超时-重初始化 | |
| 268 | MM | ED | CTR | DAU A/D HIGH LEVEL OUT OF TOLERANCE | 数据采集单元模/数转换器超上限 | |
| 266 | MM | ED | CTR | DAU A/D LOW LEVEL OUT OF TOLERANCE | 数据采集单元模/数转换器超下限 | |
| 267 | MM | ED | CTR | DAU A/D MID LEVEL OUT OF TOLERANCE | 数据采集单元模/数转换器超中限 | |
| 461 | N/A | FO | N/A | DAU I/O STATUS ERROR | 数据采集单元输入/输出状态错 | |
| 448 | IN | ED | CTR | DAU INITIALIZATION ERROR | 数据采集单元初始化错 | |
| 400 | N/A | FO | N/A | DAU STATUS READ TIMED OUT | 读数据采集单元状态超时 | |
| 621 | N/A | OC | N/A | DAU TASK PAUSED-RESTART INITIATED | 数据采集单元任务暂停-重新初始化 | 不用 |
| 100 | IN | ED | CTR | DAU UART FAILURE | 数据采集单元通用异步收发器故障 | |
| 455 | MM | ED | CTR | DISABLE/ENAB/AUTO SWITCH IN DISABLE | 不可用/可用/自动开关不可用 | 不用 |
| 310 | MM | ED | PED | ELEVATION +NORMAL LIMIT | 仰角+限位-正常限位 | |
| 335 | MM | ED | PED | ELEVATION AMP POWER SUPPLY FAIL | 仰角放大器电源故障 | |
| 301 | MM | ED | PED | ELEVATION AMPLIFIER CURRENT LIMIT | 仰角放大器过流 | |
| 300 | IN | ED | PED | ELEVATION AMPLIFIER INHIBIT | 仰角放大器禁用 | |
| 302 | MM | ED | PED | ELEVATION AMPLIFIER OVERTEMP | 仰角放大器过温 | |
| 313 | MM | ED | PED | ELEVATION ENCODER LIGHT FAILURE | 仰角编码灯故障 | |
| 314 | MM | ED | PED | ELEVATION GEARBOX OIL LEVEL LOW | 仰角齿轮箱油位低 | |
| 328 | IN | ED | PED | ELEVATION HANDWHEEL ENGAGED | 仰角手轮啮合 | |
| 308 | MM | ED | PED | ELEVATION IN DEAD LIMIT | 仰角死区限门 | |

续表

| 代码 | 状态 | 类型 | 设备 | 英文报警信息 | 中文报警信息 | 备注 |
|------|------|------|------|--------------|--------------|------|
| 305 | MM | ED | PED | ELEVATION MOTOR OVERTEMP | 仰角电机过温 | |
| 311 | MM | ED | PED | ELEVATION-NORMAL LIMIT | 仰角-限位-正常限位 | |
| 307 | MM | ED | PED | ELEVATION PCU DATA PARITY FAULT | 仰角天线座控制单元数据奇偶校验错 | |
| 306 | IN | ED | PED | ELEVATION STOW PIN ENGAGED | 仰角收藏销啮合 | |
| 131 | MR | ED | UTL | EQUIP SHELTER HALON/DETECT SYS FAULT | 设备方舱灭火/检测系统故障 | 不用 |
| 171 | MM | ED | UTL | EQUIPMENT SHELTER TEMP EXTREME | 设备方舱过温 | |
| 397 | N/A | OC | N/A | EXCESSIVE RADIALS IN A CUT | 一个体扫中径向过多 | |
| 40 | IN | ED | XMT | FILAMENT POWER SUPPLY OFF | 灯丝电源关闭 | |
| 53 | MM | ED | MM | FILAMENT POWER SUPPLY VOLTAGE FAIL | 灯丝电源电压故障 | |
| 133 | MR | ED | UTL | FIRE/SMOKE IN EQUIP SHELTER | 设备方舱烟/火报警 | 不用 |
| 136 | MR | ED | UTL | FIRE/SMOKE IN GENERATOR SHELTER | 发电机方舱烟/火报警 | 不用 |
| 68 | MM | ED | N/A | FLYBACK CHARGER FAILURE | 回授充电器故障 | |
| 75 | MM | ED | N/A | FOCUS COIL AIRFLOW FAILURE | 聚焦线圈气流量故障 | |
| 74 | MM | ED | N/A | FOCUS COIL CURRENT FAILURE | 聚焦线圈电流故障 | |
| 55 | MM | ED | MM | FOCUS COIL POWER SUPPLY VOLTAGE FAIL | 聚焦线圈电源电压故障 | |
| 137 | MR | ED | UTL | GEN SHELTER HALON/DETECTION SYS FAULT | 发电机方舱灭火/检测系统故障 | 不用 |
| 124 | MM | ED | UTL | GEN STARTING BATTERY VOLTAGE LOW | 发电机启动电池电压低 | 不用 |
| 125 | MM | ED | UTL | GENERATOR ENGINE MALFUNCTION | 发电机发动机故障 | 不用 |
| 129 | MM | ED | UTL | GENERATOR EXERCISE FAILURE | 发电机自动启动/关机测试故障 | 不用 |
| 176 | MR | ED | UTL | GENERATOR FUEL STORAGE TANK LEVEL LOW | 发电机燃料油箱油位低 | 不用 |
| 122 | MR | ED | UTL | GENERATOR MAINTENANCE REQUIRED | 发电机需要维护 | 不用 |
| 175 | MM | ED | UTL | GENERATOR SHELTER TEMP EXTREME | 发电机方舱过温 | 不用 |
| 589 | MM | ED | RSP | HWSP END AROUND TEST ERROR | 硬件信号处理器闭环测试错误 | |
| 490 | MM | ED | RSP | I CHANNEL BIAS OUT OF LIMIT | I 通道偏差超限 | |
| 472 | MM | ED | RSP | I/Q AMP BALANCE DEGRADED | I/Q 幅度平衡变坏 | |
| 505 | MR | ED | RSP | I/Q AMP BALANCE-MAINT REQUIRED | I/Q 幅度平衡需要维护 | |
| 473 | MM | ED | RSP | I/Q PHASE BALANCE DEGRADED | I/Q 相位平衡变坏 | |
| 507 | MR | ED | RSP | I/Q PHASE BALANCE-MAINT REQUIRED | I/Q 相位平衡需要维护 | |
| 476 | MM | ED | RSP | IF ATTEN CAL INHIBITED-INVALID DATA | 禁止中频衰减器标定-无效数据 | |
| 477 | MM | ED | RSP | IF ATTEN CALIIBRATION SIGNAL DEGRADED | 中频衰减器标定信号变坏 | |
| 474 | MM | ED | RSP | IF ATTEN STEP SIZE DEGRADED | 中频衰减器步进量变坏 | |

续表

| 代码 | 状态 | 类型 | 设备 | 英文报警信息 | 中文报警信息 | 备注 |
|---|---|---|---|---|---|---|
| 503 | MR | ED | RSP | IF ATTEN STEP SIZE-MAINT REQUIRED | 中频衰减器步进量需要维护 | |
| 700 | N/A | OC | N/A | INIT SEQ TIMEOUT-RESTART INITIATED | 初始化序列超时-重新初始化 | |
| 550 | N/A | OC | N/A | INTERPROCESSOR CONTROL CMD REJECTED | 拒绝执行内部处理器控制命令 | |
| 679 | N/A | OC | N/A | INVALID CENSOR ZONE MESSAGE RECEIVED | 收到无效的杂波区信息 | |
| 393 | N/A | OC | N/A | INVALID REMOTE VCP RECEIVED | 收到无效的遥控体扫表 | |
| 395 | N/A | OC | N/A | INVALID RPG COMMAND RECEIVED | 收到无效的 RPG 命令 | |
| 69 | MM | ED | N/A | INVERSE DIODE CURRENT UNDERVOLTAGE | 反向二极管电流欠压 | |
| 522 | MM | ED | RSP | ISU PERFORMANCE DEGRADED | 干扰抑制单元性能变坏 | |
| 84 | MM | ED | N/A | KLYSTRON AIR FLOW FAILURE | 速调管气流故障 | |
| 83 | MM | ED | N/A | KLYSTRON AIR OVER TEMP | 速调管气温过高 | |
| 81 | MM | ED | N/A | KLYSTRON FILAMENT CURRENT FAIL | 速调管灯丝电流故障 | |
| 80 | MM | ED | N/A | KLYSTRON OVERCURRENT | 速调管过流 | |
| 82 | MM | ED | N/A | KLYSTRON VACION CURRENT FAIL | 速调管真空泵电流故障 | |
| 487 | MR | ED | RSP | LIN CHAN CLTR REJECT-MAINT REQUIRED | 线性通道杂波抑制需要维护 | |
| 486 | MM | ED | RSP | LIN CHAN CLUTTER REJECTION DEGRADED | 线性通道杂波抑制变坏 | |
| 480 | MM | ED | RSP | LIN CHAN GAIN CAL CHECK DEGRADED | 线性通道增益标定检查变坏 | |
| 479 | MR | ED | RSP | LIN CHAN GAIN CAL CHECK-MAINT REQD | 线性通道增益标定检查请求维护 | |
| 481 | MM | ED | RSP | LIN CHAN GAIN CAL CONSTANT DEGRADED | 线性通道增益标定常数变坏 | |
| 533 | MM | ED | RSP | LIN CHAN KLY OUT TEST SIGNAL DEGRADED | 线性通道速调管输出测试信号变坏 | |
| 523 | MM | ED | RSP | LIN CHAN RF DRIVE TST SIGNAL DEGRADED | 线性通道射频激励测试信号变坏 | |
| 527 | MM | ED | RSP | LIN CHAN TEST SIGNALS DEGRADED | 线性通道测试信号变坏 | |
| 470 | MM | ED | RSP | LIN CHANNEL NOISE LEVEL DEGRADED | 线性通道噪声电平变坏 | |
| 530 | MM | ED | RSP | LOG CHAN CAL CHECK DEGRADED | 对数通道标定检查变坏 | 不用 |
| 532 | MM | ED | RSP | LOG CHAN CAL CHK-MAINT REQUIRED | 对数通道标定检查请求维护 | 不用 |
| 489 | MR | ED | RSP | LOG CHAN CLTR REJECT-MAINT REQUIRED | 对数通道杂波抑制需要维护 | 不用 |
| 488 | MM | ED | RSP | LOG CHAN CLUTTER REJECTION DEGRADED | 对数通道杂波滤波器变坏 | 不用 |
| 482 | MM | ED | RSP | LOG CHAN GAIN CAL CONSTANT DEGRADED | 对数通道增益标定常数变坏 | 不用 |
| 534 | MM | ED | RSP | LOG CHAN KLY OUT TEST SIGNAL DEGRADED | 对数通道速调管输出测试信号变坏 | 不用 |

续表

| 代码 | 状态 | 类型 | 设备 | 英文报警信息 | 中文报警信息 | 备注 |
|---|---|---|---|---|---|---|
| 524 | MM | ED | RSP | LOG CHAN RF DRIVE TST SIGNAL DEGRADED | 对数通道射频激励测试信号变坏 | 不用 |
| 528 | MM | ED | RSP | LOG CHAN TEST SIGNALS DEGRADED | 对数通道测试信号变坏 | 不用 |
| 469 | MM | ED | RSP | LOG CHANNEL NOISE LEVEL DEGRADED | 对数通道噪声电平变坏 | 不用 |
| 251 | MM | ED | CTR | MAINT CONSOLE +15 V POWER SUPPLY FAIL | 维护控制台+15 V电源故障 | 不用 |
| 250 | MM | ED | CTR | MAINT CONSOLE +28 V POWER SUPPLY FAIL | 维护控制台+28 V电源故障 | 不用 |
| 252 | MM | ED | CTR | MAINT CONSOLE +5 V POWER SUPPLY FAIL | 维护控制台+5 V电源故障 | 不用 |
| 265 | MM | ED | CTR | MAINT CONSOLE −15 V POWER SUPPLY FAIL | 维护控制台−15 V电源故障 | 不用 |
| 460 | N/A | FO | N/A | MMI I/O STATUS ERROR | 人机界面输入/输出状态错误 | 不用 |
| 449 | MM | ED | CTR | MMI INITIALIZAIION ERROR | 人机界面初始化错误 | 不用 |
| 620 | N/A | OC | N/A | MMI TASK PAUSED-RESTART INITIATED | 人机界面任务暂停-重新初始化 | 不用 |
| 439 | MM | ED | CRT | MOD ADAP DATA FILE READ FAILED | 读当前适配数据文件失败 | |
| 65 | MM | ED | MM | MODULATOR INVERSE CURRENT FAIL | 调制器反峰电流故障 | |
| 64 | MM | ED | MM | MODULATOR OVERLOAD | 调制器过载 | |
| 66 | MM | ED | MM | MODULATOR SWITCH FAILURE | 调制器开关故障 | |
| 654 | N/A | OC | N/A | MULT DAU CMD TOUTS-RESTART INITIATED | 多个DAU命令超时-重新初始化 | |
| 465 | N/A | FO | N/A | MULT DAU I/O ERROR-RDA FORCED TO STBY | 多个DAU输入/输出错误-RDA强制待机 | |
| 467 | N/A | FO | N/A | MULT PED I/0 ERROR-RDA FORCED TO STBY | 多个PED输入/输出错误-RDA强制待机 | |
| 466 | N/A | FO | N/A | MULT SPS I/O ERROR-RDA FORCED TO STBY | 多个SPS输入/输出错误-RDA强制待机 | |
| 551 | N/A | OC | N/A | NO INTERPROCESSOR COMMAND RESPONSE | 无内部处理器命令响应 | 不用 |
| 380 | MM | ED | CTR | NOTCH WIDTH MAP GENERATION ERROR | 生成凹口宽度图错 | |
| 341 | IN | ED | PED | PED SERVO SWITCH FAILURE | 天线座伺服开关故障 | |
| 623 | N/A | OC | N/A | PED TASK PAUSED-RESTART INITIATED | 天线座任务暂停-重新初始化 | 不用 |
| 303 | MM | ED | PED | PEDESTAL +150 V OVERVOLTAGE | 天线座+150 V过压 | |
| 304 | MM | ED | PED | PEDESTAL +150 V UNDERVOLTAGE | 天线座+150 V欠压 | |
| 330 | MM | ED | PED | PEDESTAL +15 V POWER SUPPLY 1 FAIL | 天线座1号电源故障:+15 V | |
| 333 | MM | ED | PED | PEDESTAL +28 V POWER SUPPLY 2 FAIL | 天线座2号电源故障:+28 V | |
| 332 | MM | ED | PED | PEDESTAL +5 V POWER SUPPLY 1 FAIL | 天线座1号电源故障:+5 V | |
| 331 | MM | ED | PED | PEDESTAL −15 V POWER SUPPLY 1 FAIL | 天线座1号电源故障:−15 V | |
| 336 | IN | ED | PED | PEDESTAL DYNAMIC FAULT | 天线座动态出错 | |
| 463 | N/A | FO | N/A | PEDESTAL I/O STATUS ERROR | 天线座输入/输出状态出错 | |

| 代码 | 状态 | 类型 | 设备 | 英文报警信息 | 中文报警信息 | 备注 |
|---|---|---|---|---|---|---|
| 450 | IN | ED | PED | PEDESTAL INITIALIZATION ERROR | 天线座初始化出错 | |
| 337 | IN | ED | PED | PEDESTAL INTERLOCK OPEN | 天线座互锁打开 | |
| 604 | N/A | FO | N/A | PEDESTAL SELF TEST 1 ERROR | 天线座自检 1 错 | |
| 605 | N/A | FO | N/A | PEDESTAL SELF TEST 2 ERROR | 天线座自检 2 错 | |
| 338 | IN | ED | PED | PEDESTAL STOPPED | 天线座停止 | |
| 339 | IN | ED | PED | PEDESTAL UNABLE TO PARK | 天线座无法停在停放位置 | |
| 47 | IN | ED | XMT | PFN/PW SWITCH FAILURE | 脉冲形成网络/脉冲宽度开关故障 | |
| 128 | MM | ED | UTL | POWER TRANSFER NOT ON AUTO | 电源未处于自动转换位置 | 不用 |
| 77 | MM | ED | N/A | PRF LIMIT | 脉冲重复频率超限 | |
| 381 | N/A | FO * | N/A | PRT1 INTERVAL ERROR | 脉冲重复时间 1 间隔错 | |
| 382 | N/A | FO | N/A | PRT2 INTERVAL ERROR | 脉冲重复时间 2 间隔错 | |
| 491 | MM | ED | RSP | Q CHANNEL BIAS OUT OF LIMIT | Q 通道偏差超限 | |
| 396 | N/A | OC | N/A | RADIAL DATA LOST | 径向数据丢失 | |
| 383 | N/A | FO | N/A | RADIAL TIME INTERVAL ERROR | 径向时间间隔错误 | |
| 151 | IN | ED | UTL | RADOME ACCESS HATCH OPEN | 天线罩舱门开 | |
| 174 | MR | ED | UTL | RADOME AIR TEMP EXTREME | 天线罩温度过高 | |
| 132 | MM | ED | RSP | RCVR +5 V POWER SUPPLY 5 FAIL | 接收机 5 号电源故障：+5 V | |
| 139 | MM | ED | RSP | RCVR +9 V POWER SUPPLY 6 FAIL | 接收机 6 号电源故障：+9 V | |
| 134 | MM | ED | RSP | RCVR±18 V POWER SUPPLY 1 FAIL | 接收机 1 号电源故障：±18 V | |
| 135 | MM | ED | UTL | RCVR−9 V POWER SUPPLY 4 FAIL | 接收机 4 号电源故障：−9 V | |
| 147 | MM | ED | RSP | RCVR PROT +5 V POWER SUPPLY 9 FAIL | 接收机保护器 9 号电源故障：+5 V | |
| 150 | N/A | OC * * | * N/A | RDA CHANNEL CONTROL FAILURE | RDA 通道控制故障 | 不用 |
| 692 | N/A | FO | N/A | RDASC CAL DATA FILE WRITE FAILED | 写 RDASC 标定数据文件失败 | |
| 442 | MM | ED | CRT | RDASOT CAL DATA FILE READ FAIL. ED | 读 RDASOT 标定数据文件失败 | |
| 421 | N/A | N/A | N/A | RECOMMEND SWITCH TO UTILITY POWER | 建议切换到市电 | 不用 |
| 464 | N/A | FO | N/A | REDUN CHAN INTERFACE I/O STATUS ERROR | 冗余通道接口输入/输出状态错 | 不用 |
| 626 | N/A | OC | N/A | REDUN CHAN TSK PAUSED-RSTRT INITIATED | 冗余通道任务暂停-重新初始化 | 不用 |
| 687 | N/A | OC | N/A | REMOTE VCP FILE WRITE FAILED | 写远程体扫文件失败 | |
| 394 | N/A | OC | N/A | REMOTE VCP NOT DOWNLOADED | 未下载远程体扫 | |
| 401 | N/A | N/A | N/A | RESERVED FOR INTERNAL RDA USE | （保留） | |
| 360 | MM | ED | RSP | RF GEN FREQ SELECT OSCILLATOR FAILT | 射频产生器的频率选择振荡器故障 | |

续表

| 代码 | 状态 | 类型 | 设备 | 英文报警信息 | 中文报警信息 | 备注 |
|---|---|---|---|---|---|---|
| 362 | MM | ED | RSP | RF GEN PHASE SHIFTED COHO FAIL | 射频产生器的相移相干振荡器故障 | |
| 361 | MM | ED | RSP | RF GEN RF/STALO FAIL | 射频产生器的射频/稳定本振故障 | |
| 452 | MM | ED | RPG | RPG LINK INITIALIZATION ERROR | RPG 连接初始化错 | |
| 25 | MM | ED | N/A | RPG LINK-FUSE ALARM | RPG 连接-保险丝报警 | 不用 |
| 20 | MM | ED＊＊ | N/A | RPG LINK-GENERAL ERROR | RPG 连接--一般错误 | |
| 26 | MM | ED | N/A | RPG LINK-MAJOR ALARM | RPG 连接-主要报警 | |
| 23 | MM | ED | N/A | RPG LINK-MAJOR RCVR ALARM | RPG 连接-主接收器报警 | |
| 22 | MM | ED | N/A | RPG LINK-MAJOR XMTR ALARM | RPG 连接-主发射器报警 | |
| 24 | MM | ED | N/A | RPG LINK-MINOR ALARM | RPG 连接-次要报警 | |
| 27 | MM | ED | N/A | RPG LINK-REMOTE ALARM | RPG 连接远程报警 | |
| 21 | MM | ED | N/A | RPG LINK-SVC 15 ERROR | RPG 连接-网络超级用户呼叫 15 错误 | 不用 |
| 391 | N/A | OC | N/A | RPG LOOP TEST TIMED OUT | RPG 闭环测试错 | |
| 392 | N/A | OC | N/A | RPG LOOP TEST VERIFICATION ERROR | RPG 闭环测试确认错 | |
| 146 | MR | ED | UTL | SECURITY SYSTEM DISABLED | 安全系统无效 | 不用 |
| 145 | MR | ED | UTL | SECURITY SYSTEM EQUIPMENT FAILURE | 安全系统设备故障 | 不用 |
| 651 | N/A | FO | N/A | SEND DAU COMMAND TIMED OUT | 发送 DAU 命令超时 | |
| 650 | N/A | FO | N/A | SEND WIDEBAND STATUS TIMED OUT | 发送宽带状态超时 | |
| 57 | MM | ED | MM | SPECTRUM FILTER LOW PRESSURE | 频谱滤波器压过低 | |
| 595 | N/A | FO | N/A | SPS AU RAM LOAD ERROR | SPS 算术单元随机访问存储器载入错 | 不用 |
| 603 | N/A | FO | N/A | SPS CLOCK/MICRO-P SET ERROR | SPS 时钟/微码设置错 | 不用 |
| 593 | N/A | FO | N/A | SPS COEFFICIENT RAM LOAD ERROR | SPS 系统随机访问存储器载入错 | 不用 |
| 661 | N/A | FO | N/A | SPS DIM LOOP TEST ERROR | SPS DIM 闭环测试错 | 不用 |
| 667 | N/A | FO | N/A | SPS HARDWARE INIT SELECT ERROR | SPS 硬件初始化选择错 | 不用 |
| 665 | N/A | FO | N/A | SPS HSP LOOP TEST ERROR | SPS 硬件信号处理器闭环测试错 | |
| 462 | N/A | FO | N/A | SPS I/O STATUS ERROR | 信号处理系统输入/输出状态错 | |
| 451 | IN | ED | RSP | SPS INITIALIZATION ERROR | 信号处理系统初始化错 | |
| 590 | N/A | FO | N/A | SPS MEMORY CLEAR ERROR | SPS 清除内存错 | 不用 |
| 591 | N/A | FO | N/A | SPS MICRO/ECW DATA FILE READ FAIL | SPS 微码/仿真控制字数据文件失败 | 不用 |
| 663 | N/A | FO | N/A | SPS MICROCODE/ECW LOAD ERROR | SPS 微码/仿真控制字载入错 | 不用 |
| 592 | N/A | FO | N/A | SPS MICROCODE/ECW VERIFY ERROR | SPS 微码/仿真控制字确认失败 | 不用 |
| 580 | N/A | FO | N/A | SPS READ TIMING ERROR | SPS 读定时错 | 不用 |

| 代码 | 状态 | 类型 | 设备 | 英文报警信息 | 中文报警信息 | 备注 |
|---|---|---|---|---|---|---|
| 664 | N/A | FO | N/A | SPS RTD LOOP TEST ERROR | SPS RTD 闭环测试错 | 不用 |
| 662 | N/A | FO | N/A | SPS SMI LOOP TEST ERROR | SPS 串行维护接口闭环测试错 | 不用 |
| 622 | N/A | OC | N/A | SPS TASK PAUSED-RESTART INITIATED | SPS 任务暂停-重新初始化 | 不用 |
| 581 | N/A | FO | N/A | SPS WRITE TIMING ERROR | SPS 写定时错 | 不用 |
| 398 | N/A | OC | N/A | STANDBY FORCED BY INOP ALARM | 不可操作报警强制系统待机 | |
| 690 | MM | ED | N/A | STATE FILE WRITE FAILED | 写状态文件失败 | |
| 471 | MM | ED | RSP | SYSTEM NOISE TEMP DEGRADED | 系统噪声温度变坏 | |
| 521 | MR | ED | RSP | SYSTEM NOISE TEMP-MAINT REQUIRED | 系统噪声温度-需要维护 | |
| 454 | MM | ED | CTR | SYSTEM STATUS MONITOR INIT ERROR | 系统状态监视器初始化错 | 不用 |
| 61 | MM | ED | MM | TRANSMITFER CABINET AIR FLOW FAIL | 发射机机柜风流量故障 | |
| 154 | MR | ED | UTL | TRANSMITFER FILTER DIRTY | 发射机滤网脏 | |
| 73 | MM | ED | N/A | TRANSMITFER OVERCURRENT | 发射机过流 | |
| 200 | MM | ED | XMT | TRANSMITFER PEAK POWER LOW | 发射机峰值功率低 | |
| 59 | MM | ED | MM | TRANSMITTER CABINET INTERLOCK OPEN | 发射机机柜互联锁开 | |
| 60 | MM | ED | MM | TRANSMITTER CABINET OVER TEMP | 发射机机柜过温 | |
| 96 | IN | ED | XMT | TRANSMITTER HV SWITCH FAILURE | 发射机高压开关故障 | |
| 98 | IN | ED | XMT | TRANSMITTER INOPERATIVE | 发射机不可操作 | |
| 67 | MM | ED | MM | TRANSMITTER MAIN POWER OVERVOLT-AGE | 发射机电源电压过压 | |
| 78 | MM | ED | N/A | TRANSMITTER OIL LEVEL LOW | 发射机油位低 | |
| 76 | MM | ED | N/A | TRANSMITTER OIL OVER TEMP | 发射机油过温 | |
| 72 | MM | ED | N/A | TRANSMITTER OVERVOLTAGE | 发射机过压 | |
| 201 | MM | ED | XMT | TRANSMITTER PEAK POWER HIGH | 发射机峰值功率高 | |
| 97 | MM | ED | XMT | TRANSMITTER RECYCLING | 发射机循环 | |
| 173 | MM | ED | UTL | TRANSMITYER LEAVING AIR TEMP EX-TREME | 发射机排气过温 | |
| 209 | MM | ED | CTR | TRANSMITYER POWER BITE FAIL | 发射机功率机内测试设备故障 | |
| 70 | MM | ED | N/A | TRIGGER AMPLIFIER FAILURE | 触发放大器故障 | |
| 552 | N/A | OC | N/A | UNABLE TO CMD OPER-REDUN CHAN ON-LINE | 不能命令操作-冗余通道在线 | 不用 |
| 144 | MR | ED | UTL | UNAUTHORIZED SITE ENTRY | 非授权进入雷达站 | 不用 |
| 30 | MM | ED | N/A | USER LINK-GENERAL ERROR | 用户连接--一般错误 | 不用 |
| 453 | MM | ED | USR | USER LINK INITIALIZATION ERROR | 初始化用户连接错 | 不用 |
| 32 | MM | ED | N/A | USER LINK-MAJOR XMTR ALARM | 用户连接-主发射器报警 | 不用 |
| 37 | MM | ED | N/A | USER LINK-REMOTE ALARM | 用户连接-远程报警 | 不用 |
| 35 | MM | ED | N/A | USER LINK-FUSE ALARM | 用户连接-保险丝报警 | 不用 |

续表

| 代码 | 状态 | 类型 | 设备 | 英文报警信息 | 中文报警信息 | 备注 |
|---|---|---|---|---|---|---|
| 36 | MM | ED | N/A | USER LINK-MAJOR ALARM | 用户连接-主要报警 | 不用 |
| 33 | MM | ED | N/A | USER LINK-MAJOR RCVR ALARM | 用户连接-主接收器报警 | 不用 |
| 34 | MM | ED | N/A | USER LINK-MINOR ALARM | 用户连接-次要报警 | 不用 |
| 31 | MM | ED | N/A | USER LINK-SVC 15 ERROR | 用户连接-网络超级用户呼叫 15 错误 | 不用 |
| 671 | N/A | FO | N/A | USER LOOP TEST TIMED OUT | 用户闭环测试超时 | 不用 |
| 672 | N/A | FO | N/A | USER LOOP TEST VERIFICATION ERROR | 用户闭环测试确认错 | 不用 |
| 54 | MM | ED | MM | VACUUM PUMP POWER SUPPLY VOLTAGE FAIL | 钛泵电源故障 | |
| 483 | MM | ED | RSP | VELOCITY/WIDTH CHECK DEGRADED | 速度/谱宽检查变坏 | |
| 484 | MR | ED | RSP | VELOCITY/WIDTH CHECK-MAINT REQUIRED | 速度/谱宽检查-需要维护 | |
| 95 | MM | ED | XMT | WAVEGUIDE HUMIDITY/PRESSURE FAULT | 波导开关湿度/压力故障 | |
| 43 | IN | ED | XMT | WAVEGUIDE SWITCH FAILURE | 波导开关故障 | |
| 44 | IN | ED | XMT | WAVEGUIDE/PFN TRANSFER INTERLOCK | 波导开关/脉冲形成网络转换器互锁 | |
| 58 | MM | ED | MM | WAVEGUIDE ARC/VSWR | 波导开关打火/电压驻波比 | |
| 627 | N/A | OC | N/A | WDOG TIMER TSK PAUSED-RSTRT INITIATED | 看门狗计时器任务暂停-重新初始化 | 不用 |
| 624 | N/A | OC | N/A | WIDBND TASK PAUSED-RESTART INITIATED | 宽带任务暂停-重新初始化 | 不用 |
| 45 | IN | ED | XMT | XMTR IN MAINTENANCE MODE | 发射机处于维护状态 | |
| 49 | MM | ED | MM | XMTR +15 V DC POWER SUPPLY 4 FAIL | 发射机 4 号电源故障：+15 V DC | |
| 50 | MM | ED | MM | XMTR +28 V DC POWER SUPPLY 3 FAIL | 发射机 3 号电源故障：+28 V DC | |
| 52 | MM | ED | MM | XMTR +45 V DC POWER SUPPLY 7 FAIl, | 发射机 7 号电源故障：+45 V DC | |
| 48 | MM | ED | MM | XMTR +5 V DC POWER SUPPLY 6 FAIL | 发射机 6 号电源故障：+5 V DC | |
| 51 | MM | ED | MM | XMTR-15 V DC POWER SUPPLY 5 FAIL | 发射机 5 号电源故障：-15 V DC | |
| 93 | MR | ED | XMT | XMTR MODULATOR SWITCH REQUIRES MAINT | 发射机调制器开关需要维护 | |
| 94 | MR | ED | XMT | XMTR POST CHARGE REG REQUIRES MAINT | 发射机后充电整形器需要维护 | |
| 206 | MM | ED | CTR | XMTR POWER METER ZERO OUT OF LIMIT | 发射机功率计零点超限 | |
| 208 | MM | ED | XMT | XMTR/ANT PWR RATIO DEGRADED | 发射机/天线功率比率变坏 | |
| 110 | MM | ED | XMT | XMTR/DAU INTERFACE FAILURE | 发射机/DAU 接口故障 | |

"状态"栏：

MM＝必须维护；MR＝需要维护；IN＝不可工作；N/A＝不适用。

"类型"栏：

　　ED＝边缘检测的报警（Edge Detected Alarms），仅当设置（即存在测试条件）此报警连续达到"报警取样数"时，才称为已检测到并报告。这种报警当第一次"清除"时，便"撤除"。

　　OC＝故障报警（Occurrence Alarms），一旦"设置"时，便报告。

　　FO＝过滤后的故障报警（Filtered Occurrence Alarms），仅当"设置"后且至少15分钟内未报告时，才报告。

　　"设备"栏：

　　CTR＝控制；PED＝天线座；RSP＝接收机/信号处理器；UCP＝雷达系统控制台；USR＝用户；UTL＝塔/市电；XMT＝发射机；ARCH＝存档 A 。

# 附录 B

# 新一代天气雷达（CINRAD/SA）RDASC适配参数说明

目前 SA 雷达已规范雷达适配参数，适配参数包括 8 大类 300 多项，以配置文件的方式对各项参数进行管理，对固定参数（如信号处理参数、质量门限等）进行统一配置，对个性化参数（如天线增益、测试信号功率、发射脉宽等）进行差异化管理，确保同型号雷达观测数据的一致性。

SA 雷达适配参数主要涵盖雷达发射、接收、天线、信号处理、塔设备及附属设施、消隐功能等八大类。信号处理参数已有 LOG/CSR/SQI/SIG，可在体扫表中配置。

## B1　系统

系统（system）页的适配数据仅仅显示了当前查看和修改的适配数据文件的相关信息，具体介绍如表 B1 所示。

表 B1　系统适配参数表

| 名称 | 备注 |
| --- | --- |
| Sys1 NAME OF ADAPTATION DATA FILE （适配数据文件名） | 适配数据文件名的相关信息，不允许用户修改 |
| Sys2 LAST MODIFIED DATE OF ADAPTATION DATA FILE （适配数据最后修改日期） | |
| Sys3 LAST MODIFIED　TIME OF ADAPTATION DATA FILE （适配数据最后修改时间） | |

## B2　发射机

发射机（transmitter）适配数据共有 38 项内容，包括了与发射机相关的适配参数，具体介绍如表 B2 所示。

表 B2　发射机适配参数

| 序号 | 名称 | 备注 |
| --- | --- | --- |
| | Transmitte 1 | |
| TR1 | DEFAULT PRF （默认脉冲重复频率） | 单位：Hz。没有指定时，系统默认的脉冲重复频率 |
| TR2 | NOISE SAMPLE PRF （噪声采样时的脉冲重复频率） | 单位：Hz。用于噪声和噪声温度的标定 |
| TR3 | TRANSMITTER FREQUENCY （发射机工作频率） | 单位：MHz |

| 序号 | 名称 | 备注 |
|------|------|------|
| TR4 | SPARE | |
| TR5 | XMTR PULSE 1 WIDTH<br>（发射机脉冲 1 宽度） | 不同脉冲宽度的宽度值，单位：ns（纳秒），在配置文件/opt/rda/config/maina.cfg 里设置，此处不能修改 |
| TR6 | XMTR PULSE 2 WIDTH<br>（发射机脉冲 2 宽度） | |
| TR7 | XMTR PULSE 3 WIDTH<br>（发射机脉冲 3 宽度） | |
| TR8 | XMTR PULSE 4 WIDTH<br>（发射机脉冲 4 宽度） | |
| TR9 | PATH LOSS-XTMR METER PATH LOSS<br>（发射机功率计路径损耗） | 用于计算发射机平均功率 |
| TR10 | PATH LOSS-ANT METER PATH LOSS FOR H CHAN<br>（水平通道天线功率计路径损耗） | 用于计算水平发射或垂直发射的天线平均功率 |
| TR11 | PATH LOSS-ANT METER PATH LOSS FOR V CHAN<br>（垂直通道天线功率计路径损耗） | |
| TR12 | RF POWER MEAS SMOOTHING COEFFICIENT<br>（射频功率测量平滑系数） | 使用当前平均功率和历史平均功率进行平滑计算得到发射机或天线峰值功率 |
| TR13 | SCALE FACTOR TO CONVERT XMTR POWER PULSE 1<br>（脉宽 1 发射机功率转换因子） | 不同脉冲宽度下计算发射机平均功率的转换因子 |
| TR14 | SCALE FACTOR TO CONVERT XMTR POWER PULSE 2<br>（脉宽 2 发射机功率转换因子） | |
| TR15 | SCALE FACTOR TO CONVERT XMTR POWER PULSE 3<br>（脉宽 3 发射机功率转换因子） | |
| TR16 | SCALE FACTOR TO CONVERT XMTR POWER PULSE 4<br>（脉宽 4 发射机功率转换因子） | |
| TR17 | SCALE FACTOR TO CONVERT ANT POWER PULSE 1<br>（脉宽 1 天线功率转换因子） | 不同脉冲宽度下计算天线平均功率的转换因子 |
| TR18 | SCALE FACTOR TO CONVERT ANT POWER PULSE 2<br>（脉宽 2 天线功率转换因子） | |
| TR19 | SCALE FACTOR TO CONVERT ANT POWER PULSE 3<br>（脉宽 3 天线功率转换因子） | |
| TR20 | SCALE FACTOR TO CONVERT ANT POWER PULSE 4<br>（脉宽 4 天线功率转换因子） | |
| | Transmitter2 | |
| TR21 | MIN TRANSMITTER PEAK POWER ALARM LEVEL<br>（最小发射机功率报警门限） | 若发射机峰值功率超过门限时设置相应的报警 |
| TR22 | MAX TRANSMITTER PEAK POWER ALARM LEVEL<br>（最大发射机功率报警门限） | |
| TR23 | MIN ANT PEAK POWER ALARM LEVEL<br>（最小天线功率报警门限） | 若天线峰值功率超过门限时设置相应的报警 |
| TR24 | MAX ANT PEAK POWER ALARM LEVEL<br>（最大天线功率报警门限） | |

续表

| 序号 | 名称 | 备注 |
|---|---|---|
| TR25 | MIN PRF IN PULSE 1<br>（脉宽 1 最小脉冲重复频率） | 不同脉冲宽度下允许使用的最大脉冲重复频率和最小脉冲重复频率以及用于反射率标定的发射机峰值功率 |
| TR26 | MAX PRF IN PULSE 1<br>（脉宽 1 最大脉冲重复频率） | |
| TR27 | TRANSMITTER POWER IN PULSE 1<br>（脉宽 1 的发射机功率） | |
| TR28 | MIN PRF IN PULSE 2<br>（脉宽 2 最小脉冲重复频率） | |
| TR29 | MAX PRF IN PULSE 2<br>（脉宽 2 最大脉冲重复频率） | |
| TR30 | TRANSMITTER POWER IN PULSE 2<br>（脉宽 2 的发射机功率） | |
| TR31 | MIN PRF IN PULSE 3<br>（脉宽 3 最小脉冲重复频率） | |
| TR32 | MAX PRF IN PULSE 3<br>（脉宽 3 最大脉冲重复频率） | |
| TR33 | TRANSMITTER POWER IN PULSE 3<br>（脉宽 3 的发射机功率） | |
| TR34 | MIN PRF IN PULSE 4<br>（脉宽 4 最小脉冲重复频率） | |
| TR35 | MAX PRF IN PULSE 4<br>（脉宽 4 最大脉冲重复频率） | |
| TR36 | TRANSMITTER POWER IN PULSE 4<br>（脉宽 4 的发射机功率） | |
| TR37 | MIN ANT AND TRANSMIT POWER METER ALARM LEVEL<br>（最小天线和发射机功率零漂报警门限） | 若发射机功率零漂值或天线功率零漂值超过门限时设置相应的报警 |
| TR38 | MAX ANT AND TRANSMIT POWER METER ALARM LEVEL<br>（最大天线和发射机功率零漂报警门限） | |

## B3　接收机

接收机（receiver）适配数据共有 180 项内容，包括了与接收机相关的适配参数，具体介绍如表 B3 所示。

表 B3　接收机适配参数表

| 序号 | 名称 | 备注 |
|---|---|---|
| | Receiver 1 | |
| R1 | AUTO CALIBRATION FUNCTION<br>（自动标定功能） | 选中此功能，RDASC 将在体扫间隙进行自动标定。但在特殊扫描（如 RHI 或 SECTOR 等）时，无论是否选中该功能均不进行体扫间的标定 |
| R2 | REFLECTIVITY AND CLUTTER SUPPR TEST INTERVAL<br>（反射率检查和杂波抑制检查间隔时间） | 单位：小时，一般为 8 小时 |

| 序号 | 名称 | 备注 |
|---|---|---|
| R3 | CLUTTER POINT OFFSET RANGEBIN FOR PULSE 1<br>（脉宽 1 杂波抑制采样点距离库数） | 不同脉冲宽度下杂波抑制检查时数据采样点的位置 |
| R4 | CLUTTER POINT OFFSET RANGEBIN FOR PULSE 2<br>（脉宽 2 杂波抑制采样点距离库数） | |
| R5 | CLUTTER POINT OFFSET RANGEBIN FOR PULSE 3<br>（脉宽 3 杂波抑制采样点距离库数） | |
| R6 | CLUTTER POINT OFFSET RANGEBIN FOR PULSE 4<br>（脉宽 4 杂波抑制采样点距离库数） | |
| R7 | RF ATTENUATOR VALUE OF CLUTTER SUPPR PULSE 1<br>（脉宽 1 杂波抑制射频衰减值） | 不同脉冲宽度下杂波抑制检查时数控衰减器的衰减值 |
| R8 | RF ATTENUATOR VALUE OF CLUTTER SUPPR PULSE 2<br>（脉宽 2 杂波抑制射频衰减值） | |
| R9 | RF ATTENUATOR VALUE OF CLUTTER SUPPR PULSE 3<br>（脉宽 3 杂波抑制射频衰减值） | |
| R10 | RF ATTENUATOR VALUE OF CLUTTER SUPPR PULSE 4<br>（脉宽 4 杂波抑制射频衰减值） | |
| R11 | SPARE | |
| R12 | SPARE | |
| R13 | BIN NUMBER FOR KLYSTRON OUT TARGET PULSE 1<br>（脉宽 1 速调管输出目标距离库） | 不同脉冲宽度下速调管输出信号强度检查时的目标距离位置 |
| R14 | BIN NUMBER FOR KLYSTRON OUT TARGET PULSE 2<br>（脉宽 2 速调管输出目标距离库） | |
| R15 | BIN NUMBER FOR KLYSTRON OUT TARGET PULSE 3<br>（脉宽 3 速调管输出目标距离库） | |
| R16 | BIN NUMBER FOR KLYSTRON OUT TARGET PULSE 4<br>（脉宽 4 速调管输出目标距离库） | |
| R17 | POWERUP NOISE LEVELS FOR PULSE 1 IN H CHAN<br>（脉宽 1 水平通道初始噪声电平） | 不同脉冲宽度下水平通道的初始噪声电平值 |
| R18 | POWERUP NOISE LEVELS FOR PULSE 2 IN H CHAN<br>（脉宽 2 水平通道初始噪声电平） | |
| R19 | POWERUP NOISE LEVELS FOR PULSE 3 IN H CHAN<br>（脉宽 3 水平通道初始噪声电平） | |
| R20 | POWERUP NOISE LEVELS FOR PULSE 4 IN H CHAN<br>（脉宽 4 水平通道初始噪声电平） | |
| | Receiver 2 | |
| R21 | CALIBRATION FUNCTION IN DUMLOAD<br>（天线处于负载时进行标定功能） | 选中此功能，RDASC 仅在天线处于负载时才进行体扫间标定功能 |
| R22 | HORIZ TRANSMIT LOSS H ONLY<br>（水平发射水平通道发射支路损耗） | 用于反射率标定时期望值的计算 |
| R23 | HORIZ TRANSMIT LOSS H＋V<br>（水平发射双通道发射损耗） | |
| R24 | HORIZ RECEIVE LOSS<br>（水平通道接收支路损耗） | |
| R25 | HORIZ TEST SIGNAL LOSS<br>（水平通道测试信号损耗） | |

续表

| 序号 | 名称 | 备注 |
|---|---|---|
| R26 | VERT TRANSMIT LOSS V ONLY<br>（垂直发射垂直通道发射支路损耗） | 用于反射率标定时期望值的计算 |
| R27 | VERT TRANSMIT LOSS H＋V<br>（垂直发射双通道发射损耗） | |
| R28 | VERT RECEIVE LOSS<br>（垂直通道接收支路损耗） | |
| R29 | VERT TEST SIGNAL LOSS<br>（垂直通道测试信号损耗） | |
| R30 | POWERUP NOISE LEVELS FOR PULSE 1 IN V CHAN<br>（脉宽1垂直通道初始噪声电平） | 不同脉冲宽度下垂直通道的初始噪声电平值 |
| R31 | POWERUP NOISE LEVELS FOR PULSE 2 IN V CHAN<br>（脉宽2垂直通道初始噪声电平） | |
| R32 | POWERUP NOISE LEVELS FOR PULSE 3 IN V CHAN<br>（脉宽3垂直通道初始噪声电平） | |
| R33 | POWERUP NOISE LEVELS FOR PULSE 4 IN V CHAN<br>（脉宽4垂直通道初始噪声电平） | |
| R34 | PATH LOSS-RF NOISE TEST SIGNAL H CHAN<br>（水平通道射频噪声测试信号路径损耗） | 用于噪声温度检查 |
| R35 | PATH LOSS-RF NOISE TEST SIGNAL V CHAN<br>（垂直通道射频噪声测试信号路径损耗） | |
| R36 | CW TEST SIGNA ATFOUR POS SWITCH<br>（连续波测试信号在四位开关处的强度） | 用于反射率标定时连续波注入功率强度的计算 |
| R37 | RF NOISE TEST SIGNAL ENR ATFOUR POS SWITCH<br>（噪声源测试信号在四位开关处的超噪比） | 用于噪声温度检查时噪声温度的计算 |
| R38 | PATH LOSS-RF DRIVE TEST SIGNAL<br>（射频激励信号路径损耗） | 用于反射率标定时射频激励信号期望值的计算 |
| R39 | RF DRIVE TEST SIGNAL PULSE ATFOUR POS SWITCH<br>（射频激励信号在四位开关处的强度） | |
| R40 | PATH LOSS-KLYSTRON OUTPUT SIGNAL<br>（速调管输出信号路径损耗） | 用于速调管输出信号强度检查时期望值的计算 |
| Receiver 3 | | |
| R41 | MISC CAL LOSS PULSE 1 RF DRIVE TARGET<br>（脉宽1射频激励信号标定损耗） | 不同脉冲宽度下反射率标定时用于RFD注入功率的计算 |
| R42 | MISC CAL LOSS PULSE 2 RF DRIVE TARGET<br>（脉宽2射频激励信号标定损耗） | |
| R43 | MISC CAL LOSS PULSE 3 RF DRIVE TARGET<br>（脉宽3射频激励信号标定损耗） | |
| R44 | MISC CAL LOSS PULSE 4 RF DRIVE TARGET<br>（脉宽4射频激励信号标定损耗） | |
| R45 | MISC CAL LOSS PULSE 1 KLY OUT TARGET<br>（脉宽1速调管输出信号标定损耗） | 不同脉冲宽度下速调管输出信号强度检查时用于速调管输出信号注入功率的计算 |
| R46 | MISC CAL LOSS PULSE 2 KLY OUT TARGET<br>（脉宽2速调管输出信号标定损耗） | |
| R47 | MISC CAL LOSS PULSE 3 KLY OUT TARGET<br>（脉宽3速调管输出信号标定损耗） | |
| R48 | MISC CAL LOSS PULSE 4 KLY OUT TARGET<br>（脉宽4速调管输出信号标定损耗） | |

续表

| 序号 | 名称 | 备注 |
|---|---|---|
| R49 | SYSCAL CONSTANT FOR PULSE 1 IN V CHAN<br>（脉宽 1 垂直通道系统雷达常数） | 不同脉冲宽度下垂直通道的系统雷达常数值 |
| R50 | SYSCAL CONSTANT FOR PULSE 2 IN V CHAN<br>（脉宽 2 垂直通道系统雷达常数） | |
| R51 | SYSCAL CONSTANT FOR PULSE 3 IN V CHAN<br>（脉宽 3 垂直通道系统雷达常数） | |
| R52 | SYSCAL CONSTANT FOR PULSE 4 IN V CHAN<br>（脉宽 4 垂直通道系统雷达常数） | |
| R53 | SYSCAL CONSTANT FOR PULSE 1 IN H CHAN<br>（脉宽 1 水平通道系统雷达常数） | 不同脉冲宽度下水平通道的系统雷达常数值 |
| R54 | SYSCAL CONSTANT FOR PULSE 2 IN H CHAN<br>（脉宽 2 水平通道系统雷达常数） | |
| R55 | SYSCAL CONSTANT FOR PULSE 3 IN H CHAN<br>（脉宽 3 水平通道系统雷达常数） | |
| R56 | SYSCAL CONSTANT FOR PULSE 4 IN H CHAN<br>（脉宽 4 水平通道系统雷达常数） | |
| R57 | SYSTEM NOISE TEMP LOWER DEGRADE LIMIT<br>（系统噪声温度变坏低门限） | 若系统噪声温度超过门限时设置相应的报警 |
| R58 | SYSTEM NOISE TEMP UPPER DEGRADE LIMIT<br>（系统噪声温度变坏高门限） | |
| R59 | SYSTEM NOISE TEMP LOWER MAINT LIMIT<br>（系统噪声温度维护低门限） | |
| R60 | SYSTEM NOISE TEMP UPPER MAINT LIMIT<br>（系统噪声温度维护高门限） | |
| Receiver 4 | | |
| R61 | RECEIVER NOISE LOWER LIMIT FOR PULSE 1<br>（脉宽 1 接收机噪声电平下限） | 不同脉冲宽度下接收机噪声电平报警门限，若接收机噪声电平超过门限时设置相应的报警 |
| R62 | RECEIVER NOISE UPPER LIMIT FOR PULSE 1<br>（脉宽 1 接收机噪声电平上限） | |
| R63 | RECEIVER NOISE LOWER LIMIT FOR PULSE 2<br>（脉宽 2 接收机噪声电平下限） | |
| R64 | RECEIVER NOISE UPPER LIMIT FOR PULSE 2<br>（脉宽 2 接收机噪声电平上限） | |
| R65 | RECEIVER NOISE LOWER LIMIT FOR PULSE 3<br>（脉宽 3 接收机噪声电平下限） | |
| R66 | RECEIVER NOISE UPPER LIMIT FOR PULSE 3<br>（脉宽 3 接收机噪声电平上限） | |
| R67 | RECEIVER NOISE LOWER LIMIT FOR PULSE 4<br>（脉宽 4 接收机噪声电平下限） | |
| R68 | RECEIVER NOISE UPPER LIMIT FOR PULSE 4<br>（脉宽 4 接收机噪声电平上限） | |
| R69 | TEST TGT CONSISTENCY DEGRADE LIMIT<br>（测试目标一致性变坏门限） | 反射率标定报警门限，若实测值与期望值的差超过门限时设置报警 |
| R70 | LIMIT FOR (COMPUTED-TGT) SYSCAL<br>（系统雷达常数门限） | 若标定的雷达常数值与设置的雷达常数值的差超过门限时设置报警 |

续表

| 序号 | 名称 | 备注 |
|---|---|---|
| R71 | KLY TGT CONSISTENCY DEGRADE LIMIT<br>（速调管输出目标一致性变坏门限） | 若速调管输出信号检查的结果超过报警门限时设置相应的报警 |
| R72 | REFL CAL CHECK DEGRADE LIMIT<br>（反射率标定检查变坏门限） | |
| R73 | REFL CAL CHECK MAINT LIMIT<br>（反射率标定检查维护门限） | |
| R74-R80 | TEST SIGNAL ATTENUATOR(STEP 0～6)<br>（测试信号衰减值 0～6） | 设置射频数控衰减器的衰减值 |
| Receiver 5 | | |
| R81-R100 | TEST SIGNAL ATTENUATOR（STEP 7～26）<br>（测试信号衰减值 7～26 设置） | 设置射频数控衰减器的衰减值 |
| Receiver 6 | | |
| R101-R120 | TEST SIGNAL ATTENUATOR(STEP 27～46)<br>（测试信号衰减值 27～46 设置） | 设置射频数控衰减器衰减值 |
| Receiver 7 | | |
| R121-R140 | TEST SIGNAL ATTENUATOR(STEP47～66)测试信号衰减值 47～66) | 设置射频数控衰减器衰减值 |
| Receiver 8 | | |
| R141-R160 | TEST SIGNAL ATTENUATOR(STEP67～86)<br>（测试信号衰减值 67～86） | 设置射频数控衰减器衰减值 |
| Receiver 9 | | |
| R161-R177 | TEST SIGNAL ATTENUATOR（STEP87～103)<br>（测试信号衰减值 87～103） | 设置射频数控衰减器衰减值 |
| R178 | NOISE CAL SMOOTHING COEFFICIENT<br>（噪声标定平滑系数） | 使用当前噪声标定结果和历史标定结果进行平滑计算得到新的噪声标定结果 |
| R179-R180 | SPARE | |

## B4　信号处理

信号处理(SP page)适配数据共有 22 项内容，包括了与信号处理相关的适配参数，具体介绍如表 B4 所示。

表 B4　信号处理适配参数表

| 序号 | 名称 | 备注 |
|---|---|---|
| SP1 | | |
| SP1 | RANGE RESOLUTION IN PULSE 1<br>（脉宽 1 距离分辨率） | 不同脉冲宽度所对应的距离分辨率，在配置文件/opt/rda/config/maina.cfg里设置，此处不能修改 |
| SP2 | RANGE RESOLUTION IN PULSE 2<br>（脉宽 2 距离分辨率） | |

续表

| 序号 | 名称 | 备注 |
|---|---|---|
| SP3 | RANGE RESOLUTION IN PULSE 3<br>（脉宽 3 距离分辨率） | 不同脉冲宽度所对应的距离分辨率,在配置文件/opt/rda/config/maina. cfg 里设置,此处不能修改 |
| SP4 | RANGE RESOLUTION IN PULSE 4<br>（脉宽 4 距离分辨率） | |
| SP5 | RANGE BIN POWER ADJUST IN PULSE 1<br>（脉宽 1 单库功率调整点） | 不同脉冲宽度下单个距离库内最大功率点的调整,调整的目的是使信号的采样点处于脉冲的最大功率位置 |
| SP6 | RANGE BIN POWER ADJUST IN PULSE 2<br>（脉宽 2 单库功率调整点） | |
| SP7 | RANGE BIN POWER ADJUST IN PULSE 3<br>（脉宽 3 单库功率调整点） | |
| SP8 | RANGE BIN POWER ADJUST IN PULSE 4<br>（脉宽 4 单库功率调整点） | |
| SP9 | K * * 2 HYDROMETEOR REFLECTIVITY FACTOR<br>（水凝物反射率因子） | 用于反射率计算 |
| SP10 | GASEOUS ATTENUATION<br>（大气衰减值） | |
| SP11 | ZDR Tx/Rx GAIN OFFSET<br>（差分反射率发射/接收支路增益偏移量） | 用于双极化雷达的差分反射率和差分相位修正 |
| SP12 | PHIDP OFFSET CORRECTION<br>（差分相位偏移纠正误差） | |
| SP2 | | |
| SP13 | H CHAN CLUT SUPPR DEGRADE LIMIT<br>（水平通道杂波抑制变坏门限） | 若杂波抑制检查的结果超过门限时设置相应的报警 |
| SP14 | H CHAN CLUT SUPPR MAINT LIMIT<br>（水平通道杂波抑制维护门限） | |
| SP15 | V CHAN CLUT SUPPR DEGRADE LIMIT<br>（垂直通道杂波抑制变坏门限） | |
| SP16 | V CHAN CLUT SUPPR MAINT LIMIT<br>（垂直通道杂波抑制维护门限） | |
| SP17 | VELOCITY CHECK DELTA DEGRADE LIMIT<br>（速度检查变坏门限） | 若速度和谱宽检查的结果超过门限时设置相应的报警 |
| SP18 | VELOCITY CHECK DELTA MAINT LIMIT<br>（速度检查维护门限） | |
| SP19 | SPECT WIDTH CHECK DELTA DEGRADE LIMIT<br>（谱宽检查变坏门限） | |
| SP20 | SPECT WIDTH CHECK DELTA MAINT LIMIT<br>（谱宽检查维护门限） | |
| SP21 | ZDR(DIFFENTIAL REFLECTIVITY)DEGRADE MAX LIMIT<br>（差分反射率变坏高门限） | 双极化雷达的差分反射率检查的结果超过门限时设置相应的报警 |
| SP22 | ZDR(DIFFENTIAL REFLECTIVITY)DEGRADE MIN LIMIT<br>（差分反射率变坏低门限） | |

## B5　塔设备

塔（tower）设备包括了雷达站基本信息的适配参数，具体介绍如表 B5 所示。

表 B5　塔设备适配参数表

| 序号 | 名称 | 备注 |
|------|------|------|
| T1 | MIN EQUIPMENT SHELTER ALARM TEMP<br>（设备环境最低温度报警门限） | 若设备环境温度超过了报警门限时设置相应的报警 |
| T2 | MAX EQUIPMENT SHELTER ALARM TEMP<br>（设备环境最高温度报警门限） | |
| T3 | SPARE | |
| T4 | MAX XMTR LEAVING AIR ALARM TEMP<br>（发射机最高温度报警门限） | 若发射机温度超过了报警门限时设置报警 |
| T5 | MAX RADOME ALARM TEMP<br>（天线罩最高温度报警门限） | 若天线罩的温度超过了报警门限时设置报警 |
| T6 | SPARE | |
| T7 | ANTENNA HEIGHT ABOVE SEA LEVEL<br>（天线离海平面的高度） | 指天线馈源处的海拔高度，用于回波产品的计算 |
| T8～11 | SITE LATITUDE<br>（雷达站纬度设置） | 指雷达站的地理位置信息，按照度、分、秒的格式输入 |
| T12～15 | SITE LONGTITUDE<br>（雷达站经度设置） | |

## B6　天线/天线座

天线和天线座（antenna/pedestal）包括了天线和天线座的适配参数，具体介绍如表 B6 所示。

表 B6　天线和天线座适配参数表

| 序号 | 名称 | 备注 |
|------|------|------|
| A1 | ANTENNA GAIN INCLUDE RADOME<br>（包含天线罩在内的天线增益） | 用于雷达常数的计算 |
| A2 | ANTENNA HORIZONTAL BEAMWIDTH<br>（天线水平方向波束宽度） | |
| A3 | ANTENNA VERTICAL BEAMWIDTH<br>（天线垂直方向波束宽度） | |
| A4 | AZIMUTH POSITION GAIN FACTOR(K1)<br>（方位位置增益因子） | 用于计算天线方位和俯仰的驱动速度 |
| A5 | AZIMUTH DRIVE GAIN FACTOR(K2)<br>（方位驱动增益因子） | |
| A6 | ELVATION POSITION GAIN FACTOR(K3)<br>（俯仰位置增益因子） | 用于计算天线方位和俯仰的驱动速度 |
| A7 | ELVATION DRIVE GAIN FACTOR(K4)<br>（俯仰驱动增益因子） | |

续表

| 序号 | 名称 | 备注 |
|---|---|---|
| A8 | PEDESTAL PARK POSITION IN AZIMUTH<br>（天线座起始停靠方位角度） | 默认待机时的天线方位位置 |
| A9 | PEDESTAL 5 VOLT POWER SUPPLY TOL<br>（天线座 5V 电源允许误差） | 天线供电电源的电压波动超过门限时设置相应的报警 |
| A10 | PEDESTAL +/−15 VOLT POWER SUPPLY TOL<br>（天线座 +/−15 V 电源允许误差） | |
| A11 | PEDESTAL 28 VOLT POWER SUPPLY TOL<br>（天线座 28V 电源允许误差） | |
| A12 | MAXIMUM AZIMUTH VELOCITY<br>（天线最大方位速度） | 设置天线允许的最大方位和俯仰转速 |
| A13 | MAXIMUM ELEVATION VELOCITY<br>（天线最大俯仰速度） | |

## B7　消隐设置

消隐（spot blanking）设置共有两页内容，分为 10 个可设置的区域，供用户设置消隐区，具体介绍如表 B7 所示。

表 B7　消隐设置适配参数表

| 名称 | 备注 |
|---|---|
| Starting Azimuth（消隐区域开始的方位角度） | 若设置了有效的消隐区域后，雷达电磁波在该区域内不进行发射 |
| Ending Azimuth（消隐区域结束的方位角度） | |
| Starting Elevation（消隐区域开始的俯仰角度） | |
| Ending Elevation（消隐区域结束的俯仰角度） | |
| ENABLE（使设置的消隐区生效） | |

## B8　密码管理

密码（password）管理是设置访问适配数据的高级和低级密码，具体介绍如表 B8 所示。

表 B8　密码管理适配参数表

| 序号 | 名称 | 备注 |
|---|---|---|
| 1 | LOW ACCESS LEVEL ADAPTATION DATA PASSWORD<br>（访问适配数据的低级口令） | 高级口令可以查看并修改所有能修改的适配数据，而低级口令则只能查看和修改部分权限允许的适配数据 |
| 2 | HIGH ACCESS LEVEL ADAPTATION DATA PASSWORD<br>（访问适配数据的高级口令） | |

# 附录 C

## 新一代天气雷达（CINRAD/SA）
## 上传基础参数表

| 序号 | 上传参数 | 备注 |
|------|----------|------|
| 雷达静态参数 | | |
| 1 | 雷达站号 | |
| 2 | 站点名称 | |
| 3 | 纬度 | |
| 4 | 经度 | |
| 5 | 天线高度 | 馈源高度，单位：m |
| 6 | 地面高度 | 单位：m |
| 7 | 雷达类型 | SA/SB/SC/CA/CB/CC/CD |
| 8 | RDA版本号 | 监控软件 |
| 9 | 工作频率 | 单位：MHz |
| 10 | 天线增益 | 单位：dB |
| 11 | 水平波束宽度 | 单位：° |
| 12 | 垂直波束宽度 | 单位：° |
| 13 | 发射馈线损耗 | 单位：dB |
| 14 | 接收馈线损耗 | 单位：dB |
| 15 | 其他损耗 | 单位：dB |
| 雷达运行模式参数 | | |
| 16 | 日期 | |
| 17 | 时间 | |
| 18 | 体扫模式 | VCP11、21、31、41 |
| 19 | 控制权标志 | 本控、遥控 |
| 20 | 系统状态 | 正常、可用、需维护、故障、关机 |
| 21 | 上传状态数据格式版本号 | 原来格式为0，新格式为1 |
| 22 | 双极化雷达标记 | 多普勒、双偏振 |
| 雷达运行环境参数 | | |
| 23 | 机房温度 | 单位：℃ |
| 24 | 发射机温度 | 单位：℃ |
| 25 | 天线罩温度 | 单位：℃ |
| 26 | 机房湿度 | 单位：% |
| 27 | 发射机湿度 | 单位：% |
| 28 | 天线罩湿度 | 单位：% |
| 雷达在线定时标定参数 | | |
| 29 | KD标定期望值 | 单位：dBZ |
| 30 | KD标定测量值 | 单位：dBZ |

| 31 | 水平通道相位噪声 | 单位：° |
|---|---|---|
| 32 | 垂直通道相位噪声 | 双偏振预留，单位：dBZ |
| 33 | 水平通道滤波前功率 | 单位：dBZ |
| 34 | 水平通道滤波后功率 | 单位：dBZ |
| 35 | 垂直通道滤波前功率 | 双偏振预留，单位：dBZ |
| 36 | 垂直通道滤波后功率 | 双偏振预留，单位：dBZ |
| 雷达在线实时标定参数 | | |
| 37 | 发射机峰值功率 | 单位：kW |
| 38 | 发射机平均功率 | 单位：W |
| 39 | 水平通道天线峰值功率 | 单位：kW |
| 40 | 水平通道天线平均功率 | 单位：W |
| 41 | 垂直通道天线峰值功率 | 双偏振预留，单位：kW |
| 42 | 垂直通道天线平均功率 | 双偏振预留，单位：W |
| 43 | 发射机功率调零 | |
| 44 | 水平通道天线功率调零 | |
| 45 | 垂直通道天线功率调零 | 双偏振预留 |
| 46 | 发射机和天线功率比 | 单位：dB |
| 47 | 短脉冲噪声电平 | 单位：dB |
| 48 | 长脉冲噪声电平 | 单位：dB |
| 49 | 水平通道不同脉宽噪声电平 | 单位：dB |
| 50 | 垂直通道不同脉宽噪声电平 | 双偏振预留，单位：dB |
| 51 | 当前垂直通道噪声电平 | 双偏振预留，单位：dB |
| 52 | 当前水平通道噪声电平 | 单位：dB |
| 53 | 水平通道噪声温度/系数 | 单位：K/dB |
| 54 | 垂直通道噪声温度/系数 | 双偏振预留，单位：K/dB |
| 55 | 短脉冲系统标定常数 | |
| 56 | 长脉冲系统标定常数 | |
| 57 | 不同脉冲宽度系统标定常数 | |
| 58 | 反射率期望值 | 单位：dBZ |
| 59 | 反射率测量值 | 单位：dBZ |
| 60 | 速度期望值 | 单位：m/s |
| 61 | 速度测量值 | 单位：m/s |
| 62 | 谱宽期望值 | 单位：m/s |
| 63 | 谱宽测量值 | 单位：m/s |
| 64 | ZDR 标定值 | 双偏振预留，单位：dB |
| 65 | PDP 标定值 | 双偏振预留，单位：° |
| 66 | 脉冲宽度 | 单位：μs |

# 附录 D

# 新一代天气雷达（CINRAD/SA）
# 文件说明

## D1 FC.LOG 文件说明

（1）

11：28：34.296，Sent FCode＝11　（装载 PSP）

11：28：34.296，　　　　　Raw mailbox data from wait_init OUTSIDE ＝ 800000011

11：28：34.296，　　　　　Raw mailbox data from wait_init ＝800000011

11：28：34.296，Received msg＝800000011　（成功装载）

（2）

11：28：34.296，Sent FCode＝　　　　f(endround 测试)—32 组

11：28：34.296，　　　　　Raw mailbox data from wait_init OUTSIDE ＝ 8000000f

11：28：34.296，　　　　　Raw mailbox data from wait_init ＝8000000f

11：28：34.296，Received msg＝8000000f

（3）

11：28：35.953，Sent FCode＝　　　　1(天线自检)

11：28：37.765，　　　　　Raw mailbox data from wait_init OUTSIDE ＝ 80000001

11：28：37.765，　　　　　Raw mailbox data from wait_init ＝80000001

11：28：37.765，Received msg＝80000001

11：28：37.765，Bit1 ＝　　　　1,Bit2 ＝　　　　1,Bit3 ＝　　　　1,（天线标志位）

（4）

11：28：37.765，Sent FCode＝　　　　3（PARK）

11：28：38.515，Sent FCode＝　　　b　　（脉冲设置）—6 组

11：28：38.515，　　　　　Raw mailbox data from wait_init OUTSIDE ＝ 8000000b

11：28：38.515，　　　　　Raw mailbox data from wait_init ＝8000000b

11：28：38.515，Received msg＝8000000b

Park 请求发送后,天线若不在 park 位置,不会马上收到 receiverd msg,程序将控制天线旋转到 park 位置后,发送回复码,新版 rdasc 将在 fc.log 文件里记录天线数据,可弥补 rad.log 遗失的部分天线数据。

（5）

11：28：38.765，Sent FCode＝　　　　8(噪声电平)—不多于 10 组

11：28：38.937，　　　　　Raw mailbox data from wait_init OUTSIDE ＝ 80000008

11：28：38.937，　　　　　Raw mailbox data from wait_init ＝80000008

11：28：38.937，Received msg＝80000008

（6）

11：29：23.859，Sent FCode＝　　　　5(噪声温度)

11:29:24.234,　　　　　Raw mailbox data from wait_init_sp＝20000005

11:29:24.437,Sent FCode＝　　　　8（CW/RFD）

11:29:24.703,　　　　　Raw mailbox data from wait_init OUTSIDE＝80000008

11:29:24.703,　　　　　Raw mailbox data from wait_init＝80000008

11:29:24.703,Received msg＝80000008

11:29:24.703,Sent FCode＝　　　　8

11:29:27.　0,Sent FCode＝　　　　5　（KD）－200 多个

11:29:27.515,　　　　　Raw mailbox data from wait_init_sp＝20000005（成功）

11:29:27.531,Sent FCode＝　　　　5

11:29:28.46,　　　　　Raw mailbox data from wait_init_sp＝20000005

（7）

10:50:31.250,Sent FCode＝　　　　a（杂波抑制）

10:50:41.250,　　　　　Raw mailbox data from wait_init OUTSIDE＝　　　0

10:50:41.250,　　　　　Raw mailbox data from wait_init＝　　　0

10:50:42.312,　　　　　Raw mailbox data from wait_init OUTSIDE＝8000000a

10:50:42.312,　　　　　Raw mailbox data from wait_init＝8000000a

10:50:42.312,Received msg＝8000000a

（8）

11:51:8.671,Sent FCode＝　　　　20（程序 operate）

11:51:8.703,　　　　　Raw mailbox data from wait_init OUTSIDE＝80000020

11:51:8.703,　　　　　Raw mailbox data from wait_init＝80000020

11:51:8.703,Received msg＝80000020

（9）

11:51:8.671,Sent FCode＝　　　　24（程序退出）

11:51:8.703,　　　　　Raw mailbox data from wait_init OUTSIDE＝80000024

11:51:8.703,　　　　　Raw mailbox data from wait_init＝80000024

11:51:8.703,Received msg＝80000024

返回码 Received msg＝800000xx,最高位显示 8,代表标定成功。若失败,则可能显示 4 。标定失败时,标志位是 BIT30 还是 BIT29。具体参考表 D1。

　　BIT31　BIT30　BIT29　BIT28

　　　8　　　4　　　2　　　1

若有些标定始终未收到返回码,程序会报控制序列超时。天线自检和 park 时,若 standby 状态,未收到返回码,报控制序列超时;若运行中,未收到返回码,则报天线动态。未收到返回码的原因,一种是系统自身无法正常标定导致,另一种是计算机信号处理中断收到干扰导致,具体问题具体分析。

表 D1　返回码定义表

| FUNCTION CODE | | BIT31 | BIT30 | BIT29 |
|---|---|---|---|---|
| 01 | PEDESTALSELF TEST 1 | SELF TEST 1 DONE | SELF TEST 1 ERROR | |
| 03 | PAPK PEDESTAL | PEDESTAL PARKED | UNABLE TO PARK PEDESTAL | |
| 05 | ELEVATION CUT | | XMTR TRIGGERON/OFF | RAPIAL COMPLETE |
| 08 | MEASURE BIAS AND NOISE POWER | NOISE & DC BIAS COMPLETE | | |
| 09 | MEASURE GAIN AND BALANCE | GAIN & BALANCE COMPLETE | | |
| 0A | 8 HOUR CLUTTER SUPPRES-SION CHECK | 8HOUR CLUTTER CHECK COMPLETE | | |
| 0B | INITIATE PULSE WIDTH SETUP | PULSE WIDTH SETUP COMPLETE | | |
| 0F | END AROUND TEST | COMPLETE | DONE WITH ERRORS | |
| 10 | PSP SELF TEST | COMPLETE | DONE WITH ERRORS | |
| 11 | LOAD PSP EXECUTA-BLE | LOAD SUCCESSFUL | | |
| 20 | PEDESTAL ELEVA-TION CUT | ELEVATION CUT MATCH | PEDESTAL DYNAMIC FAULT | PEDESTAL STATIONARY |
| 21 | PEDESTAL BIT ERROR | | | |
| 22 | PEDESTAL COMMER-ROR | ALIGNMENT ERROR | I/O ERROR | |
| 24 | STOP PEDESTAL POS CTRL | PED. POS. CTRL . STOPPED | | |

## D2　RAD. LOG 文件说明

　　2017-12-19T13：00：00.044291＋08：00 Rad ♯　　num ＝ 0163，Az ＝ 238.97，El ＝ 00.44

　　2017-12-19T13：00：00.130786＋08：00 Rad ♯　　num ＝ 0164，Az ＝ 239.94，El ＝ 00.44

　　2017-12-19T13：00：00.218405＋08：00 Rad ♯　　num ＝ 0165，Az ＝ 240.91，El ＝ 00.44

　　2017-12-19T13：00：00.305172＋08：00 Rad ♯　　num ＝ 0166，Az ＝ 241.92，El ＝ 00.44

　　2017-12-19T13：00：00.392008＋08：00 Rad ♯　　num ＝ 0167，Az ＝ 242.89，El ＝ 00.44

　　2017-12-19T13：00：00.479543＋08：00 Rad ♯　　num ＝ 0168，Az ＝ 243.90，El

＝00.44

2017-12-19T13：00：00.566289＋08：00 Rad ♯　　num ＝ 0169，Az ＝ 244.91，El ＝00.44

2017-12-19T13：00：00.653569＋08：00 Rad ♯　　num ＝ 016A，Az ＝ 245.87，El ＝00.44

2017-12-19T13：00：00.740799＋08：00 Rad ♯　　num ＝ 016B，Az ＝ 246.84，El ＝00.44

2017-12-19T13：00：00.833266＋08：00 Rad ♯　　num ＝ 016C，Az ＝ 247.85，El ＝00.44

2017-12-19T13：00：00.834029＋08：00 Rad ♯　　num ＝ 016D，Az ＝ 248.86，El ＝00.44

2017-12-19T13：00：01.390696＋08：00 Rad ♯　　num ＝ 0000，Az ＝ 255.15，El ＝00.44

2017-12-19T13：00：01.564684＋08：00 Rad ♯　　num ＝ 0001，Az ＝ 256.03，El ＝00.44

2017-12-19T13：00：01.652524＋08：00 Rad ♯　　num ＝ 0002，Az ＝ 256.95，El ＝00.44

2017-12-19T13：00：01.738899＋08：00 Rad ♯　　num ＝ 0003，Az ＝ 257.83，El ＝00.44

2017-12-19T13：00：01.825539＋08：00 Rad ♯　　num ＝ 0004，Az ＝ 258.66，El ＝00.44

2017-12-19T13：00：01.912577＋08：00 Rad ♯　　num ＝ 0005，Az ＝ 259.54，El ＝00.44

2017-12-19T13：00：02.001250＋08：00 Rad ♯　　num ＝ 0006，Az ＝ 260.46，El ＝00.44

2017-12-19T13：00：02.086549＋08：00 Rad ♯　　num ＝ 0007，Az ＝ 261.39，El ＝00.44

记录方位和俯仰角度数据信息，通过该文件可直观查看角度是否存在异常情况及出现异常情况的时间。AZ 代表方位，EL 代表俯仰。

## D3 ANT. LOG 文件说明

2017-12-19T13：00：00.006855＋08：00 rec：TIME＝0015a3a5，Az＝240.16，AACE，El＝000.44，0054，AzR＝2C62，ElR＝0020，BIT＝0001 0001 0001

2017-12-19T13：00：00.007005＋08：00 send：5a 2c 20 0 9 0Azcmd＝015.59v Elcmd＝000.04v

2017-12-19T13：00：00.051878＋08：00 rec：TIME＝0015a3d2，Az＝240.69，AB2E，El＝000.44，0054，AzR＝2C42，ElR＝0020，BIT＝0001 0001 0001

2017-12-19T13：00：00.051904＋08：00 send：72 2c 20 0 9 0Azcmd＝015.62v Elcmd＝000.04v

2017-12-19T13：00：00.097345＋08：00 rec：TIME＝0015a3ff，Az＝241.17，AB86，El＝000.44，0054，AzR＝2C62，ElR＝0020，BIT＝0001 0001 0001

2017-12-19T13：00：00.097391＋08：00 send：62 2c 20 0 9 0Azcmd＝015.60v Elcmd＝000.04v

## D4　DAU. LOG 文件说明

2017-12-19T13：00：01.124243＋08：00Dau♯　　　　DAU DATA：
0000000080E01F00E0F72D47F7FF007D00BFC0000000000000000000

2017-12-19T13：00：01.124349＋08：00Dau♯　　　　DEHYDRATOR STATUS：OFF
2017-12-19T13：00：04.173203＋08：00Dau♯　　　　DAU DATA：
0000000080E01F00E0F72D47F7FF007D00BFBF000000000000000000

2017-12-19T13：00：04.173248＋08：00Dau♯　　　　DEHYDRATOR STATUS：OFF
2017-12-19T13：00：07.223875＋08：00Dau♯　　　　DAU DATA：
0000000080E01F00E0F72D47F7FF007D00BFBF000000000000000000

2017-12-19T13：00：07.223935＋08：00Dau♯　　　　DEHYDRATOR STATUS：OFF
2017-12-19T13：00：10.274104＋08：00Dau♯　　　　DAU DATA：
0000000080E01F00E0F72D47F7FF007D00C0C0000000000000000000

2017-12-19T13：00：10.274149＋08：00Dau♯　　　　DEHYDRATOR STATUS：OFF